Fabian Wuttke

Robuste Auslegung von Mehrkörpersystemen

Frühzeitige Robustheitsoptimierung von Fahrzeugmodulen
im Kontext modulbasierter Entwicklungsprozesse

**Reihe Informationsmanagement im Engineering Karlsruhe
Band 2 – 2012**

Herausgeber
Karlsruher Institut für Technologie
Institut für Informationsmanagement im Ingenieurwesen (IMI)
o. Prof. Dr. Dr.-Ing. Dr. h.c. Jivka Ovtcharova

Eine Übersicht über alle bisher in dieser Schriftenreihe erschienenen Bände finden Sie am Ende des Buchs.

Robuste Auslegung von Mehrkörpersystemen

frühzeitige Robustheitsoptimierung von Fahrzeugmodulen
im Kontext modulbasierter Entwicklungsprozesse

von
Fabian Wuttke

Dissertation, Karlsruher Institut für Technologie,
Fakultät für Maschinenbau
Tag der mündlichen Prüfung: 19.07.2012
Referenten: Prof. Dr. Dr.-Ing. Dr. h.c. Jivka Ovtcharova
            Prof. Dr.-Ing. Dietmar Göhlich

Impressum

Karlsruher Institut für Technologie (KIT)
KIT Scientific Publishing
Straße am Forum 2
D-76131 Karlsruhe
www.ksp.kit.edu

KIT – Universität des Landes Baden-Württemberg und nationales
Forschungszentrum in der Helmholtz-Gemeinschaft

KIT Scientific Publishing 2012
Print on Demand

ISSN: 1860-5990
ISBN: 978-3-86644-896-4

Robuste Auslegung von Mehrkörpersystemen

Frühzeitige Robustheitsoptimierung von Fahrzeugmodulen im Kontext modulbasierter Entwicklungsprozesse

Zur Erlangung des akademischen Grades eines

Doktors der Ingenieurwissenschaften

der Fakultät für Maschinenbau des

Karlsruher Institut für Technologie (KIT)

genehmigte

Dissertation

von

Dipl.-Ing. Fabian Wuttke

Tag der mündlichen Prüfung: 19.07.2012
Hauptreferentin: Prof. Dr. Dr.-Ing. Dr. h.c. Jivka Ovtcharova
Korreferent: Prof. Dr.-Ing. Dietmar Göhlich

Danksagung

Zunächst möchte ich Frau Prof. Dr. Dr.-Ing. Dr.-Ing. h.c. Ovtchavora meinen großen Dank für die Übernahme der Betreuung dieser Dissertation ausdrücken. Durch präzise und bereichernde Hinweise konnte ich schnell einen wissenschaftlichen Zugang zu den industriellen Fragestellungen in dieser Arbeit finden. Des Weiteren danke ich Herrn Prof. Dr.-Ing. Göhlich, der mein Dissertationsvorhaben durch die Übernahme des Korreferats unterstützt hat.

Die vorliegende Arbeit entstand im Rahmen meiner Doktorandentätigkeit bei der Daimler AG. Für hochinteressante Einblicke und hilfreiche Hinweise während dieser Zeit möchte ich allen Verantwortlichen und Beteiligten in der Organisation danken. Im direkten beruflichen Umfeld haben mich insbesondere Wolfgang Mozer, Andreas Sturm und Stefan Zepf tatkräftig und weit über das normale Maß hinaus unterstützt. Vielen Dank.

An der Schnittstelle zwischen Wissenschaft und Industrie haben Dr.-Ing. Martin Bohn und Nick-Ange Suyam-Welakwe einen sehr großen Beitrag zur Ausbalancierung dieser Dissertation geleistet. Beiden möchte ich zusätzlich - ebenso wie meinem Vater Dr. rer.-nat. Hans-Gunter Wuttke - für die intensive fachliche und formale Auseinandersetzung mit der Nullversion meiner Dissertation danken.

Ein besonderer Dank gilt der studentischen Unterstützung von Ezequiel Estrada, Christine Geschwinder, Markus Grunewald, Markus Herkommer, Sven Mescher, Jan Nientiedt und besonders Sergej Medved, die bei der Bewältung des umfangreichen Aufgabenkomplexes dieser Arbeit einen erheblichen Anteil geleistet haben.

Mein größter Dank gilt meiner geliebten Frau Julia, deren Unterstützung und Verständnis diese Arbeit erst möglich gemacht hat.

Karlsruhe, August 2012

Fabian Wuttke

Für Julia

Inhaltsverzeichnis

Abbildungsverzeichnis

Tabellenverzeichnis

Abkürzungsverzeichnis

AD	Axiomatic Design
ARWT	Automatische Rückwandtür
AST	Automatische Schiebetür
B-Fzg	Bestätigungsfahrzeug
CAD	Computer-Aided-Design
DfSS	Design for Six Sigma
DMAIC	Define-Measure-Analyze-Improve-Control (im Rahmen von Six Sigma)
DMU	Digital Mock-Up
DoE	Design of Experiments
DSM	Design Structure Matrix
dt.	deutsch
EA	Evolutionäre Algorithmen
E-Fzg	Erprobungsfahrzeug
engl.	englisch
FEM	Finite-Elemente-Methode
FMEA	Fehlermöglichkeits- und Einflussanalyse
FORM	Funktionsorientiert Optimal Robuste Auslegungs-Methodik
FTA	Failure Tree Analysis (dt.: Fehlerbaumanalyse)
LHS	Latin Hypercube Sampling
MCS	Monte Carlo Sampling
MDS	Mercedes-Benz-Development-System
MRO	Möglichkeitsorientierte Robuste Optimierung
OEM	Original Equipment Manufacturer (dt.: Originalhersteller)
RPZ	Risikoprioritätszahl (im Rahmen einer FMEA)
SDM	Simulationsdatenmanagement
S/N	Signal to Noise Ratio (dt.: Signal-Störgrößenverhältnis)
SUV	Sports Utility Vehicle
UMEA	Unsicherheitsmöglichkeits- und Einflussanalyse
VRO	Varianzorientierte Robuste Optimierung
WCRO	Worst-case-orientierte Robuste Optimierung
ZRO	Zuverlässigkeitsorientierte Robuste Optimierung

1 Einleitung

Eine Konsequenz des globalen Zeit- und Kostendrucks in der Automobil-industrie ist die Modularisierung von Fahrzeugen. Der zur erfolgreichen Umsetzung erforderliche Modulentwicklungsprozess bedingt einige Implikationen, die in dieser Arbeit erstmalig betrachtet werden. Da der Fahrzeug- und der Modulentwicklungsprozess zeitlich voneinander entkoppelt verlaufen, entstehen große Unsicherheiten für den Einsatz der entwickelten Module in Fahrzeugen. Daher beschäftigt sich die vorliegende Arbeit mit der Frage, wie Fahrzeugmodule robust ausgelegt werden können.

1.1 Kontext der Arbeit und Motivation

„Jeder Kunde kann einen Ford in der Farbe seiner Wahl bekommen – solange diese Farbe schwarz ist".

Ausgehend von diesem mutmaßlich Henry Ford zuzuordnenden Zitat aus den 1910er Jahren stieg die Varianz seriell gefertigter Produkte der Automobil-industrie stetig. Hierzu trug wesentlich der Kundenwunsch nach Differen-zierung im allgemeinen wirtschaftlichen Aufschwung der 1950er Jahre bei. Während die sichtbare Unterscheidung der Fahrzeuge lange Zeit durch Zierelemente realisiert wurde, ermöglichten flexible Produktionsmethoden insbesondere seit den 1980er Jahren eine zunehmende Varianz bezüglich Aufbauvarianten (Limousine, Cabriolet, etc.) oder Antriebsstrang (Kombi-nationen aus Motor und Getriebe) [Boch-01]. In jüngster Vergangenheit haben speziell im Premium-Segment elektronisch unterstützte Systeme zu einer weiter steigenden Vielfalt von Fahrzeugen in einer Fahrzeugklasse geführt, wie Abbildung 1.1 am Beispiel der Mercedes-Benz C-Klasse skizziert.

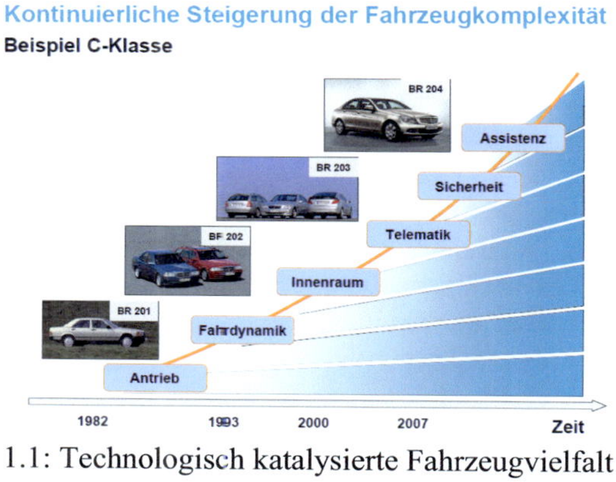

Abbildung 1.1: Technologisch katalysierte Fahrzeugvielfalt [Katz-11]

Während Konfiguration und Verbau verschiedener elektronischer Systeme im Fahrzeug hauptsächlich durch die Beherrschbarkeit der Komplexität in der **Produktion** beschränkt ist, stellen unterschiedliche Aufbauvarianten in einer Fahrzeugklasse im Besonderen die **Entwicklungsbereiche** eines OEM's (dt.: Originalhersteller, synonym verwendet für Automobilhersteller) vor große Herausforderungen. Dies liegt unter anderem daran, dass viele Absicherungs-schleifen (z.B. unterschiedliches Crashverhalten von Cabriolets im Vergleich zu Limousinen) und die Entwicklungszeitschienen spezifisch für die unterschied-lichen Aufbauvarianten sind. Daher wird in den Entwicklungsbereichen jede Aufbauvariante als eigenes Projekt administriert. Während die Derivateanzahl einer Baureihe kontinuierlich steigt, sinkt zeitgleich die Anzahl der Arbeitnehmer je Baureihe, vgl. Abbildung 1.2.

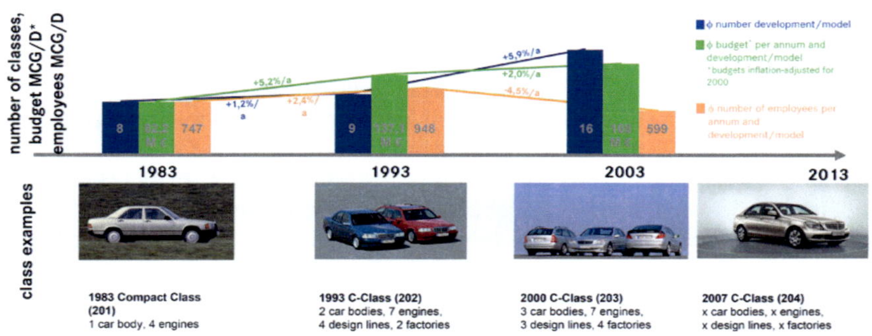

Abbildung 1.2: Zielkonflikt Derivatenanzahl vs. menschliche Ressourcen [KaBR-07]

Um diesen Konflikt aufzulösen, findet in der Automobilindustrie ein Paradigmenwechsel von **baureihenspezifischer Fahrzeugentwicklung** hin zu **baureihenübergreifender Modulentwicklung** statt, um die Komplexität in der Fahrzeugentwicklung durch Modularisierung beherrschen zu können. Der Modularisierung liegt a priori der Gedanke zugrunde, dass ein Fahrzeug in eine gewisse Anzahl von Modulen strukturiert wird. Während der Modulentwicklung besteht das Ziel, diese Module derart auszulegen, dass sie nicht nur in einer Baureihe eingesetzt werden können, sondern in allen Fahrzeugen eines Unternehmens. In einem ideal modularisierten Gesamtsystem sind die Module unabhängig voneinander.

Im komplexen und ausgeschöpften Bauraum moderner Fahrzeuge kann dieses Ideal der Unabhängigkeit jedoch nicht gewährleistet werden. Daher impliziert das Paradigma der Modularisierung ein immanentes **Robustheitsproblem** der Module, da sich insbesondere bei designabhängigen Modulen das Fahrzeug als

Modulumgebung im Laufe der Fahrzeugdesignentwicklung noch signifikant ändern kann.

1.2 Ziele und Nutzen

Abgeleitet aus beschriebenem Kontext ist es Ziel dieser Arbeit, durch den **methodischen Ansatz FORM** (**F**unktionsorientiert **O**ptimal **R**obuste Auslegungs-**M**ethodik) die **Robustheit von designabhängigen Fahrzeugmodulen** während der Modulentwicklung zu erhöhen. Da die Abhängigkeit von Fahrzeugmodulen zur Fahrzeugdesignentwicklung unterschiedlich stark ausgeprägt ist, fokussiert diese Dissertation auf Module mit einer hohen Designabhängigkeit. Kinematikmodule als Modulklasse innerhalb der bekannten Fahrzeugmodule zeichnen sich durch eine hohe Abhängigkeit vom Exterieur-Design von Fahrzeugen aus, welches besonders volatil im Laufe der Fahrzeugdesignentwicklung ist.

Ziel 1.1 *Aufgrund der hohen Abhängigkeit von Kinematikmodulen zur Fahrzeugdesignentwicklung ist das Hauptziel dieser Arbeit die Entwicklung und Absicherung eines ganzheitlichen Ansatzes, um die Robustheit dieser Fahrzeugmodule bereits während der Modulentwicklung zu optimieren.*

Um den ganzheitlichen Anspruch von FORM zu erfüllen, müssen drei verschiedene Aspekte berücksichtigt werden: Funktionsorientierung, Optimierung und Robustheit.

Der Anspruch der Funktionsorientierung resultiert aus der Vielfältigkeit funktionaler Anforderungen an Fahrzeugmodule. Die damit einhergehende Komplexität bedingt oftmals, dass bei Beanstandungen funktionaler Anforderungen einzelne Komponenten optimiert werden, ohne dass die gegenläufigen Wechselwirkungen mit anderen funktionalen Anforderungen betrachtet werden. Diese weit verbreitete Komponentenorientierung verschärft das Robustheitsproblem von Kinematikmodulen, wenn unter dem heutigen Zeitdruck in Fahrzeugentwicklungsprozessen Beanstandungen innerhalb kürzester Zeit behoben werden müssen.

Ziel 1.2 *Der methodische Ansatz FORM muss die Möglichkeit bieten, sämtliche funktionale Anforderungen an ein Kinematikmodul zu betrachten und den Erfüllungsgrad in einer Gesamtbetrachtung zu beurteilen. Im dynamischen Umfeld heutiger Entwicklungsprozesse müssen Schnittstellen geschaffen werden, um zuverlässig die jeweils gültigen funktionalen Anforderungen aus den Anforderungsmanagement-Systemen zu gewinnen.*

Der Entwicklungs- oder Auslegungsprozess von Fahrzeugmodulen ist ein iterativer Optimierungsprozess, um die funktionalen Anforderungen an die Fahrzeugmodule zu erfüllen. Die Methodik FORM beansprucht als wichtiges Hilfsmittel während der Modulentwicklung die Bereitstellung von Methoden, um einen Entwurfsstand eines Fahrzeugmoduls zu optimieren. Da ein Vielfalt verschiedener qualitativer und quantitativer Optimierungsverfahren existiert, ist für die Charakteristik und Komplexität von Kinematikmodulen ein geeignetes Optimierungsverfahren derart auszuwählen und gegebenenfalls weiterzuentwickeln, dass zuverlässig die optimalen Parameter für das Kinematikmodul gefunden werden

Ziel 1.3 *Die Optimierung als integraler Bestandteil von FORM muss das globale Optimum für den Entwurfsstand eines Kinematikmoduls finden. Dabei muss das Optimierungsverfahren generisch im Rahmen der unterschiedlichen Charakteristika von Kinematikmodulen einsetzbar sein.*

Um Optimierungsverfahren zielführend einsetzen zu können, müssen die Randbedingungen und Zielgrößen für die Optimierung geklärt sein. Gemäß Ziel 1.1 ist das Hauptziel dieser Dissertation die Optimierung der Robustheit von Kinematikmodulen. Daher muss im Rahmen dieser Arbeit geklärt werden, wie Robustheit für Kinematikmodule zu definieren und zu bestimmen ist.

Ziel 1.4 *Zum Zeitpunkt der Modulentwicklung steht das Design der jeweiligen Zielfahrzeuge lediglich rudimentär oder überhaupt nicht fest. Da sich somit zwangsweise Änderungen der Modulumgebung mit Konsequenzen bezüglich der Erfüllung funktionaler Anforderungen ergeben, ist der Auslegungsprozess mit Unsicherheiten behaftet. Diese Unsicherheiten haben einen Einfluss auf die Robustheit des Kinematikmoduls. Eine wesentliche wissenschaftliche Aufgabe dieser Dissertation ist daher die Beschreibung dieser Unsicherheiten und deren Auswirkungen auf die Robustheit von Kinematikmodulen. Hierfür muss eine eindeutige und transparente Definition von Robustheit erfolgen.*

Aussage 1.1 *Der Nutzen dieser Arbeit kann wie folgt zusammengefasst werden. Erstmals wird eine methodische und integrale Betrachtung von Funktionsorientierung, Optimierung und Robustheit vorgenommen, um ein Fahrzeugmodul in frühesten Phasen robust auszulegen. Durch die frühzeitige Betrachtung und Optimierung von Robustheit können die Kosten- und Zeitvorteile einer modulbasierten Entwicklung auch bei stark designabhängigen Fahrzeugmodulen realisiert werden.*

1.3 Untersuchungsobjekte

Die Robustheitsproblematik bei der Entwicklung von Fahrzeugmodulen betrifft in erster Linie diejenigen Module, die durch starke Wechselwirkungen zu einer volatilen Umgebung gekennzeichnet sind. Im Fahrzeugentwicklungsprozess betrifft diese Volatilität im Besonderen die Metamorphose des Fahrzeugdesigns von ersten Entwürfen hin zu einem finalen Konstruktionsstand.

Aus diesem Grund werden für diese Arbeit Fahrzeugmodule untersucht, die in besonderem Maße Wechselwirkungen mit dem Fahrzeugdesign ausprägen. Die in der Modulklasse Kinematikmodul aggregierten Fahrzeugmodule eignen sich hierfür hervorragend, da diese zusätzlich zur Designabhängigkeit mechatronische, komplexe Systeme repräsentieren. Deren domänenspezifische Auslegung ist bereits ohne die Betrachtung von Unsicherheiten nichttrivial.

Kinematikmodule zeichnen sich typischerweise durch die geregelte und gesteuerte Durchführung großer Bewegungen aus, die als Komfortzugewinn manuelle Betätigungen obsolet machen. Beispiele hierfür sind automatisch betätigte Rückwandtüren, elektrische Fensterheber oder Verdecksysteme. Neben einem Steuergerät beinhalten diese Fahrzeugmodule zur Realisierung der Bewegung eine Aktorik, typischerweise von einer Mechanik und Kraftelementen begleitet. Darüber hinaus dient eine Sensorik zur Erfassung des Zustandes, um den Bewegungsablauf regeln zu können. Oftmals werden Kinematikmodule als Sonderausstattungen für bestimmt Aufbauvarianten in einem Unternehmen eingesetzt (z.B. Verdecksysteme), wodurch die Notwendigkeit zur Erzielung von Skaleneffekte durch Modularisierung verstärkt wird.

1.4 Vorgehensweise und Struktur

Die vorliegende Arbeit ist in mehrere Kapitel unterteilt, um strukturiert die Lücke zwischen den Anforderungen der Automobilindustrie und dem Stand der Technik in Forschung und Industrie durch den methodischen Ansatz FORM zu schließen und den daraus erwarteten Nutzen nachzuweisen. Zu Beginn jedes Kapitels werden die jeweiligen Kapitelziele erläutert, die schließenden Kapitelzusammenfassungen rekapitulieren Inhalte und Ziele des Kapitels. Die Vorgehensweise und Struktur der schriftlichen Ausarbeitung ist in Abbildung 1.3 skizziert.

Auf Basis der kontextgebenden Einleitung in **Kapitel 1** wird im nachfolgenden **Kapitel 2** das Paradigma modularisierter Fahrzeuge ausgeführt. Durch die signifikante Praxisdurchdringung dieses Paradigmas entstehen vielfältige Implikationen für den Entwicklungsprozess von Fahrzeugmodulen, die aus den Perspektiven virtuelle/physische Absicherung, Konstruktion, Design und Package beleuchtet werden. Besonders für Module aus der Modulklasse Kinematikmodule entstehen während der Modulentwicklung signifikante Robustheitsprobleme. Hieraus abgeleitete Verbesserungsbedarfe aus Produkt- und Prozesssicht beschließen die Beschreibung von Situation und Anforderungen der Automobilindustrie.

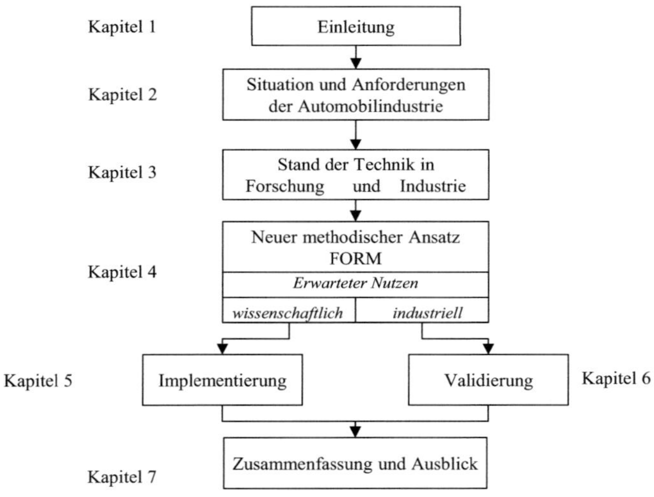

Abbildung 1.3: Vorgehensweise und Struktur dieser Arbeit

In **Kapitel 3** wird daraufhin der Stand der Technik in Forschung und Industrie erarbeitet. Hierfür werden aus unterschiedlichen Wissenschaftsbereichen relevante Ansätze ausgeführt, die sich mit der Robustheit und Optimierung von Produkten, Prozessen oder Systemen befassen. Im Detail handelt es sich neben entwicklungsmethodisch basierten Ansätze um Methoden des Risiko- und Qualitätsmanagement sowie um Simulationsansätze. Diese werden den Verbesserungsbedarfen der Automobilindustrie aus Kapitel 2 gegenübergestellt, wodurch die wissenschaftliche und industrielle Lücke dieser Arbeit aufgezeigt wird.

Die Ziele der neuen Methodik FORM werden auf Basis der Erkenntnisse der vorangegangenen Kapitel angepasst und zu Beginn von **Kapitel 4** detailliert erläutert. Anschließend wird der grundlegende methodische Ansatz vorgestellt, um im Folgenden auf die einzelnen Methodikstufen von FORM und die Wechselwirkungen von Funktionsorientierung, Optimierung und Robustheit einzugehen. Weiterhin zeigen Ausführungen zur Integration von FORM in den Fahrzeugentwicklungsprozess die Kompatibilität von FORM zu realen Entwicklungsumgebungen auf. Kapitel 4 schließt mit Anmerkungen zum erwarteten Nutzen von FORM auf wissenschaftlicher und industrieller Seite.

Der Nachweis des wissenschaftlichen Nutzens ist das Ziel von **Kapitel 5**, indem 2 Module als Repräsentanten der Modulklasse Kinematikmodule ausgewählt werden. Dabei handelt es sich um Automatische Rückwandtüren und Automatische Schiebetüren, an welchen mit jeweils unterschiedlichen Randbedingungen zu Zielfahrzeugen und Industriesektoren die erfolgreiche Implementierung von FORM nachgewiesen wird.

Kapitel 6 beschäftigt sich mit dem Nachweis des industriellen Nutzens. Hierfür wird die Methodik FORM in ein PC-Tool übergeführt, welches in einen spezifischen FORM-Prozess eingebettet ist. Hiermit kann zum einen die Validierung des PC-Tools anhand international anerkannter Normen erfolgen. Weiterhin erlaubt die Validierung des FORM-Prozesses den Nachweis, dass die Anforderungen von Menschen erfüllt werden und FORM somit für praktische, mensch-gesteuerte Aufgabenstellungen geeignet ist. Dies impliziert gleichsam, dass die Zeit- und Kostenvorteile modulbasierter Entwicklungsprozesse auch für designabhängige Fahrzeugmodule verwirklicht werden können.

Die Dissertation wird mit einer Zusammenfassung in **Kapitel 7** geschlossen. Hierin werden die postulierten Ziele aus Kapitel 1 rekapituliert, um FORM einer abschließenden Prüfung zu unterziehen. Nicht adressierte Teilaspekte und mögliche Erweiterungspotenziale werden durch einen finalen Ausblick beschrieben.

2 Situation und Anforderungen der Automobilindustrie

Stetig komplexer werdende Produkte und enormer Preisdruck führen dazu, dass sich in der Automobilindustrie das Paradigma modularisierter Fahrzeuge immer mehr durchsetzt. Die Implikationen und Herausforderungen bei der Umsetzung eines darauf basierenden Entwicklungsprozesses sollen im folgenden Kapitel beleuchtet werden.

Hierfür wird in **Abschnitt 2.1** zunächst der Status quo zur modulbasierten Entwicklung erarbeitet. Ausgehend von Erläuterungen zum Grundgedanken modularisierter Fahrzeuge wird dessen Durchdringung in der Industrie dargestellt. Im weiteren Verlauf wird der Modulentwicklungsprozess vom Fahrzeugentwicklungsprozess abgegrenzt, um transparent die zeitlichen Abhängigkeiten und die Herausforderungen für die Integration von Fahrzeugmodulen in Zielfahrzeuge aufzeigen zu können. Abschnitt 2.1 schließt mit der Einführung der Modulklasse „Kinematikmodule", deren Besonderheiten bezüglich des Modulparadigmas herausgearbeitet werden.

Abschnitt 2.2 stellt darauf basierend die in der Automobilindustrie herrschenden Anforderungen dar. Dabei wird dezidiert auf die Problematik eingegangen, die durch die Wechselwirkungen zwischen Fahrzeugmodulen der Modulklasse „Kinematikmodule" und der technologischen und design-abhängigen Weiterentwicklung von Zielfahrzeugen hervorgerufen wird.

2.1 Modulentwicklung in der Automobilindustrie

2.1.1 Modularisierte Fahrzeuge

Wird ein Fahrzeug als System verstanden, so kann abhängig von der Architekturausprägung zwischen **integralen** und **modularen** Fahrzeugarchitekturen unterschieden werden [Göpf-98]. Im Gegensatz zu integralen Architekturen zeichnen sich modulare Architekturen durch ein sehr geringes Maß an Wechselwirkungen zwischen einzelnen Subsystemen aus. Aus der Systemperspektive betrachtet tragen modulare Architekturen daher zu einer signifikanten Komplexitätsreduktion bei [Simo-62].

Im perfekt modularen Fall sind die Subsysteme eines Systems vollständig voneinander entkoppelt und können als funktionale „black boxes" isoliert voneinander betrachtet und auch entwickelt werden [EpCh-07]. In einer real modularen Systemarchitektur bestehen jedoch stets mindestens schwache Wechselwirkungen zwischen den einzelnen Subsystemen – man spricht von „relativer Autonomie von Subsystemen" [Göpf-98]. In integralen Systemarchitekturen hingegen weisen die Subsysteme typischerweise sehr starke Wechselwirkungen miteinander auf. Abbildung 2.1 zeigt qualitativ diesen Unterschied.

In modularen Systemarchitekturen wird der Begriff „Subsystem" mit „Modul" gleichgesetzt. Demzufolge setzt sich ein System aus der Menge der beinhalteten Module und deren Wechselwirkungen untereinander zusammen. Ein Modul wiederum setzt sich aus der Menge der im Modul aggregierten Komponenten zusammen [Göpf-98].

Nach [HuKu-98] können die Wechselwirkungen der einzelnen Module nach zwei Kriterien unterschieden werden:

1. **Funktionale Wechselwirkungen** der Module. Hiermit wird die Abhängigkeit der Funktionserfüllung eines Moduls von anderen Modulen charakterisiert.
2. **Physische Wechselwirkungen** der Module beschreiben die physische Gestaltung der Modulschnittstellen.

Typ der Systemarchitektur	Veranschaulichung
Perfekt modulare Systemarchitektur *keine Wechselwirkungen*	
Real modulare Systemarchitektur *schwache Wechselwirkungen*	
Integrale Systemarchitektur *starke Wechselwirkungen*	

Abbildung 2.1: Ausprägungen unterschiedlicher Systemarchitekturen, nach [Göpf-98]

Die Modularitätsanalyse technischer Systeme – wie beispielsweise Fahrzeuge – kann mit Hilfe der „Design Structure Matrix (DSM)"-Abbildung erfolgen. Dabei werden sämtliche Systemparameter auf den Zeilen und Spalten einer quadratischen Matrix angeordnet. Anschließend muss jede Zelle der Matrix bewertet werden. Die Bewertung erfolgt anhand der Prüfung, inwiefern der Parameter der Zeile den Parameter der Spalte beeinflusst. Hieraus resultiert eine Veranschaulichung des Gesamtsystems, durch welche einzelne Subsysteme lokalisiert werden, die sich durch geringe Wechselwirkungen zu anderen Subsysteme auszeichnen. Letztendlich können dadurch die Module eines Systems identifiziert werden [BaCl-06], vgl. Abbildung 2.2.

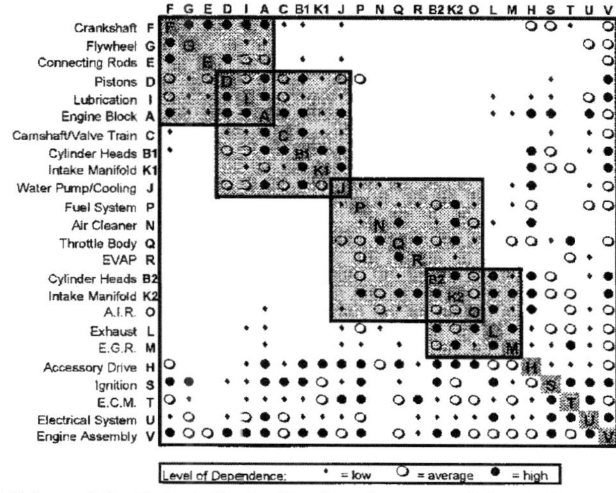

Abbildung 2.2: Beispielhafte Design-Structure-Matrix [Brow-01]

Für die **Entwicklungsbereiche** der Automobilindustrie entstehen aus der Strukturierung ihrer Produkte in Module verschiedene Vorteile. Durch die relative Autonomie von anderen Modulen kann jedes Modul zunächst **unabhängig voneinander entwickelt** werden. Die damit einhergehende Möglichkeit zur parallelen Modulentwicklung birgt enorme Potenziale zur Reduktion von Entwicklungszeiten. Dies ist jedoch nur unter der Voraussetzung möglich, dass die **Standardisierung der Schnittstellen** zu anderen Modulen gewährleistet ist und die Wechselwirkungen zu definierten Zeitpunkten überprüft werden [Göpf-98, Lang-00].

Modulbegriff in der Praxis

Die Automobilindustrie unternahm bereits in den 1920er-Jahren durch den Einsatz von **Plattformstrategien** Anstrengungen, um dem Differenzierungswunsch des Kunden mit vertretbarem ökonomischem Aufwand entgegenzukommen. So realisierte beispielsweise Henry Ford mit einem fahrfähigen Rahmen, der Antriebsstrang und Fahrwerk aufnahm, eine Plattform, auf die unterschiedliche Aufbauten montiert werden konnten. Diese Aufbauten werden allgemein als Hut bezeichnet. Auf diese Weise konnten mit einem hohen Gleichteileanteil Synergieeffekt innerhalb einer Fahrzeugklasse erzielt werden [WaFO-09, BrSe-07/1].

Aufgrund immer größer werdender Varianz im Sinne unterschiedlichster Fahrzeugklassen und Aufbauvarianten übernahmen in Europa *Volkswagen* neben *Mercedes-Benz* eine Vorreiterrolle in der konsequenten Modularisierung der Fahrzeuge [TaFu-01]. Wie Abbildung 2.3 skizziert, handelt es sich bei der „Voll-Modularisierung" um einen hochkomplexen und langwierigen Prozess, der meist durch Zwischenstufen realisiert wird. Im Fall von *Volkswagen* wird die Zwischenstufe der „Teil-Modularisierung" durch den Begriff „Modul-Strategie" umschrieben. Hierbei bleiben fahrzeugklassenspezifische Plattformkomponenten erhalten und lediglich einige Module mit signifikanten Kosteneinsparungspotenzialen werden gebildet, um vertikale Synergieeffekte zu anderen Fahrzeugklassen zu generieren. Im Gegensatz dazu bildet die „Modulare Baukastenstrategie" das gesamte vertikale Synergiepotenzial aus, indem das Fahrzeug „voll-modularisiert" aufgebaut wird und lediglich ein kleiner Anteil den fahrzeugspezifischen Hut bildet [Wint-10, HüBa-08].

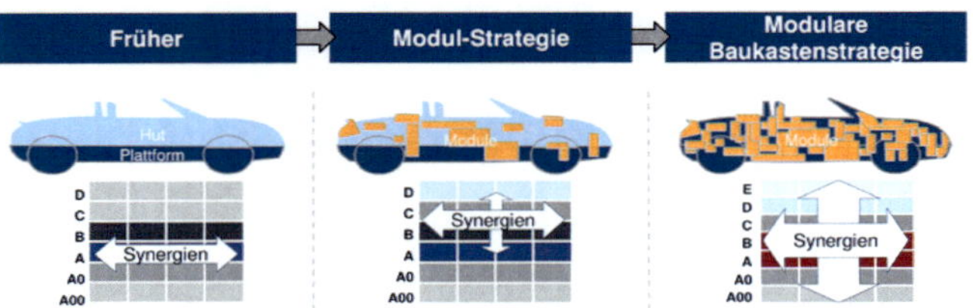

Abbildung 2.3: Modulare Baukastenstrategie *Volkswagen*-Konzern [Wint-10]

Während in der Forschung die Moduldefinition aus systemtheoretischen Betrachtungen eindeutig hervorgeht, divergiert das Verständnis über den Begriff „Modul" in der industriellen Praxis. Auf Basis empirischer Untersuchungen bekräftigt Schindele diese Unterschiede [Schi-96]. So sind für die Firma *Audi* Module „örtlich abgrenzbare, montierte Baugruppen mit exakt definierten Schnittstellen" während *BMW* ein Modul generischer als „abgrenzbare Einheit" sieht, „die aus verschiedenen Komponenten besteht". *Volkswagen* präzisiert den Modulbegriff, indem zunächst eine Unterscheidung in „Montage-, Funktions- und Entwicklungsmodule" vorgenommen wird. Die Bildung von Modulen erfolgt „mit einer Top-Down-Blickrichtung. Das Fahrzeug wird in „kleine einbaufertige Module zerlegt". Die Klassifizierung von *Volkswagen* zeigt somit zusätzlich zur physischen (Montagemodule) und funktionalen (Funktionsmodule) Betrachtungsweise die organisatorische Perspektive (Entwicklungsmodule) für die Modularisierung von Fahrzeugen auf.

Unabhängig von verschiedenen Sichtweisen zur Moduldefinition zeigt eine groß angelegte Studie zur Zukunft der Automobilindustrie im Jahre 2015

[DaGH-04], dass bereits im Befragungszeitraum 2004 bei vielen Herstellern eine kongruente Struktur der automobilen Module vorliegt, wie Abbildung 2.4 zeigt.

1. Fahrwerk	2. Motor und Aggregate	3. Antriebs- strang	4. Karosserie- struktur	5. Body (Exterior)	6. Interior
1.1 Räder	2.1 Grundmotor	3.1 Getriebe	4.1 Fahrgastzelle	5.1 Dach	6.1 Sitze
1.2 Radauf- hängung	2.2 Motorneben- aggregate	3.2 Antriebs- wellen und Achsgetriebe	4.2 Vorderwagen	5.2 Kotflügel	6.2 Dach
1.3 Stoßdämpfer & Federung	2.3 Kühlung		4.3 Hinterwagen	5.3 Front- und Heckklappe	6.3 Cockpit
1.4 Lenkung	2.4 Abgasanlage			5.4 Frontend/ Rearend	6.4 Insassen- schutz
1.5 Tragende Elemente	2.5 Beatmung/ Gemisch- Versorgung			5.5 Türen	6.5 Tür
1.6 Bremssystem	2.6 Kraftstoff- versorgung			5.6 Fenster / Glas	6.6 Pedalanlage
				5.7 Beleuchtung	6.7 Verkleidung/ Akustik
				5.8 Schließanlage	6.8 Innenraum- belüftung
				5.9 Wischanlage	
				5.10 Anbauteile	

7. Elektrik / Elektronik

7.1 Stromversorgung	7.5 Komfortelektronik
7.2 Kommunikation / Entertainment	7.6 Sicherheitselektronik
7.3 Motormanagement	7.7 Bordnetz-/ Bussystem
7.4 Fahrwerks-/ Antriebselektronik	

Abbildung 2.4: Haupt- und Submodule der Automobilindustrie [DaGH-04]

Demnach lassen sich 7 Hauptmodule bilden, die wiederum in 42 Submodule unterteilt werden können. Insbesondere bei Anzahl und Zuordnung der Submodule unterscheiden sich die Hersteller jedoch deutlich. So hat beispielsweise *Daimler* „90 Kernmodule definiert, die in allen Fahrzeugen eingesetzt werden". Durch die detaillierte Modularisierung der Fahrzeuge bis zu „Spiegeln und Türgriffen" können neben Kosteneinsparungen „bis 20 Prozent" die „Pkw-Module auch in Transportern verwendet werden" [Auto-09].

2.1.2 Modulentwicklung

Während die vorangegangenen Ausführungen den Modularitätsaspekt von der Produktseite beleuchten, werden im Folgenden die prozessualen Konsequenzen für modularisierte Fahrzeuge aufgezeigt.
Die Modularisierung von Fahrzeugen wie auch die Generierung und Auslegung von Modulen ist **Aufgabe des Entwicklungsbereiches** eines Automobilherstellers. Während sich Arbeiten wie [Göpf-98] mit modularisierten Organisationsstrukturen als Erfolgsfaktoren für modularisierte Produkte beschäftigen, wird im Folgenden die eigentliche Entwicklung von Modulen beleuchtet.

Definition 2.1 *Module oder Fahrzeugmodule sind im Kontext dieser Arbeit Subsysteme eines Fahrzeugs, die sich durch eine **relative Autonomie** der **funktionalen Wechselwirkungen** zu anderen Modulen auszeichnen. Ein voll modularisiertes Fahrzeug setzt sich ausschließlich und vollständig aus Modulen zusammen.*

Modulentwicklungsprozess

Wird die Betrachtung vom Gesamtfahrzeug auf das Modul selbst fokussiert, so kann eine Modulgrenze definiert werden. Innerhalb dieser Grenze sind die Komponenten des Moduls und deren starke Wechselwirkungen beschrieben. Außerhalb dieser Grenzen werden die übrigen Module des Fahrzeugs zur Fahrzeugumgebung aggregiert. Wie Abbildung 2.5 zeigt, können die Partner der Wechselwirkungen auf Modul und Fahrzeugumgebung reduziert werden.

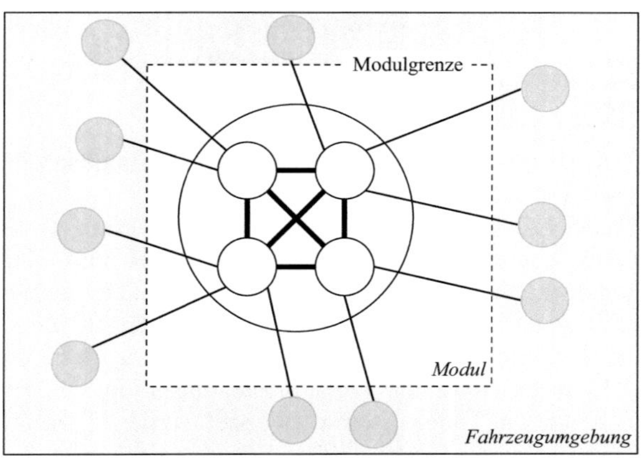

Abbildung 2.5: Wechselwirkungen zwischen Modul und Fahrzeugumgebung

Die Neuentwicklung eines Moduls ist im Allgemeinen zeitlich und organisatorisch losgelöst von Fahrzeugenentwicklungsprozessen [HüBa-08]. Abbildung 2.6 schlägt einen Modulentwicklungsprozess vor, der angelehnt an Pahl/Beitz [PaBF-07] in 4 Phasen unterteilt werden kann:

I.   Start gemäß Modulstrategie (Planen und Klären der Aufgabe)
II.   Erarbeiten der Modulkonzepte (Konzipieren)
III.   Konsolidierung der Modulkonzepte (Entwerfen)
IV.   Standardmodul (Ausarbeiten)

Um die Modulentwicklungsaufgabe zielorientiert bewältigen zu können, muss in **Phase I** eine Modulstrategie vorliegen, aus welcher klar die Anforderungen an das betrachtete Modul hervorgehen. Neben kundenseitigen, technischen und gesetzlichen Anforderungen basieren diese Anforderungen oftmals auf der Unternehmensstrategie und der jeweiligen Markenwerte. Typischerweise erfolgt die Dokumentation in Modul-Lastenheften.

Kernziel von **Phase II** ist die maximale Aufspannung des Lösungsraums für die Modulentwicklung. Damit soll in der hoch standardisierten Architektur modularisierter Fahrzeuge bei Modulneuentwicklungen der beste Kompromiss aus allen Anforderungen gefunden werden. Hierbei können auch Methoden des erfinderischen Problemlösens wie TRIZ [Alts-84, ScUJ-06] zum Einsatz kommen. Resultat der zweiten Phase sind k **Modulkonzepte**, die in der Konzipierungsphase zielführend erscheinen.

Für **Phase III** der Modulentwicklung werden die k Modulkonzepte zunächst entworfen, so dass eine objektive Beurteilung über den Eignungsgrad aller Modulkonzepte vorgenommen werden kann. Die Beurteilung als zentrale Aufgabe von Phase III konsolidiert im Ergebnis die k Modulkonzepte derart, dass ausschließlich ein Modulkonzept verbleibt.

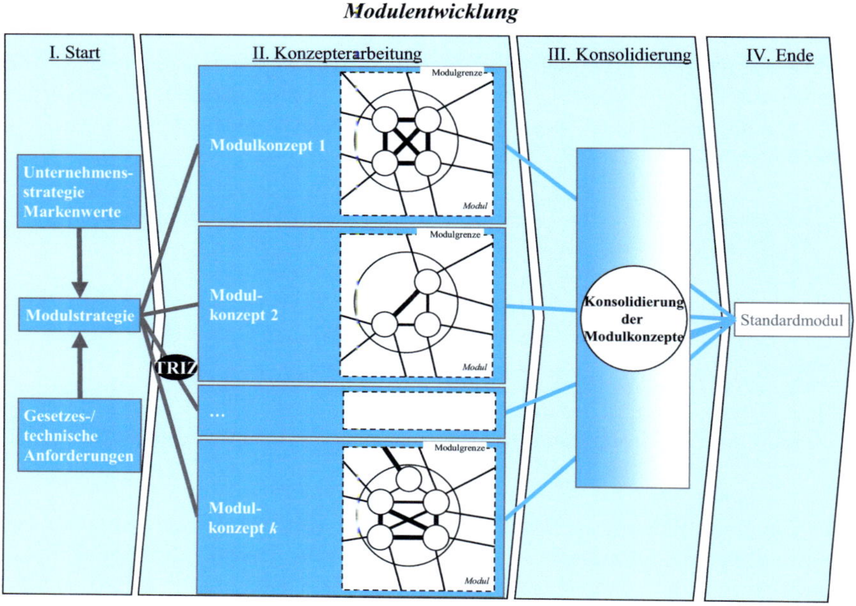

Abbildung 2.6: Modulentwicklung, nach [WuFB-11]

Definition 2.2 *Das verbleibende Modulkonzept aus der **Konzeptkonsolidierungsphase** wird als **Standardmodul** bezeichnet. Standardmodule sind typischerweise firmenspezifisch und bilden die Basis für die Entwicklung komplexer Zusammenbauten aus einem Modulbaukastensystem, wie beispielsweise Fahrzeuge. Zielsetzung einer modulbasierten Entwicklung ist der Aufbau aller Fahrzeuge eines Unternehmens aus standardisierten Subsystemen, die durch Standardmodule beschrieben werden. Diese Standardmodule werden in einer vom Fahrzeugentwicklungsprozess entkoppelten Modulentwicklung generiert.*

In **Phase IV** erfolgt schließlich die detaillierte Ausarbeitung des Standardmoduls. Nach Beendigung der Modulentwicklung muss dieses Standardmodul in der Lage sein, in sämtliche Fahrzeuge integriert zu werden, für die es bestimmt ist.

Fahrzeugentwicklungsprozess

Der Entwicklungsprozess für Module kann in den für die Automobilindustrie üblichen Fahrzeugentwicklungsprozess integriert werden. Auch wenn keine durch Normen beschriebenen automobilen Entwicklungsprozesse vorliegen, hat sich in der industriellen Praxis die Beschreibung und Strukturierung der Fahrzeugentwicklung durch Phasenmodelle durchgesetzt [Schw-03]. Ein repräsentatives Beispiel für einen phasenbasierten Fahrzeugentwicklungsprozess ist das Mercedes-Benz-Development-System (MDS), welches durch Abbildung 2.7 skizziert wird.

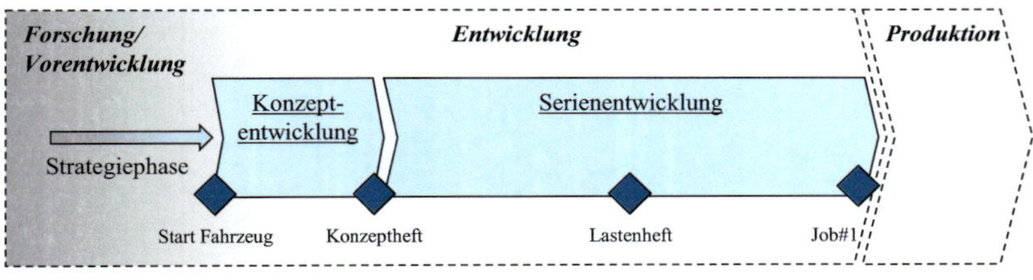

Abbildung 2.7: Grobphasen im Mercedes-Benz-Development-System, nach [GlHe-03]

Die einzelnen Phasen sind durch Meilensteine voneinander getrennt, die nur dann erfolgreich durchschritten werden können, wenn alle im Prozess beschriebenen Aktivitäten zum jeweiligen Meilenstein abgeschlossen sind [Bala-08].

Im MDS ist der eigentlicher Fahrzeugentwicklung eine **Strategiephase** vorgelagert, durch die auf Entscheidungsträger-Ebene die Inhalte für die nachfolgende Produktkonzeptionsphase festgeschrieben werden. Ab dem Meilenstein „Projektstart" erfolgt die **Konzeptentwicklung** des Fahrzeugs, in welcher konzepttaugliche Innovationen für das betrachtete Fahrzeug konsolidiert werden. Ergebnis dieser Phase ist ein Konzeptheft, in welchem erstmals dezidiert die Inhalte des zu entwickelnden Fahrzeugs beschrieben werden. Nach Durchschreiten des Meilensteins „Konzeptheft" beginnt die **Serienentwicklungsphase**. Während dieser Phase wird durch geeignete Absicherungsmaßnahmen zunächst das Konzeptheft bis zum Meilenstein „Lastenheft" dynamisiert, wodurch verbindlich detaillierte Anforderungen an das Fahrzeug in Form des Fahrzeug-Lastenhefts vorliegen. Im weiteren Verlauf der Serienentwicklung erfolgt die Produkt- und Prozessabsicherung des Gesamtfahrzeugs, um zum abschließenden Meilenstein „Job #1" ein serienreifes Fahrzeug produzieren zu können [GlHe-03].

Design- und Packageprozess

„Durch das Design wird die Wahrnehmung der Marke geprägt.
 Durch das Design wird die Wahrnehmung des Produkts geprägt." [BrSe-07/1]

In heutigen Entwicklungsprozessen wird der Designprozess parallel zur technischen Entwicklung angeordnet. Somit werden bereits in frühesten Phasen **Zielkonflikte** zwischen technischen Rahmenbedingungen und der Formgestaltung offengelegt (z.B. Aerodynamik versus Exterieurgestaltung), um geeignete Kompromisse finden zu können. Der Designprozesses beginnt mit dem Meilenstein „Start Fahrzeug".

Während der ersten Monate ist der **Designprozess** typischerweise von einem **Wettkampfcharakter** geprägt, indem verschiedene Designer vielfältigste Ideen durch Entwurfszeichnungen, virtuelle Darstellungen oder Tonmodelle einbringen. Auf diese Weise entstehen unterschiedlichste Fahrzeugausprägungen, die im weiteren Verlauf zu definierten Design-Meilensteinen reduziert werden. Ziel ist ein **verpflichtender Design-Entscheid** – auch Design-Freeze genannt – für ein ausgewähltes Fahrzeugmodell. Im Anschluss daran besteht die Aufgabe von Designern darin, die technische Absicherung des ausgewählten Fahrzeugmodells mit einem ganzheitlichen Blick für die Fahrzeugcharakteristik zu begleiten [BrSe-07/2].

Neben Anforderungen aus dem Design- und Entwicklungsbereich existieren zahlreiche weitere Unternehmensfraktionen, die Ansprüche während der Fahrzeugentwicklung erheben (z.B. Produktion, After Sales, Qualität). Um in diesem mehrdimensionalen Spannungsfeld eine gemeinsames Optimum zu finden, existieren bei den meisten OEM's **Gesamtfahrzeug**-Abteilungen. Deren Ziel ist die Schaffung und Absicherung einer geometrisch und physikalisch kompatiblen Anordnung aller Komponenten. Dieses Ziel wird typischerweise mit dem Begriff „**Package**" umschrieben. Im Laufe des Entwicklungsprozesses gehen die eingesetzten Methoden zur Packageabsicherung von virtuellen Fahrzeuggrenzflächen zur Überprüfung von Designmodellen über zur automatischen Kollisionsprüfung im Rahmen eines Digital Mock-Up (DMU) [DöKT-97, BrSe-07/1]

Zusammenfassend zeigt Abbildung 2.8 eine kombinierte Betrachtung des Design- und Packageprozesses.

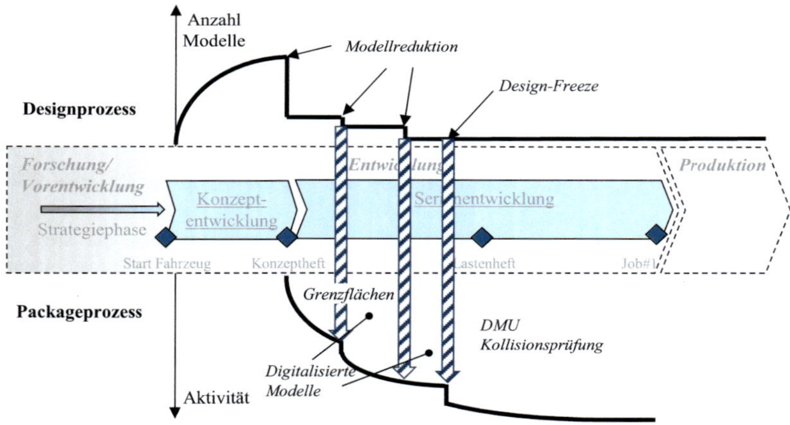

Abbildung 2.8: Design- und Packageprozess, nach den Ausführungen von [BrSe-07/1]

Physische und virtuelle Fahrzeugabsicherung

In den vergangenen 30 Jahren hat sich in der Automobilindustrie ein Paradigmenwechsel von physischen Prototypen hin zu virtuellen Prototypen vollzogen. Besonders getrieben durch die mannigfaltigen Anforderungen zur Absicherung der passiven Sicherheit ist die virtuelle Absicherung heutzutage bereits in frühen Phasen integraler Bestandteil automobiler Entwicklungsprozesse [ScSK-06, BrSe07/1]. Die zeitlichen Abhängigkeiten zwischen Konstruktion, virtueller sowie physischer Absicherung im Fahrzeugentwicklungsprozess zeigt Abbildung 2.9. Sämtliche Bewertungen von

Konstruktionsständen basieren auf so genannten Datenfreezes, deren Zeitpunkte bereits zu Beginn einer Fahrzeugentwicklung verbindlich festgelegt werden.

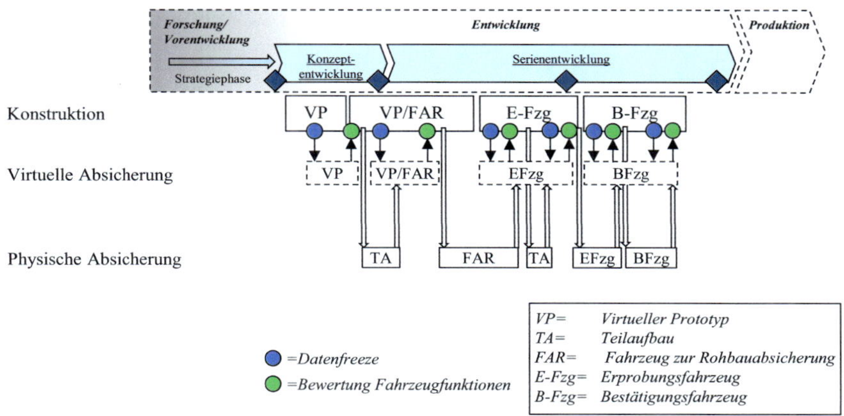

Abbildung 2.9: Prinzipieller Prozess zur virtuellen und physischen Absicherung, nach [ScSK-06, BrGZ-06]

Parallel zur Entwicklung des Fahrzeugkonzepts wird zunächst ein virtueller Prototyp konstruiert, der ausschließlich durch Simulationen abgesichert und optimiert wird. Mit dem Übergang zur Serienentwicklung wird vorerst der Fahrzeugrohbau abgesichert. Da die Fahrzeugfunktionen insbesondere hinsichtlich passiver Sicherheit frühzeitig überprüft werden sollen, erfolgt im Rahmen der Rohbauabsicherung hauptsächlich die Konstruktion crashrelevanter Teile. Zusätzlich können so genannte Teilaufbauten (TA) eingesetzt werden, um bei geänderten Gesetzesanforderungen (z.B. Fußgängerschutz) oder neuen Technologien (z.B. Einsatz neuer Legierungen oder Materialien) die Simulationsmodelle rechtzeitig validieren zu können. TA's stellen Teilbereiche eines Fahrzeugs physisch dar, die prototypisch hergestellt werden. Nach der virtuellen Absicherung des Rohbauabsicherungsfahrzeugs, in welches die Erkenntnisse aus den TA-Messungen einfließen, erfolgt hierauf basierend erstmalig der physische Aufbau von Gesamtfahrzeugen. Diese dienen der Absicherung der Crashanforderungen.

Sobald aufseiten des Designprozesses die Reduktion auf ein Modell vorgenommen wurde, beginnt die Konstruktion des Erprobungsfahrzeugs (E-Fzg), die durch mehrere virtuelle Absicherungsschleifen flankiert wird. In diese Absicherungsschleifen fließen zusätzlich die Erkenntnisse aus der Rohbau-absicherung ein. Weiterhin werden ab einem gewissen Reifegrad der Konstruktion weitere TA's hergestellt. Diese Erprobungsfahrzeug-TA's dienen neben der Optimierung von Crashmodellen der Funktionsüberprüfung von Fahrzeugmodulen. Beispielhaft sei an dieser Stelle die Durchführung von Dauerläufen zur Absicherung des Moduls „Automatische Heckklappe" genannt [LaWS-09]. Eine abschließende virtuelle Absicherung beendet die Konstruktionsphase „E-Fzg" und gibt die Herstellung der physischen Erprobungsfahrzeuge frei.

Die Ergebnisse und Optimierungsbedarfe aus der physischen Erprobungsphase gehen in die Konstruktion des so genannten Bestätigungsfahrzeugs (B-Fzg) ein. Die resultierenden Konstruktionsänderungen werden wiederum durch geeignete Schleifen der virtuellen Absicherung unterstützt, so dass der physische Aufbau des Bestätigungsfahrzeugs unter seriennahen Produktionsbedingungen ohne Bedarf hinsichtlich TA's erfolgen kann. Sobald alle Fahrzeugfunktionen durch das physische B-Fzg erfüllt werden, ist der konstruktive Entwicklungsprozess abgeschlossen. Der finale Konstruktionsstand des B-Fzg entspricht dem Serienfahrzeug, welches zum Abschluss der Konstruktionsphase „B-Fzg" freigegeben wird [ScSK-06, BrDG-06, BrGZ-09].

Integrierte Betrachtung von Modul- und Fahrzeugentwicklung

Der Definition von Standardmodulen folgend, sollen diese in allen Fahrzeugen eines Unternehmens Verwendung finden. Bei aufbauabhängigen Modulen (z.B. Verdecksysteme für Cabriolets) oder Modulen für Sonderausstattungen (z.B. automatische Heckklappen) hängt die Ausprägung und Anzahl z der so genannten **Zielfahrzeuge** jedoch von Unternehmensstrategie und Marken-werten ab.

Wird der Entwicklungsprozess für Module und Fahrzeuge integriert betrachtet, muss die Anzahl z der Zielfahrzeuge mit berücksichtigt werden. Es ergibt sich der in Abbildung 2.10 im Rahmenwerk des Fahrzeuglebenszyklus skizzierte **modulbasierte Entwicklungsprozess**.

Dieser ist zu unterteilen in eine fahrzeugunabhängige Entwicklung und eine fahrzeugspezifische Entwicklung [HüBa-08]. Während die zeitlichen Abfolgen des Fahrzeugentwicklungsprozesses durch unternehmensspezifische Vorgaben standardisiert ist, existiert für die Modulentwicklung typischerweise kein stringent getakteter Zeitplan. Dennoch entbindet dies den verantwortlichen Entwickler des Fahrzeugmoduls nicht von Zeitvorgaben, da das Standardmodul am Ende des Modulentwicklungsprozesses in Zielfahrzeuge integriert werden muss, deren spätester Termin zur Integration neuer Standardmodule (typischerweise zum Meilenstein „Lastenheft") bereits zu Beginn der Modulentwicklung feststeht. Daher muss die Modulentwicklung zum zeitlich spätesten Zeitpunkt für die Integration des Standardmoduls in eines der Zielfahrzeuge abgeschlossen sein.

Fahrzeugintegration von Standardmodulen

Aufgrund der relativen Autonomie von Fahrzeugmodulen führen die funktionalen Wechselwirkungen mit der Fahrzeugumgebung in erster Näherung stets zu suboptimalen Verhaltens- oder Gewichtsausprägungen des Standardmoduls. So müssten beispielsweise Außenspiegel, deren Zielfahrzeug-ausprägung sich von Kleinwagen bis zu Supersportwagen erstreckt, für die sehr hohen auftretenden Windgeschwindigkeiten von Supersportwagen ausgelegt sein – selbst wenn die zulässige Höchstgeschwindigkeit für den Kleinwagen halb so groß im Vergleich zum Supersportwagen wäre.

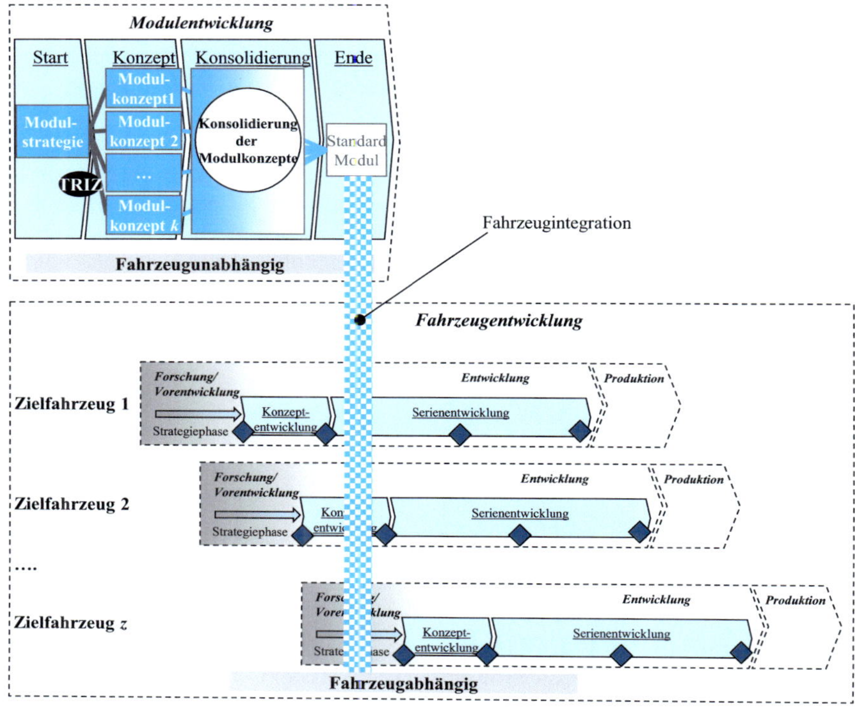

Abbildung 2.10: Modulbasierter Entwicklungsprozess, nach [WuBS-11/1]

Aus diesem Grund weisen Fahrzeugmodule typischerweise Adaptionsvorhalte auf, um eine möglichst optimale Fahrzeugintegration zu gewährleisten. Diese Adaptionsvorhalte betreffen die Komponenten des Fahrzeugmoduls, die in Wechselwirkung mit der Fahrzeugumgebung stehen und vorteilhafterweise kostenunkritisch sind, vgl. Abbildung 2.11.

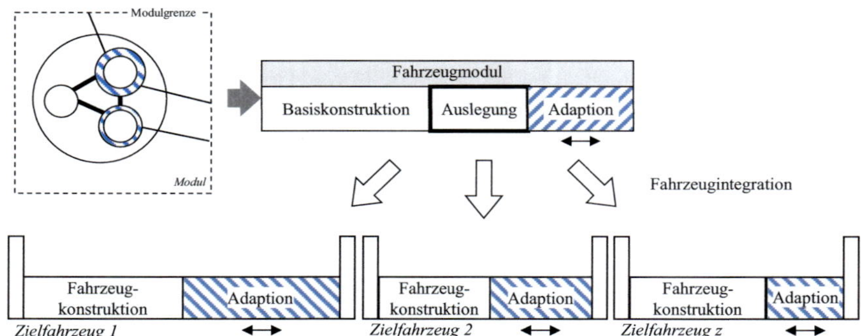

Abbildung 2.11: Integration von Fahrzeugmodulen in Zielfahrzeuge

Gemäß Abbildung 2.11 kann ein Fahrzeugmodul durch eine Basiskonstruktion, deren Auslegung und durch die beschriebenen Adaptionsvorhalte charakterisiert werden. Im Optimalfall stehen zusätzlich seitens der Fahrzeugkonstruktion – die für die verschiedenen Zielfahrzeuge unterschiedlich ausgeprägt sein kann – Adaptionsvorhalte zur Aufnahme des Fahrzeugmoduls zur Verfügung.

2.1.3 Modulklasse Kinematikmodule

Im Kontext dieser Arbeit wird die Modulauslegung für die Modulklasse „Kinematikmodule" adressiert.

Definition 2.3 *Die Modulklasse **„Kinematikmodule"** stellt eine Teilmenge aller Fahrzeugmodule dar. Es handelt sich hierbei um mechatronische Systeme mit großen, typischerweise nichtlinearen Bewegungen. Die Kinematik und Kinetik dieser Systeme kann durch Mehrkörpersysteme hinreichend modelliert werden.*

Gemeinsam mit Klimatisierungssystemen (z.B. Standheizungen) und Lichtsystemen (z.B. Außenfeldbeleuchtung) können Kinematikmodule als **mechatronische Komfortsysteme** aufgefasst werden. Die wesentliche Aufgabe von Kinematikmodulen ist die Entlastung des Kunden, indem bisher manuell durchzuführende Bewegungs- und Bedienabläufe automatisiert werden [WaRe-11]. Im Detail handelt es sich bei Kinematikmodulen um Fahrzeugmodule für den automatischen Betrieb von Verdecken, Heckdeckeln, Rückwandtüren / Heckklappen, Hecktüren, Schiebetüren, Seitentüren, Flügeltüren oder Seitenfenstern. Abbildung 2.12 zeigt die in der Modulklasse Kinematikmodule aggregierten Fahrzeugmodule in Anlehnung an die Hauptmodulstruktur nach [DaGH-04].

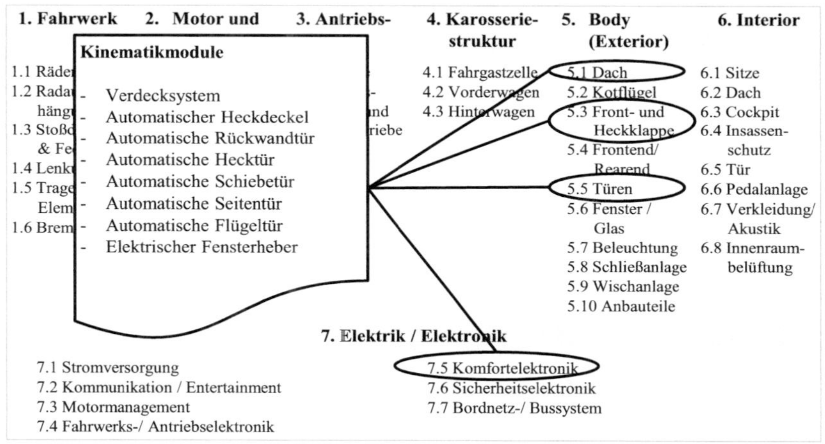

Abbildung 2.12: Einordnung der Kinematikmodule in Hauptmodulstruktur nach [DaGH-04]

Unabhängig vom Einbauort des Fahrzeugmoduls weisen Kinematikmodule stets den Grundaufbau eines mechatronischen Systems auf [VDI-2206]. Die zentrale Komponente für die Steuerung und Regelung des Bewegungsablaufs wird durch ein Steuergerät dargestellt. Das Steuergerät wiederum ist zum einen verbunden mit einer Aktorik, die bei Kinematikmodulen typischerweise durch einen permanent erregten Gleichstrommotor realisiert wird. Zum anderen kommuniziert eine geeignete Sensorik den Systemzustand an das Steuergerät, so dass mit Hilfe entsprechender Regelalgorithmen die Bewegung des angesteuerten Körpers gemäß Vorgaben erfolgen kann. Die Kinematik des bewegten Körpers hingegen wird durch eine Mechanik bestimmt, die an die Aktorik angeschlossen ist. Für Kinematikmodule ist hierfür der Einsatz verschiedenster Bauteile denkbar, z.B. mehrstufige Getriebe, Mehrgelenk-anordnungen, Bremsen, Kupplungen oder Umlenkhebel. Weiterhin kann die Sensorik neben einer Anordnung direkt an der Aktorik auch an einer geeigneten Stelle der Mechanik-Komponente verbaut werden. Zusätzlich werden zur Entlastung der Aktorik-Komponente bei Kinematikmodulen oftmals Kraftelemente (z.B. Schraubenfedern, Gasdruckfedern) verwendet [Baue-03, WaRe-11].

Eine generische Darstellung der Komponenten eines Fahrzeugmoduls aus der Modulklasse der Kinematikmodule zeigt Abbildung 2.13. Hierin enthalten sind die modulinternen Wechselwirkungen sowie die externen Wechselwirkungen des Moduls mit der Fahrzeugumgebung.

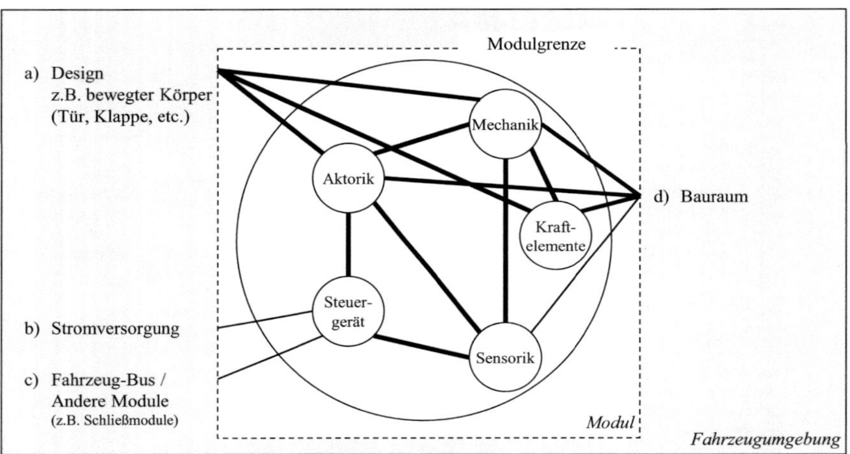

Abbildung 2.13: Qualitative Darstellung der Modulkomponenten von Kinematikmodulen

Externe Wechselwirkungen bestehen demnach zu vier Modulen der Fahrzeugumgebung:

a) Das **Design** in der unmittelbaren Fahrzeugumgebung eines Kinematikmoduls hat einen sehr großen Einfluss auf die Wahl der kraftübertragenden Elemente. So verursachen unterschiedliche Exterieur-Designs in der Fahrzeugumgebung bei Kinematikmodulen Anpassungen der genannten Modulkomponenten. Beispielsweise erfordern unterschiedliche Kinematikausprägungen einer Rückwandtür (z.B. coupé-artiges Heck) aufgrund unterschiedlicher Fugenlagen Anpassungen von Gasdruckfedern, Getriebeübersetzungen oder hinsichtlich der Motorwahl.

b) Die **Stromversorgung** des Steuergeräts stellt eine grundlegende Bedingung dar, damit das Modul funktioniert. Da die Bordnetze heutiger Fahrzeuge jedoch hochgradig standardisiert sind [Krüg-08], ist aus der Modulperspektive nur eine schwache Wechselwirkung festzustellen.

c) Gleiches gilt für den **Fahrzeug-Bus**, über den die Signale für die verschiedenen Funktionen des Moduls (z.B. Öffnen, Schließen, Halten) an das Steuergerät gesendet werden. Hierbei können Abhängigkeiten zu **anderen Modulen** bestehen. Beispielsweise darf das Modul „Automatische Rückwandtür" erst dann mit dem Öffnungsvorgang beginnen, wenn das Modul „Schließanlage" eine erfolgreich abgeschlossene Öffnung des Schlosses signalisiert.

d) Unter dem Begriff **Bauraum** werden im Folgenden alle Komponenten umgebender Module verstanden. Da die Abmessungen eines Steuergeräts aufgrund höchster Standardisierung [Baue-03] als gegeben angenommen werden und das Steuergerät durch Leitungen entkoppelt quasi an beliebigen Stellen verbaut werden kann, existieren keine nennenswerten Wechselwirkungen zum Bauraum. Für die übrigen Komponenten des betrachteten Kinematikmoduls sind jedoch Wechselwirkungen unterschiedlicher Ausprägung festzustellen. So schränkt der ansteigende Einsatz von Sicherheits- (z.B. Airbags) oder Elektronikkomponenten (z.B. Fond-Lautsprecher) den Bauraum eines Kinematikmoduls zunehmend ein, wodurch wiederum Anpassungsbedarfe für Aktorik, Mechanik, Kraftelemente sowie mit schwachen Wechselwirkungen auch für die Sensorik impliziert werden.

Aussage 2.1 *Auf Basis der erarbeiteten **Wechselwirkungen** von Kinematikmodulen mit der **Fahrzeugumgebung** ist die Charakterisierung als **relativ autonome** Module zu **revidieren**. Vielmehr muss der Einfluss der signifikanten Wechselwirkungen mit den zu bewegenden Körpern sowie die Abhängigkeit von Fahrzeugdesign und –bauraum in einer **frühzeitigen Betrachtung** untersucht werden.*

Für die Modulentwicklung innerhalb der Modulklasse Kinematikmodule bedingt dies eine große **Unsicherheit** hinsichtlich der Einschränkungen, unter welchen das entwickelte Standardmodul in die Zielfahrzeuge der Modulstrategie eingesetzt werden kann.

2.1.4 Auslegung von Kinematikmodulen

Dem Modulparadigma für Fahrzeuge folgend, stellen sich die Entwicklungsorganisationen der OEM's oftmals ebenfalls modularisiert auf [Schi-96, Göpf-98]. So existiert typischerweise für jedes Modul ein so genannter **Modulverantwortlicher**, der die Entwicklungsverantwortung für das gesamte Modul übernimmt. Insbesondere für die Entwicklung mechatronischer

Systeme – wie sämtliche Module der Modulklasse „Kinematikmodule" – entsteht hieraus ein hoher Abstimmungsbedarf bei den beteiligten Entwicklern aus den Disziplinen Maschinenbau, Elektrotechnik und Informationstechnik.

Entwicklungsprozess mechatronischer Systeme

Um systematisch zu einem hohen Reifegrad mechatronischer Systeme kommen zu können, existieren Richtlinien wie [VDI-2206], die eine „Entwicklungsmethodik für mechatronische Systeme" beschreiben. Generisch lässt sich der Entwurfsprozess mechatronischer Systeme demnach anhand eines V-Modells beschreiben, wie Abbildung 2.14 zeigt.

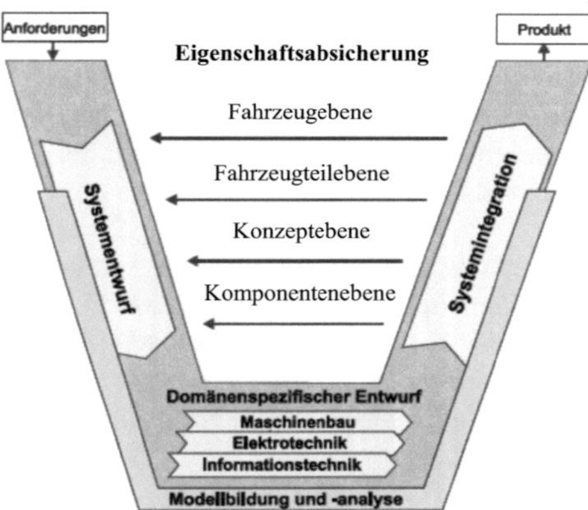

Abbildung 2.14: V-Modell für die Entwicklung mechatronischer Systeme, um Validierungsebenen ergänzt aus [VDI-2206]

Basierend auf den **Anforderungen** an das zu entwickelnde Produkt erfolgt ein **Systementwurf**, durch den das **Lösungskonzept** des Produkts mittels seiner physikalischen und logischen Wechselwirkungen beschrieben wird. Durch Zerlegung der Gesamtfunktion des Lösungskonzepts in Teilfunktionen können in der Phase des **domänenspezifischen Entwurfs** die Teilfunktionen von den beteiligten Disziplinen parallel entwickelt werden. Anschließend erfolgt die **Systemintegration** durch sukzessives Zusammensetzen der Teilfunktionen zum vollständigen **Produkt** [VDI-2206].

Ein wesentlicher Bestandteil des beschriebenen Entwicklungsprozesses ist die **Modellbildung und -analyse** von Teil- oder Gesamtfunktionen des mechatronischen Systems. Durch die Modellanalyse kann validiert werden, inwiefern die tatsächlichen Systemeigenschaften mit den gewünschten Systemeigenschaften übereinstimmen. Abhängig vom Detaillierungsgrad der jeweiligen Entwicklungsphase existieren folgende Validierungsebenen zur **Eigenschaftsabsicherung**:

1. Im Rahmen des domänenspezifischen Entwurfs werden die Komponenten des Moduls zunächst entkoppelt voneinander entwickelt. Daher kann eine Modellvalidierung lediglich auf **Komponentenebene** erfolgen

2. Im weiteren Verlauf der Systemintegration wird das mechatronische System zu Teilfunktionen zusammengesetzt, die auf **Konzeptebene** erprobt werden. Diese Konzeptebene wird im Entwicklungsprozess von Kinematikmodulen typischerweise durch Laboraufbauten realisiert, die mit Hilfe von Ersatzgeometrien (z.B. Gestelle) realitätsnahe Einbausituationen widerspiegeln sollen.

3. Die Gesamtfunktion des Moduls wird in der Regel auf **Fahrzeugteilebene** in einem Teilaufbau erprobt. Für Kinematikmodule wird hierfür der für das Modul relevante Teil eines Fahrzeugs physisch aufgebaut. Dieser Teilaufbau muss einen erprobungswürdigen Konstruktionsstand der Serienentwicklung eines Fahrzeugs darstellen. Daher steht dieser Teilaufbau typischerweise im Laufe der Konstruktionsphase „E-Fzg" zur Verfügung. In diesem Kontext wird typischerweise eine Grobabstimmung der Systemparameter vorgenommen, vgl. Abbildung 2.15.

Abbildung 2.15: Teilaufbau für die Modellvalidierung des Kinematikmoduls „Automatische Rückwandtür", [LaWS-09]

4. Um das mechatronische System im Kontext einer realen Fahrzeugumgebung validieren und erproben zu können, erfolgt die Feinparametrierung und -abstimmung auf **Fahrzeugebene**. Da hierfür

seriennahe oder serienreife Fahrzeuge (E-Fzg, B-Fzg) verwendet werden, wird einerseits ein hoher Reifegrad der Fahrzeugumgebung gewährleistet. Andererseits können aufgrund der parallelen Entwicklung von Modulen Wechselwirkungen mit anderen Modulen erst zu diesem Zeitpunkt detailliert untersucht werden [WaRe-11, Krüg-08].

Veranschaulichend zeigt Abbildung 2.16 auf, in welcher Abhängigkeit die Entwicklung mechatronischer Systeme zum Reifegrad der Fahrzeugentwicklung steht.

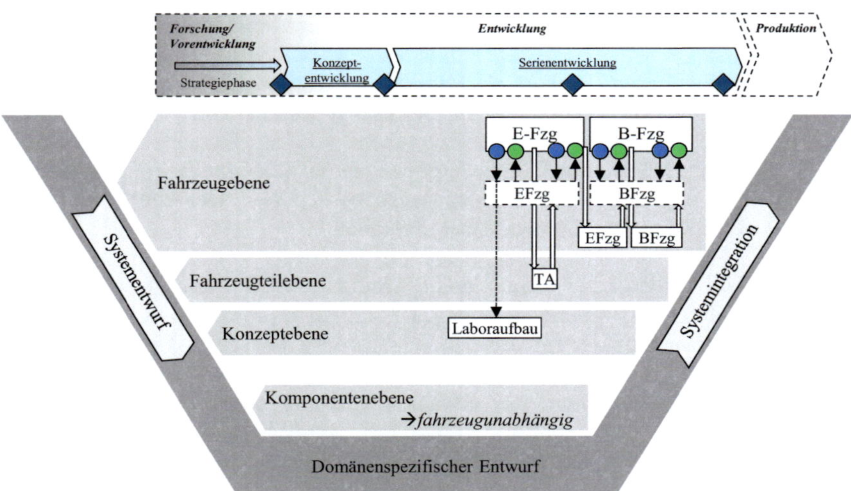

Abbildung 2.16: Absicherung von Kinematikmodulen im Kontext des Fahrzeugentwicklungsprozesses

Während zu Beginn der Konstruktionsphase „E-Fzg" auf Basis eines Datenfreezes ein **Laboraufbau** realisiert werden kann, steht eine reale **Fahrzeugteilumgebung** erst im späteren Verlauf der E-Fzg-Phase zur Verfügung. Die Eigenschaftsabsicherung des mechatronischen Systems im Kontext des **Gesamtfahrzeugs** ist hingegen erstmals möglich, sobald die ersten Erprobungsfahrzeuge physisch aufgebaut sind.

Aussage 2.2 *Die Entwicklungsmethodik mechatronischer Systeme nach [VDI-2206] sieht für den Systementwurf eine schrittweise Dekomposition der Gesamtfunktion in Teilfunktionen vor. Auf dieser Zerlegung basiert der domänenspezifische Entwurf der Teilfunktionen, die im Laufe der Systemintegration wiederum zur Gesamtfunktion zusammengesetzt und auf* *verschiedenen Ebenen validiert werden.* Im **Kontext des Fahrzeugentwicklungsprozesses** *bedeutet dies, dass eine* **zeitliche Abhängigkeit** *der Systemintegration von der* **Verfügbarkeit physischer oder virtueller Systemumgebungen** *vorliegt.*

Modulentwicklung mechatronischer Systeme

Wenn es sich darüber hinaus bei einem mechatronischen System nicht um eine fahrzeugspezifische Lösung handelt, sondern um ein Fahrzeugmodul, resultiert hieraus eine kritische Trennung des V-Modells. Im Laufe der Modulentwicklung erfolgt neben Systementwurf und des domänenspezifischen Entwurfs die Modellanalyse auf Komponentenebene. Die **Systemintegration und Modellanalyse** kann jedoch erst während oder nach der Fahrzeugintegration in die Zielfahrzeuge **im Fahrzeugkontext** stattfinden, vgl. Abbildung 2.17.

Infolgedessen entstehen **Unsicherheiten während der Modulentwicklung**, da die Prämissen für die Eigenschaftsabsicherung zum Zeitpunkt des Entscheids für ein Standardmodul nicht spezifiziert werden können. Diese Unsicherheiten betreffen vor allem **Änderungen der Fahrzeugumgebung** im Laufe des Fahrzeugentwicklungsprozesses, die durch **Design- oder Bauraumeinflüsse** hervorgerufen werden.

Da die Fahrzeugmodule der Modulklasse „Kinematikmodule" typischerweise **sehr große Wechselwirkungen mit Bauraum und Design** aufweisen, ist die beschriebene Problematik besonders kritisch für die Entwicklung dieser Module. Während die Modulkomponenten „Steuergerät" und „Sensorik" nur gering von Änderungen in Bauraum und Design betroffen sind, ist die Auslegung der Komponenten „Aktorik", „Mechanik" und „Kraftelemente" durch eine starke Abhängigkeit von Fahrzeugbauraum und -design gekennzeichnet.

Aussage 2.3 *Für die Modulkomponenten „Aktorik", „Mechanik" und „Kraftelemente" eines Kinematikmoduls bestehen somit große* **Unsicherheiten** *zum Zeitpunkt der Modulentwicklung. Da die Modellvalidierung ausschließlich auf Komponentenebene erfolgen kann, ist unklar, inwiefern die Eigenschaften des Gesamtmoduls im* **zeitlich später liegenden** *und* **stark veränderlichen** *Fahrzeugkontext tatsächlich erfolgreich abgesichert werden können. Weiterhin resultiert hieraus das Risiko, dass kostenintensive Bauteile der genannten Modulkomponenten für spezielle Zielfahrzeuge aufgrund Design- oder Bauraumveränderungen nicht verbaut oder geändert werden müssen und somit*

Skaleneffekte *und gleichsam das* **Ziel** *der Entwicklung eines* **Standardmoduls** *verfehlt* *wird.*

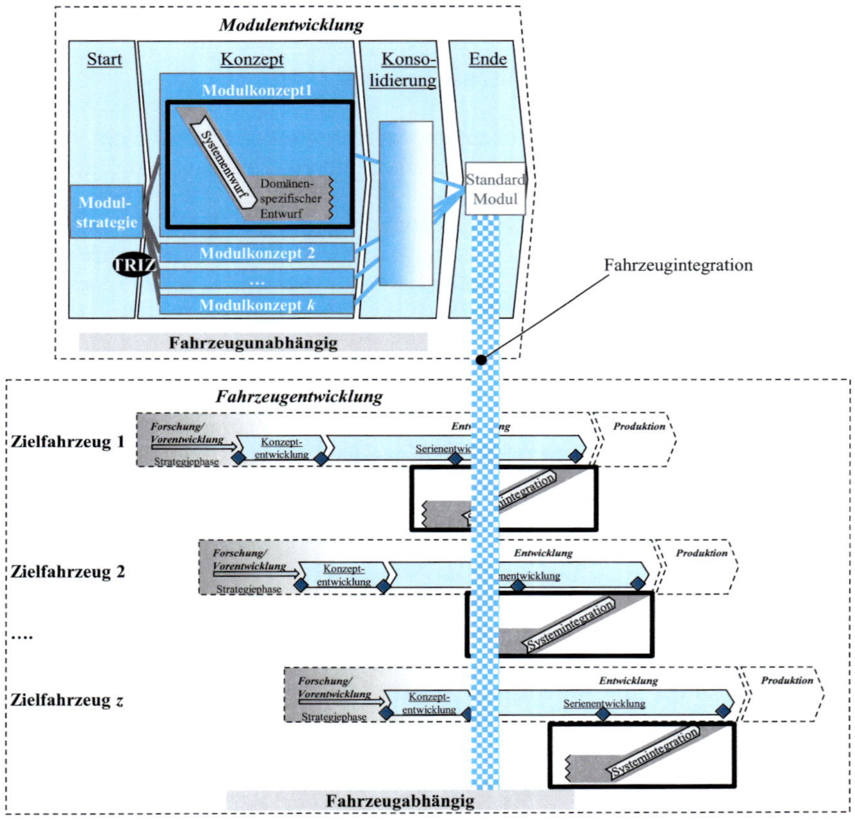

Abbildung 2.17: Zeitliche Trennung von Systementwurf und -integration für die Modulentwicklung mechatronischer Systeme

2.2 Verbesserungsbedarf aus Sicht der Automobilindustrie

Aus der beschriebenen Situation der Automobilindustrie abgeleitet werden im Folgenden Verbesserungsbedarfe hinsichtlich der Auslegung von Kinematikmodulen beschrieben. Diese Bedarfe lassen sich in zwei unterschiedliche Betrachtungsebenen unterteilen.

Zum einen ist aus Sicht der Automobilindustrie als produzierendes Gewerbe die Qualität der **Produkte** entscheidend, die an den Kunden verkauft werden. Kinematikmodule als Teilprodukte müssen daher die an sie gestellten Anforderungen unter allen Schwankungen robust erfüllen. Zum anderen bestehen Bedarfe an den **Prozess** zur Entwicklung dieser Teilprodukte. Durch Effektivitäts- und Effizienzverbesserung des Entwicklungsprozesses von Kinematikmodulen soll deren Qualität systematisch und frühzeitig gewährleistet sein. Die folgenden Ausführungen sind gestützt durch zahlreiche Beobachtungen und Befragungen im automobilen Umfeld.

2.2.1 Produkt

„Qualität ist der Grad, in dem ein Satz inhärenter Merkmale Anforderungen erfüllt"
[ISO-9000]

Angewandt auf Kinematikmodule und deren Entwicklung bedeutet diese Definition von Qualität, dass die Qualität eines Kinematikmoduls umso höher ist, je besser die Anforderungen an das Kinematikmodul erfüllt werden. Von der Produktseite betrachtet gilt dies im Speziellen während der Fahrzeugintegration des Standardmoduls im Rahmen der Fahrzeugerprobung und während der Benutzungsphase durch den Kunden.

Demzufolge muss ein Kinematikmodul derart ausgelegt sein, dass die Anforderungen an das Kinematikmodul auch unter den sehr wahrscheinlichen Änderungen der Fahrzeugumgebung (z.B. durch Design oder Bauraum) erfüllt werden. Im industriellen Umfeld wird für diese Eigenschaft allgemein der Begriff „**Robustheit**" verwendet.

Robustheit in der Erprobung

Ein Großteil der Produktfehler wird erst zu einem sehr späten Zeitpunkt in der Produktentstehung entdeckt, typischerweise während der Prüfung des Produkts, vgl. Abbildung 2.18.

In heutigen Fahrzeugentwicklungsprozessen erfolgt die erste ganzheitliche, physische Produktprüfung, sobald Erprobungsfahrzeuge zur Erprobung bereit stehen. Durch das Modulparadigma für Fahrzeuge soll die Fehlerbehebung der Module, vom Fahrzeugentwicklungsprozess entkoppelt, größtenteils während der Modulentwicklung erfolgen. Für Kinematikmodule ist dies jedoch aufgrund der großen Wechselwirkungen mit Bauraum und Design nur teilweise möglich, so dass nicht berücksichtigte Veränderungen der Fahrzeugumgebungen während der Modulentwicklung zu Fehlern und somit zu einer geringen Qualität der Standardmodule in der Fahrzeugerprobung führen können. Hieraus entstehen hohe **Zeit- und Kostenaufwände** für die **Anpassungskonstruktion von Standardmodulen**.

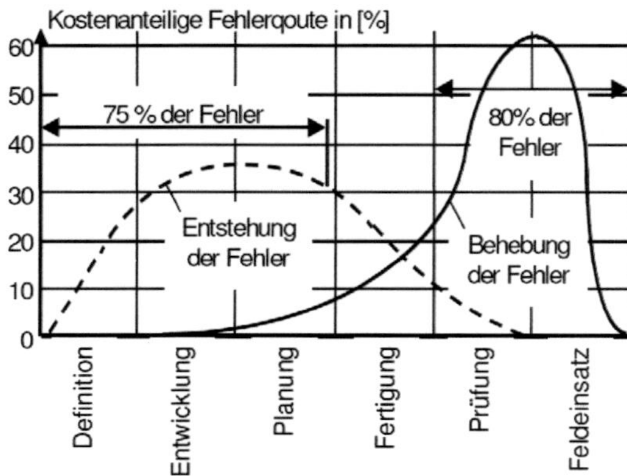

Abbildung 2.18: Zeitliche Verankerung von Fehlerentstehung und -behebung [VDI-2247]

Robustheit in der Benutzung

Wenn Anpassungskonstruktionen der Standardmodule erforderlich werden, so geschehen diese aufgrund stetig reduzierter Entwicklungszeiten für Fahrzeuge unter größtem **Zeitdruck**. Dies bedingt typischerweise einen geringen Reifegrad des angepassten Standardmoduls, da meist nicht alle Anforderungen hinreichend geprüft werden oder nur teilweise erfüllt werden können. Bei ungünstigen Kombinationen der **Produktionstoleranzen** führt dies zu einer geringen Zuverlässigkeit des Standardmoduls in der Benutzungsphase, die durch Funktionsausfälle gekennzeichnet sein kann.

Verbesserungsbedarf 1 *Es wird daher gefordert, dass Standardmodule von Kinematikmodulen eine **hohe Robustheit** aufweisen müssen, so dass während der Fahrzeugerprobung und der Benutzungsphase **keine Einschränkungen** bei der **Erfüllung von Anforderungen** bestehen. Weiterhin müssen die Standardmodule der Kinematikmodule unter Berücksichtigung der jeweiligen Adaptionsvorhalte **ohne Einschränkungen verbaut** werden können.*

2.2.2 Prozess

Der Bedarf der Automobilindustrie nach **robusten Kinematikmodulen** kann nur dann befriedigt werden, wenn im Rahmen des **Entstehungs- und Auslegungsprozesses** dieser Module Methoden zur Verfügung stehen, die frühzeitig die Unsicherheiten verschiedener Zielfahrzeuge berücksichtigen können. In Summe muss der Prozess der Modulauslegung hinsichtlich zweier Kriterien verbessert werden:

1. **Effektivitätssteigerung** durch korrekte Erfassung des eigentlichen Problems
2. **Effizienzsteigerung** durch ressourcenschonende Lösung (Zeit, Kosten) des Problems

Effektivität

Für Kinematikmodule besteht das Kernproblem im Wesentlichen darin, dass die Eigenschaftsabsicherung und Fahrzeugintegration des mechatronischen Systems in einem modulbasierten Entwicklungsprozess getrennt ist vom Systementwurf. Der Modulentwicklungsprozess fordert eine Festlegung eines Standardmoduls zu einem Zeitpunkt, zu welchem der Entwicklungsprozess der Zielfahrzeuge mehrheitlich noch nicht begonnen hat. Durch die großen Wechselwirkungen von Kinematikmodulen mit der Fahrzeugumgebung (z.B. Design und Bauraum) müssen die daraus resultierenden **Unsicherheiten** bereits **frühzeitig berücksichtigt** werden, wie Abbildung 2.19 skizziert.

Verbesserungsbedarf 2 *Demnach muss es gelingen, die **Charakteristika unterschiedlicher Zielfahrzeuge** derart einzubeziehen und zu beschreiben, dass die Robustheit des Kinematikmoduls aufgrund von **Unsicherheiten im Entwicklungsprozess der Zielfahrzeuge** identifiziert werden kann.*

Verbesserungsbedarf 3 *Um die Robustheit eines Kinematikmoduls eindeutig und objektiv bestimmen zu können, muss eine **Definition von Robustheit** und eine Methode zur **transparenten Analyse der Robustheit** vorliegen.*

Verbesserungsbedarf 4 *Die Bestimmung der Robustheit darf weiterhin **nicht komponentenorientiert** erfolgen, sondern muss die relevanten Modulkomponenten Aktorik, Mechanik und Kraftelemente ganzheitlich einbeziehen.*

Verbesserungsbedarf 5 *Auf Basis der Robustheitsbestimmung sollen geeignete Methoden dazu dienen, die **Robustheit von Modulkonzepten** für ein Standardmodul systematisch zu **optimieren**.*

Aus der systematischen Verknüpfung der Lösungsmethoden für alle Verbesserungsbedarfe in einer **Methodik** resultiert letztendlich eine **Erhöhung des Reifegrads** für die Modulentwicklung. Zum einen werden Unsicherheiten frühzeitig berücksichtigt, zum anderen kann der Einfluss von Unsicherheiten mit Hilfe der systematischen Robustheitsoptimierung von Modulkonzepten minimiert werden. Durch die transparente Bestimmung der Robustheit besteht darüber hinaus das Potenzial, das sehr unterschiedliche Modulkonzepte für ein Standardmodul objektiv beurteilt und verglichen werden können. Im Rahmen der Konzeptkonsolidierung kann darauf basierend das **optimal robuste Modulkonzept** als Standardmodul herausgebildet werden.

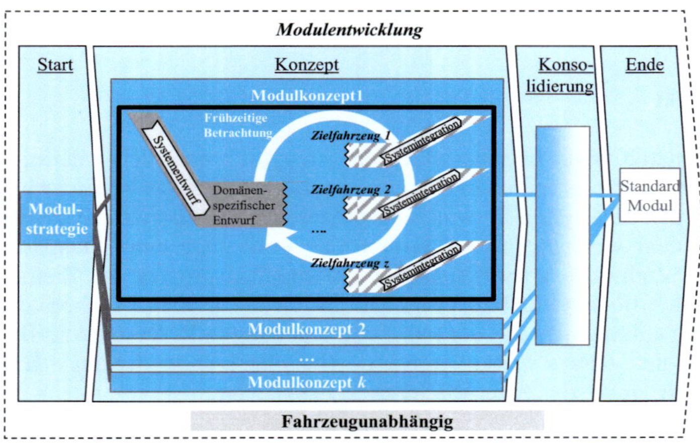

Abbildung 2.19: Wunschprozess für Modulentwicklung mechatronischer Systeme

Effizienz

Die erfolgreiche theoretische Ausarbeitung einer neuartigen Methodik zur Lösung eines Problems bedeutet nicht per se, dass diese Methodik auch in der Praxis eingesetzt wird. Beispielhaft sei an dieser Stelle die grundlegende „Methodik zum Entwickeln und Konstruieren technischer Systeme und Produkte" [VDI-2221] genannt, die trotz internationaler wissenschaftlicher Anerkennung aufgrund vielfältiger Faktoren keine vollständige Praxisdurchdringung der angedachten Industriezweige aufweist [Ehrl-09].

In der heutigen Automobilentwicklung existiert ein großer Zeit- und Kostendruck. Daher ist die Möglichkeit zur **effizienten Umsetzung** ein wesentlicher Erfolgsfaktor für eine **Methodik zur Verbesserung des Modulentwicklungsprozesses**.

Verbesserungsbedarf 6 *Bei der Umsetzung einer neuartigen Methodik zur Auslegung von Kinematikmodulen muss **schnell und objektiv** eine Aussage getroffen werden können, wie robust ein Modulkonzept ist. Weiterhin muss die Optimierung der Robustheit in kürzester Zeit erfolgen. Um Fehler des Menschen bei sich wiederholenden Aufgaben zu vermeiden, sollte eine derartige Methodik **automatisiert** umgesetzt werden können.*

Verbesserungsbedarf 7 *Unabhängig vom Grad einer Methodik-Automatisierung sind menschliche Entwickler verantwortlich für die Formulierung der Prämissen und die Plausibilisierung der Ergebnisse. Daher müssen die **Bedürfnisse und Anforderungen von Menschen** bei der Umsetzung der Methodik hinreichend erfüllt werden.*

2.3 Kapitelzusammenfassung

Als Fundament dieser Arbeit wird die Situation in der Automobilindustrie in **Abschnitt 2.1** beschrieben. Diese zeichnet sich aufgrund stetig größer werdender Komplexität der Fahrzeuge durch den Trend zur **Modularisierung von Fahrzeugen** aus. Durch die Verwendung der Module in allen Fahrzeugen eines Herstellers können signifikante Kostenvorteile erzielt werden. Weiterhin wird die Komplexität reduziert, da sich Module durch eine relative Autonomie zu anderen Modulen im Fahrzeugumfeld auszeichnen.

Im weiteren Verlauf werden der Modulentwicklungsprozess und der Fahrzeugentwicklungsprozess durch den **modulbasierten Fahrzeugentwicklungsprozess** zusammengefasst. Demnach ist der Prozess zur Modulentwicklung zeitlich entkoppelt vom Entwicklungsprozess der Zielfahrzeuge des Moduls. Während der Modulentwicklung werden verschiedene Modulkonzepte konsolidiert, so dass am Ende des Prozesses ein so genanntes Standardmodul entsteht. Dieses Standardmodul wird anschließend in die Fahrzeugentwicklungsprozesse der Zielfahrzeuge integriert.

Die Charakterisierung von Fahrzeugmodulen als relative autonome Subsysteme im Gesamtfahrzeug gilt für die **Modulklasse „Kinematikmodule"** nur eingeschränkt, da sich diese kundenrelevanten Komfortsysteme durch große Wechselwirkungen mit Bauraum, Design und dem zu bewegenden Körper auszeichnen. Da es sich bei der Modulklasse „Kinematikmodule" um mechatronische Systeme handelt, kann der Entwicklungsprozess durch das V-Modell beschrieben werden. Bei der Überlagerung des V-Modells mit dem modulbasierten Entwicklungsprozess zeigt sich jedoch, dass die

Systemintegration und die Absicherung der Eigenschaften erst nach Abschluss des Modulentwicklungsprozesses erfolgen können. Durch die **starken Wechselwirkungen von Kinematikmodulen mit Design und Bauraum** entstehen hieraus große Unsicherheiten bei der Fahrzeugintegration des Standardmoduls eines Kinematikmoduls.

Auf diesem Konflikt aufbauend werden in **Abschnitt 2.2** Verbesserungsbedarfe erarbeitet, die durch eine Methodik zur Lösung dieser Problematik gedeckt werden müssen.

Aus **Produktsicht** ergibt sich folgender Verbesserungsbedarf:

- Das Standardmodul eines Kinematikmoduls muss bei der Fahrzeugintegration robust die an das Kinematikmodul gestellten Anforderungen erfüllen und stets im Bauraum montierbar sein.

Weiterhin resultieren aus der geforderten Produktverbesserung Verbesserungsbedarfe für den zugrunde liegenden Entwicklungs**prozess**:

- Mögliche Schwankungen der Zielfahrzeuge müssen geeignet beschrieben werden können.
- Die Robustheit eines Modulkonzepts für Kinematikmodule muss definiert und transparent bestimmt werden können.
- Die Robustheitsbestimmung muss alle relevanten Modulkomponenten einbeziehen.
- Es muss eine Optimierung der Robustheit möglich sein.
- Die Robustheitsbestimmung und -optimierung muss schnell, objektiv und automatisiert erfolgen.
- Die Anforderungen der handelnden Entwickler als Menschen müssen bei der Umsetzung einer Methodik zur Robustheitsoptimierung von Kinematikmodulen berücksichtigt werden.

3 Stand der Technik in Forschung und Industrie

Ziel dieses Kapitels ist die Darstellung des relevanten Stands der Technik in Forschung und Industrie. Um den in Kapitel 2 herausgearbeiteten Bedarf der Automobilindustrie zu decken, können Ansätze aus verschiedenen Wissenschaftsdisziplinen herangezogen werden. Diese beschäftigen sich **durch unterschiedliche Vorgehensweisen und Blickwinkel** mit der Problematik, wie systematisch in frühen Entwicklungsphasen eine robuste Produktauslegung erzielt werden kann. Neben den wesentlichen Grundlagen der Ansätze wird besonders auf neue **Forschungserkenntnisse der vergangenen Jahre** eingegangen. Zusätzlich werden die geschilderten Ansätze durch Ausführungen über deren **Durchdringung in der industriellen Praxis** ergänzt.

Im Detail stellt sich die Struktur dieses Kapitels wie folgt dar:

- **Abschnitt 3.1** stellt aus dem Bereich der Entwicklungsmethodik die Ansätze Robust Design Methodik, UMEA, Axiomatic Design und Adaptable Design vor.
- In **Abschnitt 3.2** werden mögliche Beiträge der Disziplinen Risiko- und Qualitätsmanagement beleuchtet. Dabei handelt es sich um die Ansätze FMEA, FTA, Six Sigma sowie Design for Six Sigma
- **Abschnitt 3.3** beinhaltet auf Simulationen basierende Ansätze. Einführend erfolgt zunächst eine Klassifizierung der Beschreibung von Unsicherheiten. Im weiteren Verlauf wird auf Grundzüge und Forschungsergebnisse verschiedentlich orientierter Robuster Optimierungsmethoden eingegangen. Im Detail handelt es sich um Varianz- Zuverlässigkeits-, Möglichkeits- und worst-case-orientierte Ansätze.
- Abschließend wird in **Abschnitt 3.4** eine Bewertung aller vorgestellten Ansätze vorgenommen. Die Bewertungskriterien leiten sich hierbei direkt aus den Anforderungen der Automobilindustrie aus Kapitel 2.2 ab.

3.1 Entwicklungsmethodisch basierte Ansätze

3.1.1 Robust Design Methodik

Die Robust Design Methodik, oftmals auch unter dem Begriff „Quality Engineering" bekannt, findet ihren Ursprung in den Lehren des japanischen Ingenieurs Genichi Taguchi. Der zentrale Beitrag der so genannten Taguchi-Methoden ist die Aussage, dass die Abweichung der Produkteigenschaften von den Solleigenschaften einen monetären Verlust darstellt [Tagu-86]. Dieser monetäre Verlust folgt im Gegensatz zur konventionellen Tolerierung von Produkteigenschaften (bei welcher ein sprunghafter Verlust erst bei Verletzung der festgelegten Grenzen entsteht) einer stetigen quadratischen Funktion, der so genannten „Quadratic Loss Function", vgl. Abbildung 3.1.

Nach Taguchi wird Robustheit definiert „als Zustand, in welchem ein Produkt [..] minimal sensitiv gegenüber Faktoren ist, die Abweichungen hervorrufen (sowohl im Produktions- als auch im Benutzungskontext) und gleichzeitig die geringsten Produktionskosten je Einheit hervorruft" [TaCT-00]. Robustheit ist das Ziel der Robust Design Methodik. Um dieses Ziel zu erreichen, schlägt Taguchi einen 3-stufigen Entwicklungsprozess vor [Mont-91]:

1. Für das **Systemdesign** werden verschiedene Konzepte und Technologien auf geeigneten Ebenen berücksichtigt und beurteilt.

2. In der Stufe des **Parameterdesign** sollen die Parameter ausgewählter Konzepte und Technologien derart gewählt werden, dass die Produkteigenschaften die geringst mögliche Sensitivität gegenüber den Quellen von Abweichungen aufweisen.

3. In der abschließenden Stufe des **Toleranzdesign** erfolgt eine weitergehende und feingranulare Reduktion der Sensitivität der Produkteigenschaften. Hierbei werden die erlaubten Produktions- toleranzen der Systemparameter festgelegt.

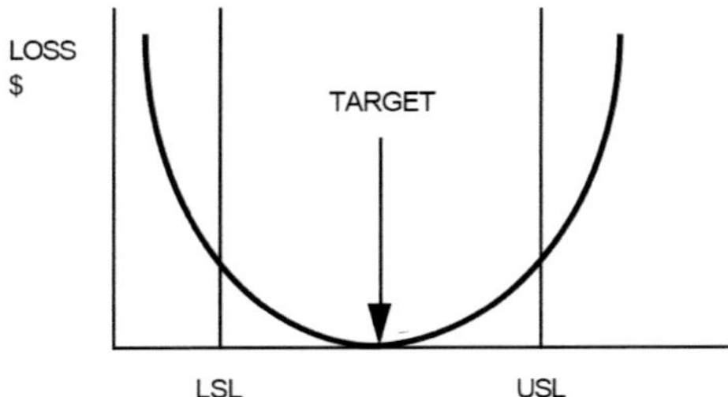

Abbildung 3.1: Quadratic Loss Function [UnDe-91]

Diese Vorgehensweise wird als Offline-Qualitätslenkung umschrieben, da durch konsequente Berücksichtigung dieser Schritte bereits im Entwicklungsprozess die Qualität der Produkte beeinflusst werden kann [Kack-85]. Zur Strukturierung des untersuchten Produkts wird im Rahmen der Robust Design Methodik typischerweise ein so genanntes P-Diagramm erarbeitet, welches durch eine Input-/ Outputvisualisierung die Produkteigenschaften als Funktion von Produkt- und Störparameter beschreibt [Tagu-86], vgl. Abbildung 3.2.

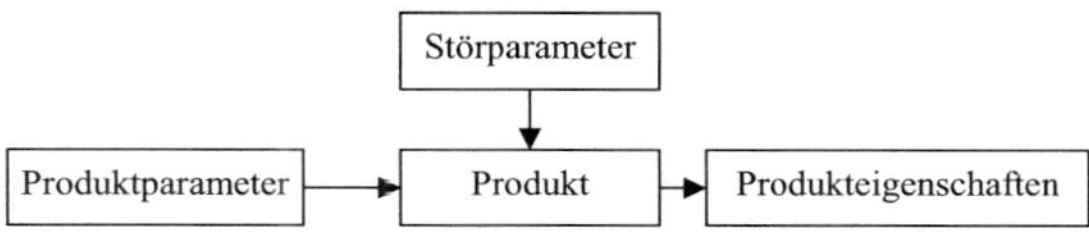

Abbildung 3.2: P-Diagramm

Während die Festlegung des **Systemdesigns** auf Basis von Expertenwissen erfolgen soll, schlägt Taguchi für das **Parameterdesign** und das **Toleranzdesign** die Verwendung **orthogonaler Datenreihen** (engl. „orthogonal arrays") vor. Dadurch werden deterministisch Stichproben generiert, die unterschiedliche Zustände des Produkts widerspiegeln. Durch die systematische Variation von System- und Störparametern können somit diejenigen Produktparameter gefunden werden, die die höchste Robustheit im Sinne des Signal-/ Rauschverhältnisses η von Produkteigenschaften aufweisen [UnDe-91]. Für η existieren sehr viele verschiedene Definitionen [Phad-89], exemplarisch definiert Taguchi das Signal-/ Rauschverhältnis für ein Zielwertproblem durch

$$\eta = 10 \log_{10}\left(\frac{\mu^2}{\sigma^2}\right) \; ,$$
(3.1)

mit dem Mittelwert μ und der Varianz der Stichprobe σ^2. Ein anschauliches Beispiel für die Verwendung orthogonaler Datenreihen zeigt Abbildung 3.3.

Noise Orthogonal Array

	1	2	3	4
N1	1	1	2	2
N2	1	2	1	2
N3	1	2	2	1

Control Orthogonal Array

	A	B	C	D	Y i,j			Mean	Std
1	1	1	1	1					
2	1	2	2	2					
3	1	3	3	3					
4	2	1	2	3					
5	2	2	3	1					
6	2	3	1	2					
7	3	1	3	2					
8	3	2	1	3					
9	3	3	2	1					

Abbildung 3.3: Orthogonale Datenreihen der System- und Störparameter für Systemdesign [UnDe-91]

Als Entwicklungsprozess aufgefasst, lässt sich Taguchi's Ansatz für das Parameterdesign nach [UnDe-91] mit folgenden 7 sequentiellen Schritten beschreiben:

1. Bestimmung der zu optimierenden Produkteigenschaften
2. Identifikation von Störparametern und Testbedingungen
3. Identifikation von Produktparametern und deren alternative Bereiche
4. Generierung der Stichproben und Definition des Datenanalyseprozesses
5. Ausführung / Berechnung der Stichproben
6. Datenanalyse und Bestimmung optimaler Produktparameter
7. Vorhersage der Produkteigenschaften mit optimalen Produktparametern

In der Literatur wird Schritt 4 als einer der wesentlichen Beiträge von Taguchi aufgefasst, da hierdurch Verfahren der statistischen Versuchsplanung bereits im Rahmen der Produktentwicklung zum Einsatz kommen [RoBM-03]. Zur Verbesserung der Ineffizienz zweifacher (Produkt- und Störparameter) orthogonaler Datenreihen [Tsui-92] hat sich insbesondere der Einsatz von Design of Experiments (DoE) als zielführend erwiesen, der in einer Vielzahl von Veröffentlichungen beschrieben wird [RoBM-03]. Grundlagen und Anwendungen zu DoE werden in Abschnitt 3.3.2 behandelt.

Trotz kritischer Einwände aufseiten der Statistik bezüglich der Verwendung des Signal/Rausch-Verhältnisses als einzige Optimierungsgröße [Box-88] und beschränkter Analysemöglichkeiten von Wechselwirkungen [Nair-92] haben sich die Grundideen Taguchi's in Forschung und Industrie insbesondere in den USA und Japan manifestiert [Stei-96]. Hieraus entstanden ganzheitliche Methodiken, wie beispielsweise VRM (Variation Risk Management), durch die eine Reduktion von Abweichung der Produkteigenschaften von Systemdesign bis hin zur Produktion erreicht werden kann [Thor-04]. Arvidsson und Gremyr [ArGr-08] beschreiben die Essenz der Robust Design Methodik durch 4 Prinzipien:

- Bewusstsein über Abweichungen
- Unempfindlichkeit bezüglich Störparameter
- Anwendung verschiedener Methoden
- Anwendung in allen Phasen des Entwicklungsprozesses

3.1.2 Unsicherheitsmöglichkeits- und Einflussanalyse (UMEA)

Während die auf Taguchi beruhende Robust Design Methodik Störparameter als gegebene Parameter annimmt, beschäftigt sich die Unsicherheitsmöglichkeits- und Einflussanalyse (UMEA) mit der detaillierten Erfassung und Beschreibung von Unsicherheiten und deren Auswirkungen. Ziel der UMEA ist die Bereitstellung einer ganzheitlichen und generischen Methodik, durch welche die Problematik von Unsicherheiten einfacher und komplexer Produkte effizient und effektiv gelöst werden soll [EnBK-09]. Die erstmals 2009 vorgestellte Methodik sieht folgende 4-stufige Vorgehensweise vor:

1. Analyse von Umgebung und Zielen
2. Identifikation von Unsicherheiten und deren Ursachen
3. Ermittlung der Effekte von Unsicherheiten
4. Evaluierung und Entscheidung

Innerhalb dieser 4 Stufen werden verschiedene qualitative und quantitative Modelle und Methoden erfasst, die abhängig vom Untersuchungsobjekt ausgewählt werden können [EnEM-11]. In Anlehnung an die Fehlermöglichkeits- und Einflussanalyse (FMEA, vgl. Abschnitt 3.2.2) existieren weiterhin verschiedene Anwendungsformen der UMEA: Entwicklungs-UMEA, Produktions-UMEA und Anwendungs-UMEA. Eine Übersicht der UMEA-Methodik ist in Abbildung 3.4 skizziert.

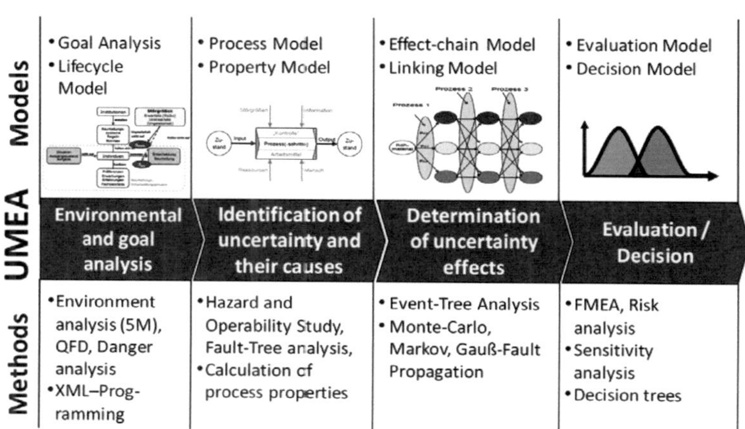

Abbildung 3.4: UMEA-Methodik [EnBK-09]

Während ein Großteil der in der UMEA-Methodik beinhalteten Methoden als Stand der Technik bezeichnet werden kann, liegt ein Forschungsschwerpunkt in der Erarbeitung von Modellen zur eindeutigen Beschreibung der 4 UMEA-Stufen. Ein elementarer Bestandteil der UMEA-Methodik ist die Identifizierung von Unsicherheiten und deren Ursachen (Stufe 2). Aufbauend auf dem Verständnis, dass Unsicherheiten „generell als Abweichungen von Prozess- und Produkteigenschaften [KlEM-09]" verstanden werden, strukturiert das in Abbildung 3.5 dargestellte Prozessmodell sämtliche Einflüsse auf einen technischen Prozess zur Überführung eines Initial- in einen Finalzustand.

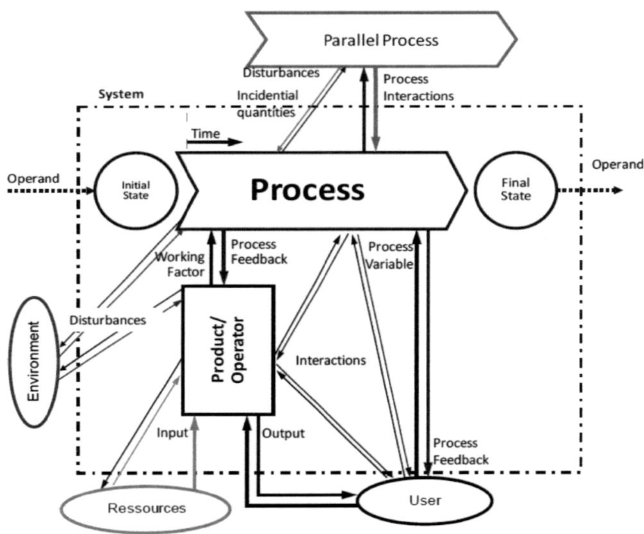

Abbildung 3.5: Erweitertes Prozessmodell zur Analyse von Unsicherheiten [KlEM-09]

Dieses, an Heidemann [Heid-01] angelehnte Prozessmodell ermöglicht die vollständige Erfassung von Unsicherheiten für einen beliebigen technischen Prozess. Nach [KlEM-09] kann eine Unterscheidung in innere und äußere Unsicherheiten vorgenommen werden:

- **Innere Unsicherheiten** werden durch Abweichungen oder Einflüsse innerhalb der Systemgrenzen hervorgerufen. Typische Beispiele für Produktionsprozesse sind Wechselwirkungen innerhalb der Produktionsanlage (Nichtlinearitäten), Verschleiß oder nicht beachtete Prozessabweichungen (Verschmutzung, Nichtlinearitäten).

- **Äußere Unsicherheiten** resultieren aus Wechselwirkungen des Systems mit externen Faktoren. Hierbei kommen Einflüsse durch Nutzer, Ressourcen (z.B. Rohmaterial für einen Produktionsprozess), Umwelt (z.B. Temperatur, Feuchtigkeit) oder durch parallele Prozesse infrage.

Die Anwendung der UMEA-Methodik ist für alle Phasen des Produktentwicklungsprozess vorgesehen, um Unsicherheiten und deren Einflüsse während des gesamten Lebenszyklus eines Produkts erfassen zu können. Dieser Lebenszyklus beginnt mit der Herstellung des Rohmaterials. Nach Produktion, Produkt und Nutzung endet dieser mit der Wiederverwendung des Produkts. Abhängig vom betrachteten Abschnitt des Produktlebenszyklus werden Unsicherheiten unterschiedlich beschrieben und erfasst (z.B. aleatorische und epistemische Unsicherheiten) [MaKE-09]. Detailliertere Ausführungen hierzu können Abschnitt 3.3.1 entnommen werden.

3.1.3 Axiomatic Design (AD)

Der Ansatz des Axiomatic Design (AD) wurde erstmals 1990 von Nam Suh vorgestellt [Suh-90], um Entwickler mit einer systematischen Vorgehensweise bei der Entwicklung von Produkten oder Prozessen zu unterstützen. Hierfür werden 4 verschiedene Domänen spezifiziert, die jeweils durch einen gewissen Informationsumfang gekennzeichnet sind. Für die Kundendomäne handelt es sich um **Kundeneigenschaften**, **Funktionale Anforderungen** (engl. Functional Requirement=FR) und **Randbedingungen** kennzeichnen die Funktionsdomäne, die physische Domäne wird durch **Produktparameter** (engl.: Design Parameter=DP) beschrieben. Weiterhin wird die Prozessdomäne durch **Prozessvariablen** charakterisiert. Die einzelnen Informationen der spezifischen Domänen werden im Verlauf der Anwendung von Axiomatic Design jeweils aufeinander abgebildet, vgl. Abbildung 3.6.

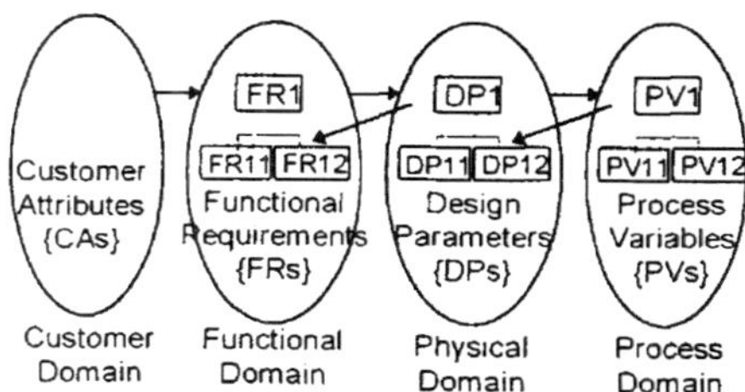

Abbildung 3.6: Domänen- und Abbildungskonzept für Axiomatic Design [Suh-97]

Mit der Anwendung von Axiomatic Design einhergehend soll sich beim Entwickler eine Denkweise manifestieren, die sich stets an den 2 Axiomen des Axiomatic Designs ausrichtet:

- Axiom 1: Das Unabhängigkeitsaxiom. Es soll stets gewährleistet sein, dass Unabhängigkeit der funktionalen Anforderungen besteht.
- Axiom 2: Das Informationsaxiom. Der Informationsgehalt des Entwurfs soll minimiert werden.

Für die Produktentwicklung wird typischerweise eine Abbildung der Funktionalen Anforderungen (FR's) auf die Produktparameter (DP's) vorgenommen. Im Rahmen des Grobentwurfs werden zunächst die FR's auf der höchsten Ebene mit generisch formulierten DP's in Verbindung gebracht [Suh-97]. Dies geschieht über eine Designmatrix $\mathbf{A}$, bei welcher für FR_i eruiert werden muss, ob eine Abhängigkeit zu Produktparameter DP_j vorliegt (A_{ij}=X) oder nicht (A_{ij}=0). Ein Beispiel für mögliche Ausprägungen von $\mathbf{A}$ zeigt Abbildung 3.7.

Hierbei wird grundsätzlich zwischen gekoppelten und nicht gekoppelten Ausprägungen unterschieden [Suh-97], eine Sonderform bilden teilweise gekoppelte Systeme. Das Ziel von Axiomatic Design ist es, gemäß des Unabhängigkeitsaxioms ein nicht gekoppeltes System zu erzielen. In diesem Idealzustand hängt jede funktionale Anforderung (FR) lediglich von einem Produktparameter (DP) ab. Dadurch ist bei Abweichungen eines Produktparameters lediglich eine funktionale Anforderung betroffen, wodurch das System im Gesamten die maximal mögliche Robustheit aufweist. Liegt ein gekoppeltes System vor, ist es die Aufgabe des Entwicklers, dieses durch geeignete technische Maßnahmen (andere Technologien, andere Produktarchitektur, etc.) zu entkoppeln. Gelingt dies nicht in zufriedenstellendem Maße, sollte der Produktentwurf verworfen werden [Suh-90].

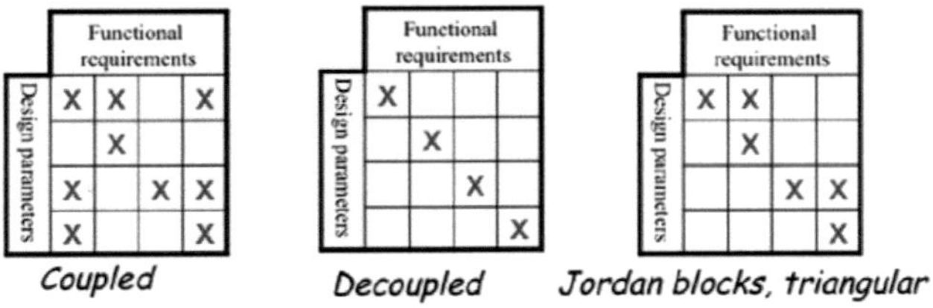

Abbildung 3.7: Verschiedene Ausprägungen der DP-/FR-Abbildung [HaMR-11]

Im Rahmen von Axiomatic Design wird weiterhin das untersuchte System durch so genanntes „Zigzagging" (deutsch: Zickzack) detailliert. Hierfür werden die FRs stufenweise dekomponiert und wiederum auf die korrespondierenden DPs in einer Designmatrix abgebildet. Dieser Vorgang wird solange wiederholt, bis die FRs vollständig und eindeutig durch die DPs erfüllt werden können. Abbildung 3.8 veranschaulicht die Vorgehensweise der Dekomposition.

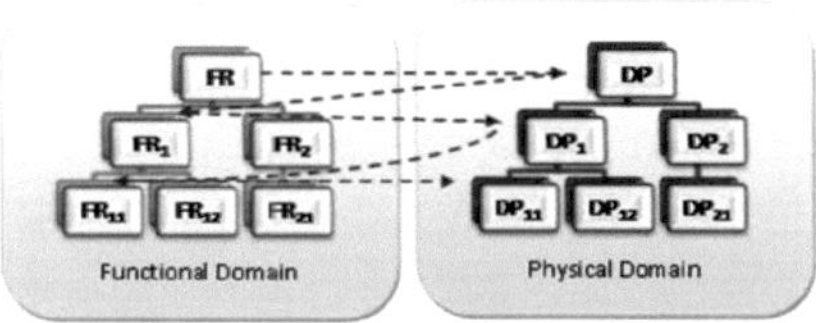

Abbildung 3.8: Dekomposition der funktionalen Anforderungen FR [CeKa-10]

Die generische Vorgehensweise von Axiomatic Design ermöglicht eine Anwendung in unterschiedlichsten Bereichen wie beispielsweise Nanoproduktion [Kim-06] oder Elektromobilität [Suh-11]. Darüber hinaus existieren Weiterentwicklungen von Axiomatic Design, die sich dezidiert mit der Robustheit des betrachteten Systems auseinandersetzen.

Gu et. al. nutzen die Designmatrix **A**, um mit Hilfe der Konditionszahl die Robustheit eines Systems zu bestimmen [GuLS-04]. Hierfür werden zunächst die Matrixelemente

$$A_{ij} = \frac{\Delta FR_i}{\Delta DP_j} \tag{3.1}$$

mit den Abweichungen ΔFR_i und ΔDP_j bestimmt. Somit muss zugleich ein analytischer Zusammenhang zwischen den FRs und den DPs vorliegen. Mit Hilfe der Konditionszahl für Matrizen aus der numerischen Analyse ist das System umso robuster, je kleiner die Konditionszahl für **A** wird. Im Idealfall nimmt die Konditionszahl den Wert 1 an. Auf die Produktentwicklung angewandt müssen nach Gu et. al. für ein robustes System folgende Bedingungen erfüllt sein:

- Die Sensitivitätsmatrix $\mathbf{S_V} = \mathbf{A} \bullet \mathbf{A}^T$ ist eine Diagonalmatrix ($\forall S_{v,ij} = 0$ für $i \neq j$)
- Alle Elemente der Hauptdiagonalen von $\mathbf{S_V}$ sind identisch

Wenn zusätzlich zu den genannten Bedingungen für ein robustes System das Unabhängigkeitsaxiom erfüllt wird, liegt ein ideales System vor [GuLS-04].

Weiter relevant ist ein Ansatz von Cebi et. al. zur Erweiterung der Prinzipien von Axiomatic Design unter Berücksichtigung unsicherer Umgebungseinflüsse [CeKa-10]. Im Gegensatz zur konventionellen booleschen Beschreibung werden die Abhängigkeiten zwischen FR und DP durch linguistische Terme zwischen 0 und 1 beschrieben, vgl. Abbildung 3.9.

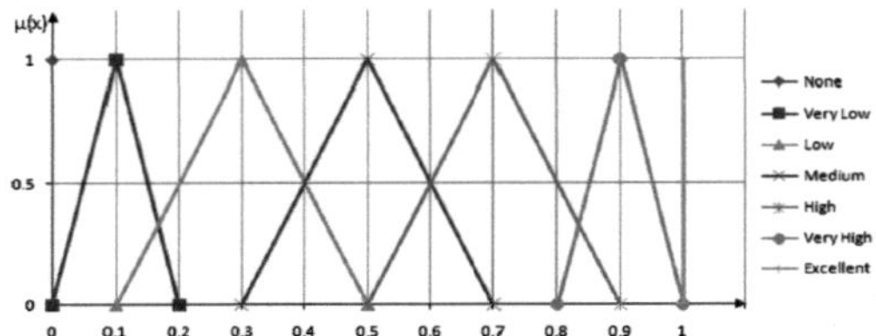

Abbildung 3.9: Linguistische Beschreibung von Abhängigkeiten [CeKa-10]

Cebi et. al. schlagen eine 5-stufige Vorgehensweise vor:

1. Definition aller FRs und DPs und Dekomposition, falls erforderlich
2. Aufbau der Designmatrix
3. Linguistisch basierte Auswertung der Abhängigkeiten zwischen FRs und DPs durch eine Expertengruppe
4. Aggregieren der einzelnen Expertenmeinungen
5. Definition der Designmatrix

Abhängig von einem spezifischen Kopplungsgrad γ ($0<\gamma<1$) kann daraufhin identifiziert werden, ob ein entkoppeltes System vorliegt oder nicht [CeKa-10].

3.1.4 Adaptable Design

Mit Adaptable Design wurde von Gu et. al. 2004 ein neues Forschungsfeld erschlossen [GuHN-04]. Eingebettet in das Paradigma von Plattform- und modularen Architekturen beschäftigt sich Adaptable Design mit der Frage, wie ein existierendes Produkt in die Lage versetzt werden kann, dass trotz veränderter funktionaler Anforderungen ein Großteil der Produkt-komponenten für ein neues Produkt unverändert übernommen werden kann. Hierbei unterscheiden die Autoren in zwei Typen von Adaptionsfähigkeiten:

1. Die **Adaptionsfähigkeit des Produktentwurfs** entspricht der Fähigkeit eines existierenden Produktentwurfs, an neue oder geänderte funktionale Anforderungen angepasst zu werden.
2. **Adaptionsfähigkeit des Produkts** bezieht sich auf ein physisch existierendes Produkt und dessen Anpassungsfähigkeit derart, dass geänderte funktionale Anforderungen erfüllt werden.

Um verschiedene Konzepte zur Generierung adaptionsfähiger Produktentwürfe zu gewinnen, werden im Kontext von Adaptable Design typischerweise Methoden für die Modularisierung oder Plattformgestaltung von Produkten und Produktfamilien eingesetzt [SiSJ-06]. Insbesondere im Bereich des Werkzeugmaschinenbaus können durch diese Methoden multifunktionale Werkzeuge entwickelt werden, die ein breites Spektrum funktionaler Anforderungen abdecken [Mori-08].

Der wesentliche Beitrag von Adaptable Design ist es, unterschiedlichste Produktkonzepte objektiv hinsichtlich ihrer Adaptionsfähigkeit beurteilen zu können. Zu diesem Zweck entwickelten Man et. al. einen Kostenansatz [MaZC-11]. Als Maß für die Adaptionsfähigkeit gilt demnach der relative Aufwand für einen Produktentwurf oder ein Produkt, um dieses an veränderte funktionale Anforderungen anzupassen. Hierfür werden n Adaptionsaufgaben TP_j definiert, die vom untersuchten Produkt zu bewältigen sind. Der Aufwand zur Überführung des existierenden Produktes P in das adaptierte Produkt AP wird mit $Inf_{(P \rightarrow AP)}$ beschrieben, während der Aufwand zur Neukonstruktion eines idealen Produkts IP für die geänderten funktionalen Anforderungen mit $Inf_{(ZERO \rightarrow IP)}$ erfasst wird. Der Adaptionsfaktor für die Adaptionsaufgabe TP_j ergibt sich somit zu

$$AF(TP_j) = \begin{cases} 1 - \dfrac{Inf_{(P \rightarrow AP)}}{Inf_{(ZERO \rightarrow IP)}} & \text{für } Inf_{(ZERO \rightarrow IP)} > Inf_{(P \rightarrow AP_j)} \\ 0 & \text{für } Inf_{(ZERO \rightarrow IP)} > Inf_{(P \rightarrow AP_j)} \end{cases} \qquad (3.2)$$

Um die Adaptionsfähigkeit eines Produkts $A(P)$ zu bestimmen, werden die Adaptionsfaktoren $AF(TP_j)$ für alle Adaptionsaufgaben TP_j summiert. Insbesondere in frühen Phasen eines Produktentwurfs bestehen Unsicherheiten bezüglich der Wahrscheinlichkeit der jeweiligen Adaptionsaufgaben TP_j. Daher schlagen Man et. al. die Verwendung von Wahrscheinlichkeiten Pr für jede Adaptionsaufgabe TP_j vor [MaZC-11]. Für die Adaptionsfähigkeit eines Produktentwurfs $A(P)$ gilt daher

$$A(P) = \sum_{j=1}^{n} \left[Pr(TP_j) AF(TP_j) \right] \quad . \qquad (3.3)$$

Auf dieser Basis können verschiedene Konzepte eines Produktentwurfs objektiv dahingehend verglichen werden, mit welchem kostenseitigen Aufwand die Anpassung an veränderte funktionale Anforderungen verbunden ist.

3.1.5 Stand der Technik in der Industrie

Aufgrund der Einfachheit der Robust Design Methodik werden Taguchi's Methoden in einem breiten Spektrum von Industrien angewandt. In der Automobilindustrie finden Robust Design-Ansätze insbesondere dann Anwendung, wenn ein **ganzheitliches Qualitätsmanagement** im jeweiligen Unternehmen installiert ist. Die quantitative Betrachtung von Qualitätsaspekten im Entwicklungsprozess wird sehr häufig durch die Methodik Design for Six Sigma (DfSS) realisiert. Diese Methodik wird in Abschnitt 3.2.4 näher erläutert. Vorweggenommen ist Robust Design nach Taguchi's Methoden ein **fundamentaler Bestandteil von DfSS**. Der zunehmende Einsatz von DfSS in der Automobilindustrie ist somit gleichbedeutend mit der steigenden Bedeutung von Taguchi's Methoden [YaEY-09].

Die Ansätze UMEA sowie Adaptable Design sind derzeit ausschließlich wissenschaftliche Ansätze, die – insbesondere im Automobilbereich – noch zu keiner Anwendung geführt haben.

Axiomatic Design wurde am *Massachusetts Institute of Technology* (*MIT*) von Nam Suh entwickelt. Durch die strategische Partnerschaft zwischen *MIT* und *Ford* hat sich Axiomatic Design bereits seit einiger Zeit bei *Ford* als **integraler Bestandteil der Produktentwicklung** etabliert. Eingeordnet wird AD bei *Ford* als Teilmethodik von Design for Six Sigma [HuPG-04]. Weitere beispielhafte Anwendungen sind von *Chrysler* (damals: *DaimlerChrysler*) bekannt. Nach [ElWa-04] erbrachte der Einsatz von Axiomatic Design im Verbund mit Robust Design für ein neues Automatikgetriebe eine Zuverlässigkeitsverbesserung „um 28%". Zusammenfassend lässt sich Axiomatic Design ähnlich wie die Robust Design Methodik als **optionale Methodik in frühen Phasen** der Automobilentwicklung einordnen. Voraussetzend hierfür müssen jedoch Robust Design- oder DfSS-Methodiken bereits im jeweiligen Unternehmen etabliert sein.

3.2 Methodische Ansätze des Risiko- und Qualitätsmanagements

Das Bewusstsein über Abweichungen und mögliche Ansätze zur Handhabung der daraus entstehenden Risiken ist traditionell in produktionsnahen Bereichen verankert. Nach [ISO-31000] sind Risiken generisch aufzufassen als „Einfluss von Unsicherheiten auf Ziele". Auf diesem Verständnis basierend wurden zahlreiche Methoden zur Handhabung von Risiken, dem Risikomanagement, erarbeitet. **Risikomanagement** wird definiert als konsequente Anwendung von Methoden, Praktiken und Management-Prinzipien, um Risiken systematisch erfassen und beurteilen zu können und daraufhin geeignete Maßnahmen zur Steuerung dieser Risiken ergriffen werden können [DIN-62198]. Die Behandlung von Risikomanagement kann entweder separat zum Produktentwicklungsprozess [ISO-31000] oder als immanente Eigenschaft des Produktentwicklungsprozesses [OeSe-11] betrachtet werden. Im Kern ist das Ziel von Risikomanagement die Entscheidungsvorlage für Maßnahmen zur Qualitätsoptimierung von Produkten oder Prozessen. Diese Managementaufgabe wird im Bereich des **Qualitätsmanagement** behandelt [ISO-9000]. International anerkannt sind festgelegte Mindestanforderungen an ein Qualitätsmanagement-System [ISO-9001], deren Einhaltung Pflicht des Managements ist.

Im Bereich des Risiko- und Qualitätsmanagements haben sich verschiedene Methoden etabliert, die sich speziell mit der Frage nach der Identifikation und Beurteilung von Unsicherheiten (FMEA, FTA) sowie der entwicklungsprozessbegleitenden Umsetzung von Maßnahmen (Six Sigma) auseinandersetzen. Auf diese Methoden wird im Folgenden eingegangen.

3.2.1 Fehlermöglichkeits- und Einflussanalyse (FMEA)

Die Fehlermöglichkeits- und Einflussanalyse (FMEA) ist die populärste Methode, um qualitativ die Zuverlässigkeit von Produkten oder Prozessen bestimmen zu können [BeLe-04]. Anwendung findet die FMEA in allen Phasen des Produktentwicklungsprozess, um insbesondere präventiv Risiken abschätzen zu können. Abhängig vom Untersuchungsobjekt wird von System-, Konstruktions- und Prozess-FMEA gesprochen; weitere Anwendungen finden sich in [VDA-96]. Als grundlegende Beurteilungsgröße dient die Risikoprioritätszahl (*RPZ*). Diese setzt sich für jeden Fehler als Produkt zusammen aus der Auftretenswahrscheinlichkeit R_A, der Fehlerfolge R_F sowie der Fehlerentdeckungswahrscheinlichkeit R_E [DIN-60812]:

$$RPZ = R_A \cdot R_F \cdot R_E \text{ mit } R_A, R_F, R_E \in [0,10] \tag{3.4}$$

Überschreitet *RPZ* einen vorab festzulegenden Wert (typischerweise *RPZ*>125), so ist der Fehler als kritisch zu betrachten und es müssen Maßnahmen ergriffen werden. Zusätzlich dürfen keine zu hohen Einzelbewertungen für R_A, R_F und R_E unberücksichtigt bleiben. Als Grenze gilt meist ein Wert von 8 [BeLe-04]. Die Anwendung der FMEA-Methode sieht typischerweise folgenden Ablauf vor [VDA-96, BeGJ-09]:

1. Erstellung eines Strukturbaums des Untersuchungsobjekts
2. Beschreibung von Funktionen und Erstellung eines Funktionsbaums
3. Durchführung der Fehleranalyse (Bestimmung aller Fehlerarten, Errechnung von *RPZ* für jeden Fehler)
4. Risikobewertung in einem FMEA-Formblatt
5. Optimierung des Untersuchungsobjekts (System, Konstruktion, etc.) mit dem Ziel von Fehlervermeidung oder Minimierung der kritischen *RPZ*'s

Die FMEA ist eine **induktive Methode**, da die Wirkung von Komponentenfehlern auf die Gesamteinheit untersucht wird [BeLe-04]. In der Zuverlässigkeitstechnik kann die FMEA oftmals als Methode zur Vorauswahl von Zuverlässigkeitbestimmungen verwendet werden. Besonders, wenn die einzelnen Komponentenfehler unabhängig voneinander sind, kann hierauf basierend eine quantitative Analyse der Zuverlässigkeit einer Gesamteinheit erfolgen [Kece-03].

3.2.2 Fehlerbaumanalyse (FTA)

Ein weiteres, oft eingesetztes qualitatives Verfahren ist die Fehlerbaumanalyse (engl.: Fault Tree Analysis, FTA). Im Gegensatz zur FMEA berücksichtigt die FTA nicht sämtliche mögliche Fehler, sondern analysiert lediglich die kritischen Fehler eines Produkts oder Systems [BeLe-04]. Dabei wird in einem Top-Down-Verfahren eruiert, aufgrund welcher interner oder externer Ursachen kritische Fehler oder Systemzustände zustande kommen können.

Zur systematischen Fehlerzuordnung wird zunächst eine Unterteilung in 3 Ausfallarten vorgenommen [DIN-25424]:

1. Primärausfall: Ausfall einer Komponente unter zulässigen Einsatzbedingungen
2. Sekundärausfall: Ausfall einer Komponente unter unzulässigen Einsatzbedingungen

3. Kommandoausfall: Ausfall durch fehlerhafte Anregung oder Ausfall einer Hilfsquelle

Die Erarbeitung des Fehlerbaums erfolgt anschließend typischerweise durch eine 4-stufige Vorgehensweise:

1. Festlegung des unerwünschten Ereignisses
2. Ermittlung aller Ausfälle, die zum unerwünschten Ereignis führen
3. Logische Verknüpfung der Ausfälle mit Hilfe Boolescher Operatoren. Wiederholung / Detaillierung von Schritt 2 und 3, falls keine Zuordnung der 3 Ausfallarten gelingt.
4. Einleiten von Maßnahmen

Bei der FTA handelt es sich um eine **deduktive** Methode, da die Fehler der Gesamteinheit auf Ursachen in den Komponenten zurückgeführt werden [BeLe-04].

3.2.3 Six Sigma

Six Sigma als ganzheitlicher Qualitätsmanagement-Ansatz wurde 1987 von der Firma Motorola mit dem Ziel entwickelt, für ihre Produkte eine **Fehlerausfallrate von 3,4 ppm** zu erreichen [Barn-02] (Dies entspricht einer Ausfallgrenze von +/- 6 σ bei einer Gauß'schen Normalverteilung). Obwohl Six Sigma in der wissenschaftlichen Literatur oftmals als „neue Verpackung alter Qualitätsmethoden" diskrediert wird [Cliff-01], führen Firmen weltweit ihre **monetären Erfolge** auf den Einsatz von Six Sigma zurück. Beispielsweise weist die Firma General Electric einen Mehrgewinn von 2 Mrd. US-$ aus, der durch die konsequente Anwendung von Six Sigma erzielt wurde [Gene-99].

Tatsächlich existieren sowohl in der Industrie als auch in der Forschung sehr unterschiedliche Definitionen von Six Sigma [HaHH-99]. Aus diesem Grund erarbeiteten Schroeder et. al. 2007 eine generische Definition von Six Sigma [ScLL-08]:

Definition 3.1 *Six Sigma ist eine organisierte, **parallele Mesostruktur**, um **Abweichungen** in organisatorischen Prozessen zu reduzieren. Hierfür werden **Verbesserungsspezialisten**, **strukturierte Methoden** und **Ergebnismatrizen** eingesetzt, um die strategischen Ziele zu erreichen.*

Demnach existieren in Firmen, die Six Sigma einsetzen, Mesostrukturen, die parallel zur eigentlichen Organisationshierarchie angeordnet sind. Die einzige

Aufgabe dieser Mesostruktur ist die Verbesserung der Organisation. Hierfür wird eine eigene Hierarchie eingeführt, in der „Champions" (oft auch „Master Black Belt" genannt) Schlüsselprojekte initiieren, unterstützen und beurteilen. Darunter angeordnet leiten so genannte „Black Belts" die Verbesserungsprojekte und werden dabei von „Green Belts" unterstützt [ScLL-08], vgl. Abbildung 3.10.

Die grundlegende Verbesserungsstrategie für Six Sigma-Projekten ist die **DMAIC**-Strukturierung (Define, Measure, Analyse, Improve, Control), mit der systematisch der **Kern eines Problems** identifiziert werden soll. Auf Basis von Ergebnismatrizen – zumeist Kunden- und Finanzmatrizen – erfolgt schließlich eine objektive Entscheidung zugunsten des Kunden und der Wirtschaftlichkeit des Unternehmens. Hierfür werden üblicherweise Finanzanalysten hinzugezogen [SmBK-02].

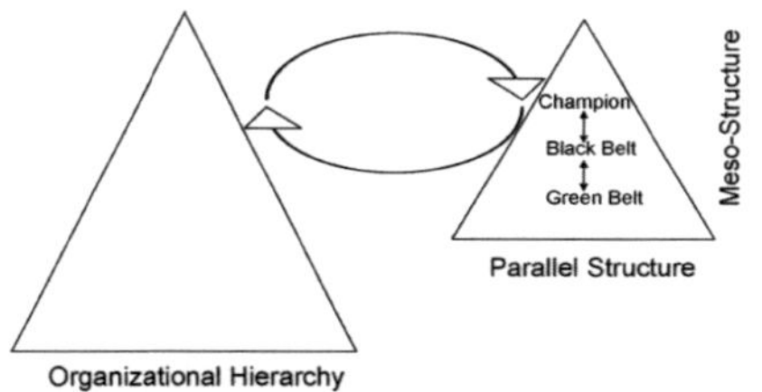

Abbildung 3.10: Parallele Mesostruktur von Six Sigma [ScLL-08]

Die wesentlichen Unterschiede zu weiteren ganzheitlichen Qualitätsmanagementansätzen, wie beispielsweise Total Quality Management (TQM), lassen sich gemäß [ScLL-08] durch 4 Faktoren erfassen:

1. Fokussierung auf finanzielle Ergebnisse
2. Konsequente Methodenanwendung für Prozess- und Produktverbesserung
3. Verwendung spezifischer Matrizen (Kunden- und Finanzmatrix)
4. Bedeutende Anzahl an Vollzeit-Spezialisten

3.2.4 Design for Six Sigma (DfSS)

Während sich der Qualitätsmanagementansatz Six Sigma im Wesentlichen mit der Prozess- und Produktverbesserung beschäftigt, strebt der Produktentwicklungsansatz **Design for Six Sigma (DfSS)** bereits sehr frühzeitig im Entstehungsprozess danach, in sich robuste Produkte zu erschaffen [YaEY-09].

Während DMAIC als Strukturierung von Six Sigma allgemein anerkannt ist, existieren für DfSS verschiedene Ansätze wie DMADV (Define, Measure, Analyze, Design, Verify) [Cron-07] oder RADIOV (Requirement, Architecture, Design, Integrate, Optimize, Verify) [MaMc-09]. Unabhängig von unterschiedlichen Schwerpunkten der Strukturierungen besteht ein breiter Konsens über die eingesetzten Methoden bei der Durchführung von DfSS. Anwendung finden besonders häufig Monte-Carlo-Simulationen, System-/ bzw. Konstruktions-FMEA und Quality Function Deployment [BaOS-11]. Zur Veranschaulichung wird im Folgenden kurz der Ansatz RADIOV exemplarisch skizziert, vgl. Abbildung 3.11.

Hieraus ist deutlich zu erkennen, dass im Rahmen von DfSS Methoden des **Risikomanagement in den frühesten Entwicklungsphasen** eingesetzt werden. Aus Produktsicht schärft besonders die **frühzeitige Identifikation kritischer Parameter** das Bewusstsein über Abweichungen. Hierdurch können kritische Produktspezifikationen identifiziert, beurteilt und geeignet behandelt werden. Weiterhin werden die Kundenwünsche während der initialen Anforderungs- phase von RADIOV in messbare Produktanforderungen übersetzt. Durch den konsequenten **Einsatz statistischer Methoden** (wie z.B. Monte-Carlo- Simulationen) können im weiteren Verlauf von DfSS Unsicherheiten, die durch Systemintegration oder durch Technologieneuheiten hervorgerufen werden, systematisch verringert werden [BaOS-11].

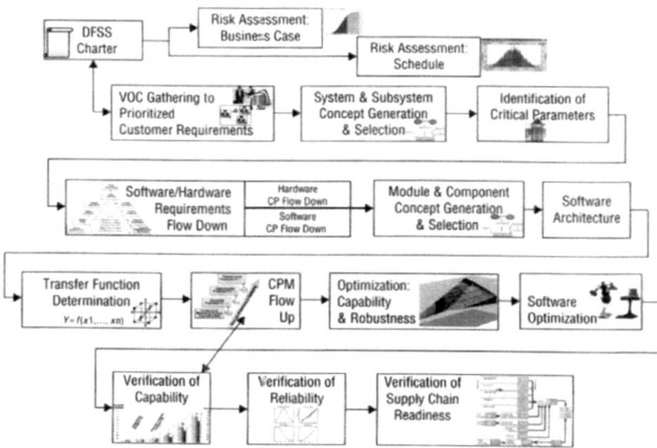

Abbildung 3.11: RADIOV-Methode für Design for Six Sigma [MaMc-09]

3.2.5 Stand der Technik in der Industrie

In der heutigen Automobilindustrie ist die Verwendung von System-, Prozess- oder Konstruktions-FMEA's trotz teils sehr hoher Aufwände bei komplexen Systemen [Stor-96] integraler Bestandteil der Produktentwicklung. Insbesondere durch die bindende Einführung von Qualitätsmanagement-Normen wie [ISO-9000] kann die FMEA als international anerkannter Standard in der Automobilindustrie betrachtet werden [Stam-03].

Im Bereich der Zuverlässigkeitstechnik wird die FTA unabhängig von der Branche sehr häufig eingesetzt [BeLe-04]. Da die FTA jedoch hauptsächlich der Analyse besonders schwerwiegender Fehler dienlich ist, finden sich die häufigsten Anwendungen in sicherheitskritischen Branchen wie im Flugzeugbau oder in der Energietechnik [Eri-99]. Dennoch hat sich die FTA auch in der Automobilindustrie etabliert, wenngleich auch nicht mit derselben Anwendungshäufigkeit wie die FMEA [BeLe-04].

Katalysiert durch die Qualitätsoffensiven der vergangenen Jahre (u.a. verpflichtender Einsatz von [ISO-9001]) hat sich Six Sigma in der Automobilindustrie zu einem festen Bestandteil des Managements entwickelt. Forciert wird die zunehmende Bedeutung von Six Sigma durch die OEM's, welche ihre Zulieferindustrie zusätzlich zum Einsatz von Six Sigma drängen [Schm-08]. Hiermit einher geht oftmals auch der Einsatz von DfSS-Methoden. Ansätze für den konsequenten Einsatz von DfSS finden sich bei *Ford* [HuPG-04]. Global betrachtet kann die konsequente, vollständige und insbesondere verbindliche Anwendung in der Automobilindustrie derzeit jedoch nicht festgestellt werden kann.

3.3 *Simulationsansätze für Robuste Optimierung*

„Optimierung ist eigentlich nur das Gegenteil von Robustheit." [Marc-00]

Im Kern ist der Auslegungsprozess von Produkten, Systemen oder Prozessen eine Optimierungsaufgabe. Erfolgt die Festlegung eines optimierten Entwurfs jedoch unter der Prämisse, dass die berücksichtigten Parameter in der Realität stets den optimierten Wert aufweisen, so ist von einem Versagen auszugehen. Daher müssen grundsätzlich bei Optimierungen folgende Faktoren berücksichtigt werden [BeSe-07]:

- Das Simulationsmodell ist eine Annäherung an die reale Welt

- Im Produktionsprozess existieren Unsicherheiten für die Herstellung von Produkten
- Die Benutzung von Produkten unterliegt dynamischen, größtenteils nicht vorhersagbaren Bedingungen
- Produkte verursachen Kosten während ihres gesamten Lebenszyklus

Die genannten Faktoren bedingen **Unsicherheiten** für den Auslegungsprozess. Aus diesem Grund beschäftigen sich viele wissenschaftliche Disziplinen mit der Entwicklung von Simulationsverfahren, die sich parallel oder integral zur Optimierung mit der Frage nach der Robustheit auseinandersetzen. Im Detail wird auf folgende Themen eingegangen:

3.3.1. Unterschiedliche Beschreibungsmöglichkeiten für Unsicherheiten als maßgebliche Robustheitsfaktoren für Produkte, Systeme oder Prozesse.

3.3.2. Varianzorientierte Robuste Optimierung:
Optimierung der Varianz, die durch Unsicherheiten hervorgerufen werden

3.3.3. Zuverlässigkeitsorientierte Robuste Optimierung:
Optimierung der Wahrscheinlichkeit, dass ein System unter Unsicherheiten ausfällt

3.3.4. Möglichkeitsorientierte Robuste Optimierung:
Optimierung der Möglichkeit, dass ein System unter Unsicherheiten ausfällt

3.3.5. Worst-case-orientierte Robuste Optimierung:
Optimierung des Systems unter jeweils ungünstigem Einfluss von Unsicherheiten

3.3.1 Beschreibung von Unsicherheiten

In der Literatur existieren sehr viele unterschiedliche Ansätze, um Unsicherheiten klassifizieren und beschreiben zu können. Im Bereich des Maschinenbaus wird oftmals ein erkenntnistheoretischer Ansatz gewählt, um eine Einteilung in **aleatorische** und **epistemische** Unsicherheiten vorzunehmen [EnWE-11, Knet-04]:

- **Aleatorische Unsicherheiten** sind nicht reduzierbare Unsicherheiten, da es sich um natürliche Abweichungen handelt. Beispiele hierfür sind Windlast, Temperaturschwankungen oder Materialstreuungen im Produktionsprozess. Aleatorische Unsicherheiten sind **objektive** Unsicherheiten [Helt-97].

- **Epistemische Unsicherheiten** lassen sich auf ein Informationsdefizit bezüglich des betrachteten Produkts oder Prozesses zurückführen. Insbesondere in frühen, virtuell geprägten Entwicklungsphasen sind epistemische Unsicherheiten aufgrund von Wissens- oder Informationslücken dominant. Durch Schließen dieser Lücken lassen sich epistemische Unsicherheiten reduzieren und werden damit in aleatorische Unsicherheiten übergeführt. Epistemische Unsicherheiten sind **subjektive** Unsicherheiten [ChWC-09].

Aussage 3.1 *Unsicherheiten aufgrund des Entwicklungsprozesses der Zielfahrzeuge von Kinematikmodulen sind **epistemische Unsicherheiten**, da sich diese mit Fortschreiten des jeweiligen Entwicklungsprozesses einhergehend mit einer Erhöhung des Fahrzeug-Reifegrads reduzieren.*

Auf Basis dieser Klassifizierung werden Unsicherheiten typischerweise durch 3 verschiedene Ansätze beschrieben – deterministisch, probabilistisch oder possibilistisch [KlFi-98].

Deterministische Beschreibung von Unsicherheiten

Analog zur Beschreibung von Optimierungsparametern beschreiben deterministische Unsicherheiten Räume, in denen ein von Unsicherheiten betroffener Parameter variieren kann. Für den Parameter u_{det} werden typischerweise untere Grenzen $u_{det,U}$ und obere Grenzen $u_{det,O}$ festgelegt, wie Abbildung 3.12 skizziert.

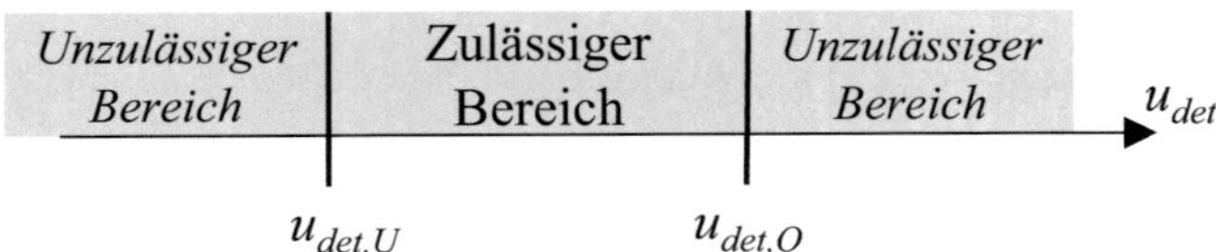

Abbildung 3.12: Deterministische Unsicherheitsbeschreibung

Deterministische Unsicherheiten werden oft **epistemischen Unsicherheiten** zugeordnet [BeSe-07]. Eine prägende Anwendung finden deterministische Unsicherheiten im Ansatz „Design of Experiments", auf den in Abschnitt 3.3.2 eingegangen wird.

Probabilistische Beschreibung von Unsicherheiten

„Wahrscheinlichkeit ist ein Grad von Sicherheit und unterscheidet sich von absoluter Sicherheit in gleichem Maße, wie sich ein Teil vom Ganzen unterscheidet"

Diese, von Jakob Bernoulli [Klir-06] geprägte Aussage zeigt das klassische Verständnis über die Handhabung von Wahrscheinlichkeiten auf. Daher wird eine probabilistische Beschreibung insbesondere dann vorgenommen, wenn detaillierte und auf Messungen beruhende Aussagen über Unsicherheiten vorliegen. Aus diesem Grund haben sich probabilistische Ansätze als übliche Beschreibungsart **aleatorischer Unsicherheiten** etabliert [Knet-04].

Die stochastische Beschreibung aleatorischer Unsicherheiten basiert auf der Wahrscheinlichkeitsverteilungsfunktion F (engl.: cumulative distribution function, cdf), die wiedergibt, mit welcher Wahrscheinlichkeit ein zufälliger Wert $u_{prob,r}$ kleiner als ein deterministisch festgelegter Referenzwert $u_{prob,R}$ ist [Klir-06]:

$$F(u_{prob,R})=\text{Pr}[u_{prob,r}\text{-}u_{prob,R}] \quad \in [0,1] \tag{3.5}$$

Weiterhin relevant ist die partielle Ableitung von F nach $u_{prob,R}$, die so genannte Wahrscheinlichkeitsdichtefunktion f (engl.: probability density function, pdf)

$$f(u_{prob,R}) = \frac{d}{du_{prob,R}} F(u_{prob,R}) \, . \tag{3.6}$$

Viele natürliche Vorgänge (z.B. Fertigungstoleranzen von Karosseriebauteilen) folgen einer Gauß'schen Normalverteilung [Bohn-98]. Ferner können bei empirisch basierten Anwendungen die Messungen für einen Unsicherheitsparameter u_{prob} mit einer Vielzahl existierender Wahrscheinlichkeitsverteilungen abgeglichen werden. Durch die Auswahl der am besten passenden Wahrscheinlichkeitsverteilung ist es daraufhin möglich, diskrete Ereignisse (Messungen) in analytische Funktionen überzuführen [Kece-03]. Abbildung 3.13 zeigt qualitativ eine Auswahl möglicher Wahrscheinlichkeitsdichtefunktionen.

Possibilistische Beschreibung von Unsicherheiten

Basieren Aussagen über Unsicherheiten auf Expertenwissen, so sind diese durch Subjektivität dominiert. Für diesen Fall **epistemischer Unsicherheiten** wird in der Literatur typischerweise die Verwendung von possibilistischen Ansätzen vorgeschlagen [KlFi-98]. Sehr häufig wird in der Möglichkeitstheorie (engl.: Possibility theory) die Charakterisierung von Unsicherheiten durch **Fuzzy Sets** vorgenommen [Zade-96].

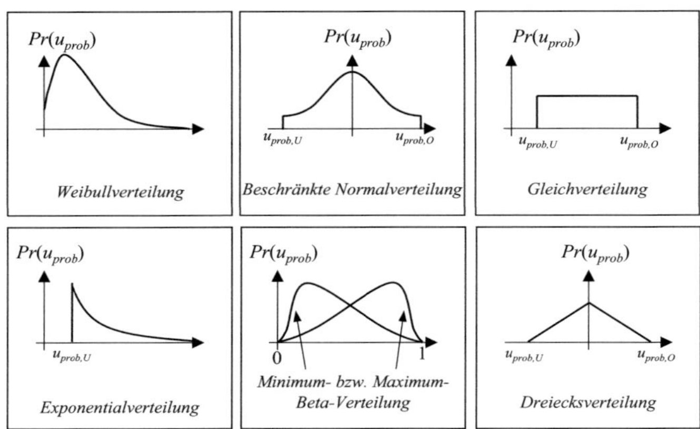

Abbildung 3.13: Probabilistische Unsicherheitsbeschreibung, Auswahl von Wahrscheinlichkeitsdichtefunktionen, nach [FoEH-11]

Die Grundidee von Fuzzy Sets ist die ungenaue Beschreibung einer Zahl u_{poss} in einer Menge U_{poss}. Mit Hilfe der so genannten Membership Function (dt.: Mitgliedschaftsfunktion) $f_{MS}(x)$ wird jedem Wert in U_{poss} eine Zahl im Intervall [0,1] zugeordnet. Für jedes x kann somit ein „Grad der Mitgliedschaft" Π von u_{poss} in U_{poss} definiert werden. Im Gegensatz zu probabilistischen Beschreibungsformen sind Fuzzy Sets grundsätzlich nichtstatistischer Natur [Zade-96, Klir-06]. Ein Beispiel zur Abgrenzung von possibilistischer zu probabilistischer Unsicherheitsformulierung zeigt Abbildung 3.14.

Ein großer Vorteil von Fuzzy Sets ist die Möglichkeit, die subjektiven Empfindungen verschiedener Quellen (z.B. unterschiedliche Expertenaussagen) in einer Membership Function zu konsolidieren. Im Wesentlichen haben sich hierfür zwei Methoden etabliert. Zum einen ist dies die Fuzzy Logic, die detailliert z.B. in [BuEs-02] behandelt wird. Zum anderen kann mit Hilfe der Dempster-Shafer-Theorie zusätzlich die Glaubwürdigkeit einzelner Quellen mit einbezogen werden, vgl. [SeFe-02].

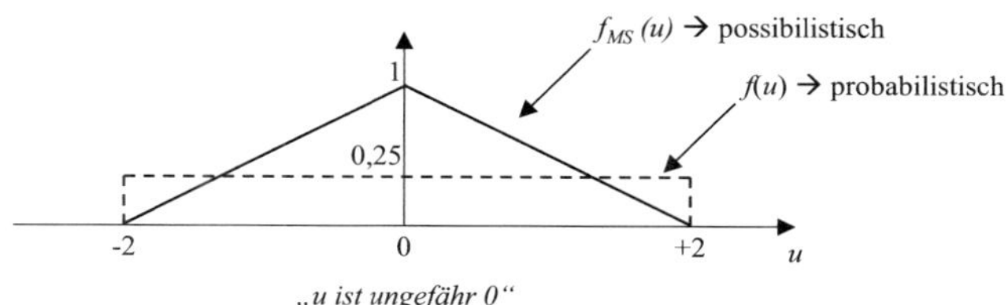

Abbildung 3.14: Qualitativer Unterschied zwischen possibilistischer und probabilistischer Unsicherheitsbeschreibung

3.3.2 Varianzorientierte Robuste Optimierung (VRO)

Das Ziel der Varianzorientierten Robusten Optimierung kann als Umsetzung der Robust Design Methodik nach Taguchi beschrieben werden als

$$\min_{\mathbf{d}}\{cost(\mathbf{d},\mathbf{r})\} = \max_{\mathbf{d}}\left\{\frac{S}{N}(\mathbf{d},\mathbf{r})\right\} \ , \tag{3.7}$$

wobei $\mathbf{d}$ die Optimierungsparameter, $\mathbf{r}$ die Unsicherheitsparameter und S/N das Signal-/ Störgrößenverhältnis nach Taguchi darstellt. Die Unsicherheitsparameter werden **probabilistisch** beschrieben. Den unterschiedlichen Formulierungen von S/N liegt stets die Ermittlung des Mittelwerts $\mu(\mathbf{d},\mathbf{r})$ und der Standardabweichung $\sigma(\mathbf{d},\mathbf{r})$ der Zielgrößen $t(\mathbf{d},\mathbf{r})$ (z.B. funktionale Anforderungen) zugrunde. Ohne Beschränkung der Allgemeinheit wird im Folgenden von einem Optimierungsproblem mit nur einer Zielgröße ausgegangen.

Bestimmung der Varianz

Für die **Bestimmung von Mittelwert und Standardabweichung** existieren unter vertretbarem Aufwand in praktischen Anwendungen 3 Ansätze:

1. **Differentieller Ansatz** durch Taylor-Reihenentwicklung: Auf analytischer oder numerischer Basis werden partielle Ableitungen der Zielgröße $t(\mathbf{d},\mathbf{r})$ nach den Störgrößen $\mathbf{r}$ gebildet. Für ein beliebiges Design $d_m \in \mathbf{d}$ ergibt sich auf Basis einer Taylorreihenentwicklung erster Ordnung:

$$\mu_t(d_m,\mathbf{r}) = t(d_m,\mu_r) \ , \tag{3.8}$$

$$\sigma_t(d_m,\mathbf{r}) = \sqrt{\sum_{j=1}^{m}(\frac{\partial t}{\partial r_j}\big|_{d_m,\mu_r})^2 \sigma_{r_j}^2} \tag{3.9}$$

Da in **r** auch nichtsymmetrische Verteilungen einzelner Unsicherheiten enthalten sein können, werden im Regelfall Terme höherer Ordnung in die Taylorreihenentwicklung für die Bestimmung von μ und σ einbezogen [Laut-99]. Durch den differentiellen Ansatz können die Effekte deterministischer und probabilistischer Unsicherheiten erfasst werden.

2. **Deterministischer Ansatz** durch Design of Experiments: Ursprünglich auf orthogonale Datenreihen in Taguchi's Methoden reduziert, haben sich eine Vielzahl von Methoden zur statistischen Versuchsplanung entwickelt, um insbesondere die statistische Ineffizienz orthogonaler Datenreihen bei einer großen Anzahl von einflussnehmenden Parametern zu reduzieren. Neben faktoriellen und central-composite (dt. etwa: Zentral-Verbund) Designs hat sich in jüngster Zeit der Gebrauch optimaler Versuchdesigns durchgesetzt [MoLJ-02].

Der Grundgedanke ist die Optimierung der Versuchsdesigns bezüglich verschiedener Kriterien. Das Optimierungskriterium für D-optimale Versuchsdesigns ist es, in einem beliebigen Raum für die Unsicherheitsparameter **r** eine beliebige Anzahl k an Stützpunkten aus **r** so zu legen, dass insbesondere die Kovarianz der Parameterschätzungen minimal wird [AtDT-07]. Aus k Stützpunkten aus **r** ergeben sich Mittelwert und Standardabweichung der Zielgröße t für ein beliebiges Design $d_m \in$ **d** zu

$$\mu_t(d_m,\mathbf{r}) = \frac{1}{k}\sum_{i=1}^{k} t_i \, , \tag{3.10}$$

$$\sigma_t(d_m,\mathbf{r}) = \sqrt{\frac{1}{1-k}\sum_{i=1}^{k}(t_i - \mu_t)^2} \tag{3.11}$$

Somit werden diskrete Ergebnisgrößen statistisch ausgewertet, um die Größen um μ und σ zu gewinnen. Mit dem deterministischen Ansatz werden ausschließlich deterministische Unsicherheiten behandelt.

3. **Stochastischer Ansatz** durch probabilistisch-basiertes Sampling: Liegen die Unsicherheiten in **r** durch probabilistische Beschreibung vor, können analog zu Design of Experiments Stichproben generiert werden. Praxisrelevant sind hierbei die Verfahren Monte-Carlo-Sampling (MCS) und Latin-Hypercube-Sampling (LHS):

- **Monte-Carlo-Sampling** ist die einfachste und am häufigsten eingesetzte Methode, um stochastische Ereignisse zu simulieren. Für jeden Unsicherheitsparameter $r_k \in \mathbf{r}$ erfolgt die zufällige Generierung von k Stichproben aus $\mathbf{r}$ anhand der jeweiligen Wahrscheinlichkeitsdichtefunktionen [Rubi-81].

- **Latin-Hypercube-Sampling** stellt eine Weiterentwicklung des Monte-Carlo-Samplings dar, um insbesondere die Anzahl benötigter Stichproben k zur hinreichenden Diskretisierung der analytisch formulierten Wahrscheinlichkeitsdichtefunktionen zu reduzieren. Hierfür wird die Warscheinlichkeitsverteilungsfunktion für einen Unsicherheitsparameter $r_k \in \mathbf{r}$ in k Klassen V_j gleicher Wahrscheinlichkeit eingeteilt. D.h. die Wahrscheinlichkeit, dass r_i der Klasse V_j angehört, beträgt $1/k$. Jeder Klasse V_j wird anschließend jeweils eine der k Stichproben zugeordnet, die typischerweise den Mittelwert μ_{Vj} der Klasse erhält. LHS ist damit ein geschichtetes Samplingverfahren [McBC-79].

Ein weiterer Vorteil von LHS gegenüber MCS ist die Minimierung der Kovarianz zwischen den Unsicherheitsparametern $\mathbf{r}$. Durch den Einsatz von Cholesky-Dekomposition oder Algorithmen des paarweisen Spaltensprungs können lineare falsche Korrelationen der Unsicherheitsparameter systematisch minimiert werden. Dies ist bei MCS nur durch eine sehr hohe Anzahl an Stichproben k möglich. Weiterhin gilt für den LHS-Ansatz, dass die benötigte Anzahl an Stichproben k zur Abbildung der realen Abweichungen in $\mathbf{r}$ unabhängig von der Anzahl der Unsicherheitsparameter in $\mathbf{r}$ ist [YuCW-09].

Die statistische Auswertung der k Stichproben erfolgt mit Hilfe von (3.10) für den Mittelwert und (3.11) für die Standardabweichung.

Optimierungsverfahren

Um im Rahmen der Optimierungsaufgabe die **optimale Kombination der Optimierungsparameter** $d_{opt} \in \mathbf{d}$ zu finden, können grundsätzlich zwei verschiedene Ansätze unterschieden werden: Antwortflächenverfahren und stochastische Optimierung. Gradientenbasierte Optimierungsverfahren werden im Folgenden vernachlässigt, da die Konvergenz solcher Verfahren bei einer hohen Anzahl von Optimierungs- und Unsicherheitsparametern nur dann wahrscheinlich ist, wenn die Funktionswerte S/N zur Bildung von Gradienten quasi fehlerfrei sind (d.h. Fehler unterhalb der Maschinenpräzision). Bei den genannten Verfahren für die Bestimmung von μ und σ ist dies lediglich für den differentiell-analytischen Ansatz sicher der Fall.

- **Antwortflächenverfahren**
  Die grundsätzliche Idee von Antwortflächenverfahren (engl.: Response Surface Methods, RSM) ist die Approximation des Optimierungsraums durch einen expliziten funktionalen Zusammenhang zwischen Optimierungsparametern **d** und den Zielgrößen S/N. Für den funktionalen Zusammenhang werden typischerweise Polynomansätze f(**d**,**p**) gewählt, wobei **p** die zu identifizierenden Parameter des Polynoms darstellt. Der Vorteil dieses Ansatzes ist es, dass lokale und globale Extrema im Optimierungsraum **d** durch Analyse des Polynoms f effizient identifiziert werden können [BoDr-87].

  Um die Polynomparameter **p** identifizieren zu können, muss eine hinreichende Anzahl von Stützstellen innerhalb des Optimierungsraums geschaffen werden. Die Bestimmung dieser Stützstellen fußt häufig auf Design of Experiments-Ansätzen. Insbesondere bei rechenintensiven Simulationen zur Bestimmung der Zielgrößen S/N wird zunächst mittels weniger Stützstellen der Teilbereich $d_{p,opt} \in$ **d** der Optimierungsparameter **d** eingegrenzt, in welchem das globale Optimum liegt. Daraufhin wird die Lage des globalen Optimums mittels höher aufgelöster Stützstellen identifiziert. Diese Vorgehensweise nennt sich in der Literatur Adaptives Antwortflächenverfahren (engl.: Adaptive Response Surface Methods, ARSM) [Rein-97, WaDA-01].

  Voraussetzend für den Einsatz von Antwortflächen für die Optimierung ist eine hohe Approximationsgenauigkeit des Polynoms. Daraus resultierende Prämissen und Einschränkungen werden z.B. in [BoDr-87] oder [AbEV-96] diskutiert. Darüber hinaus ist der Einsatz von Antwortflächenverfahren insbesondere bei einer hohen Anzahl von Optimierungsparametern **d** aufgrund des Approximationsaufwandes für **p** nicht zielführend. Ferner bedingen Unsicherheiten in den Designparametern **d**, dass die Identifizierung des globalen Optimums unter dem Einfluss von Unsicherheiten für **d** zu einem weiteren Optimierungsproblem führt, wie [XuAl-03] zeigt.

- **Stochastische Optimierung**
  Im Kontext zufallsbasierter Optimierung finden sich viele unterschiedliche Verfahren, die durch natürliche Vorgänge inspiriert sind. Neben Partikelschwarmoptimierung, Ameisenkolonieoptimierung oder Genetischen Algorithmen haben besonders Optimierungsansätze mit **Evolutionären Algorithmen** (EA) eine breite Anwendung im

Ingenieurbereich gefunden [BeSe-07], daher fokussieren die folgenden Ausführungen auf EA. Prägender Begriff für Evolutionäre Algorithmen ist die so genannte Fitness-Funktion, die für varianzorientierte Robuste Optimierung der zu optimierenden Zielgröße S/N entspricht. Das übliche iterative Vorgehen für EA gestaltet sich wie folgt [BaHS-97, Spea-00, Lipp-05]:

1. Initialisierendes Festlegen von Startpopulation und Fitnessfunktion. Für die Startpopulation werden λ_0 unterschiedliche Parameterkombinationen für $\mathbf{d}$, so genannte Individuen, bestimmt. Diese Startpopulation sowie alle weiteren Generationen im Optimierungsverlauf werden anhand der Fitness-Funktion beurteilt. Für varianzorientierte Robuste Optimierung bedeutet dies die $(\lambda \cdot k)$-fache Simulation des Produkt- oder Systemmodells, um für jedes Individuum den Wert für S/N bestimmen zu können.

2. Ausführen der Evolutionszyklen. Basierend auf der Bewertung der vorhergehenden Generation erfolgt die Bildung einer neuen Generation mit λ Individuen. Dabei ersetzen die Individuen der Folgegeneration die vorherige Generation entweder vollständig (generationsbasierter Ansatz) oder nur teilweise (steady-state-Ansatz). Der Evolutionszyklus beginnt mit der Selektion der fittesten Individuen aus der Vorgängergeneration. Durch die Wahl und Parametrierung unterschiedlicher stochastischer Operatoren (Lineares, Nichtlineares oder Roulette-Ranking) kann der Selektionsdruck für die schwächeren Individuen gesteuert werden [Lipp-06]. Anschließend dienen die selektierten Individuen der Vorgängergeneration zur Bildung von Nachfolgeindividuen. Mit Hilfe von genetischen Operatoren wie Rekombination erfolgt zunächst der Austausch von Merkmalen, d.h. Neukombination von Optimierungsparameterwerten aus $\mathbf{d}$. Bekannte Verfahren hierfür sind N-Punkt-Crossover, parametrierter Uniform-Crossover oder intermediärer Crossover [Lipp-06]. Mit geringer Wahrscheinlichkeit werden die so gezeugten Nachfolgeindividuen einer Mutation im Sinne stochastisch veränderter Werte für einzelne Optimierungsparameter aus $\mathbf{d}$ unterzogen. Häufig werden hierfür adaptive Verfahren eingesetzt [GeKK-04].

3. Beenden des evolutionären Algorithmus. Sobald ein a priori festgelegtes Abbruchkriterium erfüllt ist, wird die Optimierung beendet. Mögliche Abbruchkriterien können erreichte Werte der Fitnessfunktion oder eine Maximalanzahl von Generationen sein.

Das Vorgehen evolutionärer Algorithmen ist in Abbildung 3.15 skizziert.

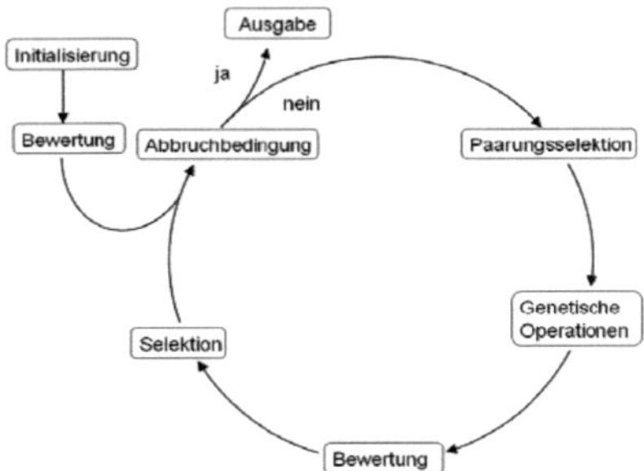

Abbildung 3.15: Optimierungsablauf für Evolutionäre Algorithmen, nach [Weik-07]

3.3.3 Zuverlässigkeitsorientierte Robuste Optimierung (ZVO)

Allgemein wird Zuverlässigkeit als Wahrscheinlichkeitsgrad aufgefasst, mit welchem ein System oder Produkt die spezifizierten Anforderungen erfüllt. Insbesondere in sicherheitskritischen Bereichen (z.B. Brückenbau, Fahrzeugstruktur) werden daher Methoden eingesetzt, um die Zuverlässigkeit durch Simulationen vorhersagen und optimieren zu können. Üblicherweise werden Zuverlässigkeiten invers durch die Ausfallwahrscheinlichkeit p_f ausgedrückt:

$$p_f(\mathbf{r}) = \Pr(\mathbf{r} : g(\mathbf{r}) \le 0) \tag{3.12}$$

Die Ausfallwahrscheinlichkeit identifiziert somit denjenigen Anteil der Unsicherheitsparameter in $\mathbf{r}$, der die Grenzzustandsfunktion $g(\mathbf{r})$ verletzt. Die Beschreibung der Unsicherheiten $\mathbf{r}$ wird **probabilistisch** vorgenommen. Das Ziel der Zuverlässigkeitsorientierten Robusten Optimierung lässt sich mit der Zielfunktion $f(\mathbf{d},\mathbf{r})$ und der maximal erlaubten Ausfallwahrscheinlichkeit $p_{f,max}$ wie folgt formulieren:

$$\min_{\mathbf{d}} \left\{ f(\mathbf{d},\mathbf{r}) \mid p_f(\mathbf{d},\mathbf{r}) < p_{f,\max} \right\} \tag{3.13}$$

Analog zur varianzorientierten Robusten Optimierung wird im Folgenden zum besseren Verständnis eine Trennung vorgenommen: Zuerst werden Verfahren zur Bestimmung der Ausfallwahrscheinlichkeit kurz ausgeführt. Anschließend zeigen Erläuterungen zu verschiedenen Optimierungsverfahren, wie systematisch eine Minimierung der Ausfallwahrscheinlichkeit erreicht werden kann.

Bestimmung der Ausfallwahrscheinlichkeit

Um für ein Produkt die Ausfallwahrscheinlichkeit zu identifizieren, existieren für übliche, numerische Simulationsmodelle (d.h. die Lösung kann nicht analytisch bestimmt werden) 3 unterschiedliche Ansätze, die im Folgenden kurz skizziert werden:

1. Die Bestimmung der Ausfallwahrscheinlichkeit durch die **Zuverlässigkeitsmethode erster Ordnung** (engl.: First Order Reliability Method) basiert auf der so genannten Rosenblatt-Transformation. Diese Transformation sieht die Überführung der beliebigen Wahrscheinlichkeitsdichtefunktionen der h Unsicherheitsparameter in $\mathbf{r}$ in Gauß'sche Normalverteilungen $\mathbf{r}^*$ vor. Auf dieser Basis kann die Grenzzustandsfunktion $g(\mathbf{r}^*)$ mit linearen Termen eines Taylorpolynoms (=erste Ordnung) approximiert werden. Hieraus resultiert ein Optimierungsproblem, da im h-dimensionalen Raum diejenige Parameterkombination von $\mathbf{r}^*_{rel} \in \mathbf{r}^*$ gefunden werden muss, die die höchste Ausfallwahrscheinlichkeit repräsentiert. Der Abstand vom Ursprung zu $g(\mathbf{r}^*_{rel})$ repräsentiert anhand der Gauß'schen Normalverteilung die Ausfallwahrscheinlichkeit p_f [Brei-91], vgl. Abbildung 3.16.

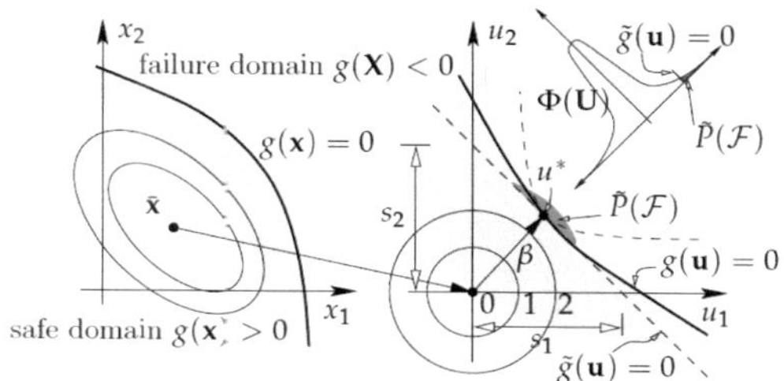

Abbildung 3.16: Bestimmung von p_f für die Zuverlässigkeitsmethode erster Ordnung   [RoAB-06/1]

2. Basierend auf den bereits beschriebenen Samplingverfahren MCS und LHS kann die Ausfallwahrscheinlichkeit durch eine gewisse Anzahl an Simulationen direkt bestimmt werden. Die Ausfallwahrscheinlichkeit ergibt sich durch den Anteil der Simulationen, die die Grenzzustandsfunktion $g(\mathbf{r})$ verletzen. Während es sich bei diesen Ansätzen um sehr robuste Verfahren handelt, zeichnen sich diese andererseits durch eine sehr hohe Anzahl benötigter Simulationen aus, um p_f zu bestimmen. Um eine akzeptable Konfidenz der ermittelten Werte für p_f zu gewährleisten, ist eine Mindestanzahl N von

Berechnungen in Abhängigkeit der erwarteten Ausfallwahrscheinlichkeit p_f erforderlich. Unter Berücksichtigung des erlaubten statistischen Fehlers ε sind N_{MCS} Samples für MCS sowie N_{LHS} Samples für LHS wie folgt mindestens zu berechnen [HuLy-98]:

$$N_{MSC} = \frac{1}{\varepsilon^2 p_f} \quad , \text{mit} \quad \varepsilon = \frac{\sigma_{p_f}}{\mu_{p_f}} \text{ und } N_{LHS} \geq \frac{10}{p_f} \tag{3.14}$$

Weiterführende Verfahren wie direktionales oder adaptives Sampling [Buch-88] streben nach der Minimierung erforderlicher Simulationen durch die Verschiebung der stochastischen Streuungen für **r** in unsichere Bereiche. Zeitgleich kann hierdurch der statistische Fehler ε minimiert werden, wodurch eine exaktere Angabe über die Ausfallwahrscheinlichkeit möglich wird.

3. Insbesondere wenn der Rechenaufwand je Simulation sehr groß wird, werden bevorzugt deterministische Verfahren wie Adaptive Antwortflächenverfahren eingesetzt. Mittels d-optimaler Festlegung von Stichproben (entspricht Design of Experiments) wird in einem ersten Schritt der globale Unsicherheitsraum **r** im sicheren (g(**r**)>0) und unsicheren (g(**r**)<0) Bereich ergründet. Daraufhin verschiebt der DoE-Algorithmus die Versuchspläne in den Grenzbereich der Grenzwertfunktion g(**r**), um auf diese Weise so genau wie möglich die Ausfallwahrscheinlichkeit p_f zu bestimmen [KlBo-92].

Zusammenfassend lässt sich der Kompromiss der Verfahren zwischen Genauigkeit und Geschwindigkeit für die Ermittlung von p_f durch Abbildung 3.17 ausdrücken.

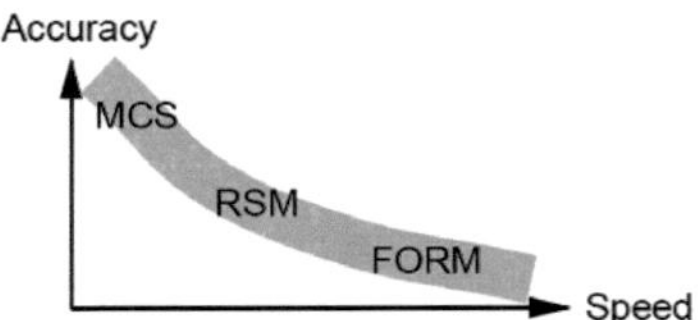

Abbildung 3.17: Genauigkeit vs. Geschwindigkeit für die Bestimmung von p_f
[BuHR-00]

Optimierungsverfahren

Grundsätzlich kommen für die Optimierung der Zuverlässigkeit dieselben Verfahren in Frage wie für die Optimierung der Varianz (vgl. Abschnitt 3.3.2).

Sowohl für Antwortflächenverfahren als auch für stochastische Optimierungsansätze gilt, dass die Ausfallwahrscheinlichkeit p_f für jede Kombination der Optimierungsparameter in **d** bestimmt werden muss. Da hieraus sehr hohe Berechnungsaufwände resultieren können, gibt Abbildung 3.18 abhängig von der Anzahl der Unsicherheitsparameter in **r** und der erwarteten Ausfallwahrscheinlichkeit p_f eine Empfehlung einzusetzender Methoden.

Darüber hinaus beschäftigen sich Ansätze wie [KhML-02] mit **Hybriden Parameterräumen**, die die voneinander getrennten Optimierungs- und Unsicherheitsräume zusammenführen. Hierfür muss die deterministische Zielfunktion des Optimierungsraums f(**d**,**r**) und die Grenzzustandsfunktion g(**d**,**r**) des Unsicherheitsraums in eine hybride Zielfunktion h(**d**,**r**) übergeführt werden, wie Abbildung 3.19 veranschaulicht.

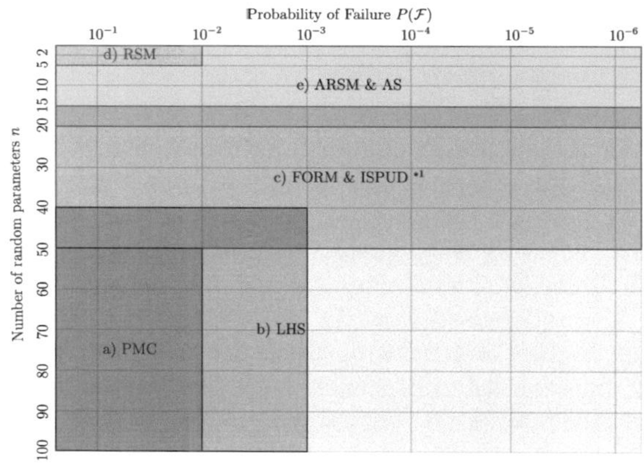

Abbildung 3.18: Empfehlung einzusetzender Methoden für die Bestimmung von p_f in Zuverlässigkeitsorientierter Robuster Optimierung [RoAB-06/2]

Demnach können in einer einzigen Betrachtung sowohl unterschiedliche Niveaus der deterministischen Zielfunktion f(**d**,**r**) als auch der Grenzzustandsfunktion g(**d**,**r**) aufgetragen werden. Darauf basierend kann mit Hilfe gradientenbasierter Optimierungsverfahren effizient das Optimum für f(**d**,**r**) gefunden werden, welches dem gewünschten Niveau der Ausfallwahrscheinlichkeit p_f genügt. Der zielführende Einsatz hybrider Parameterräume ist auf rauscharme Simulationsergebnisse und einer geringen Anzahl an Parameter in **d** und **r** beschränkt.

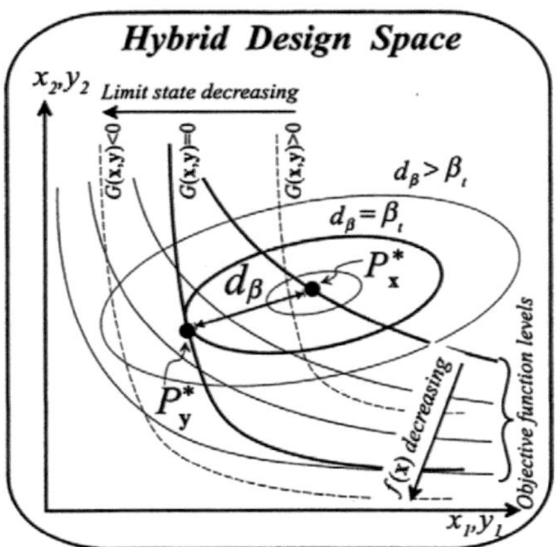

Abbildung 3.19: Vorgehensweise für Hybride Parameterräume [KhML-02]

3.3.4 Möglichkeitsorientierte Robuste Optimierung (MRO)

Möglichkeitsorientierte Robuste Optimierung (engl.: Possibility-based Design Optimization, PBDO) repräsentiert die Handhabung **possibilistisch** formulierter Unsicherheiten. Hierbei werden für eine beliebige Kombination von Optimierungsparametern in **d** diejenigen Unsicherheiten in **r** gesucht, die den ungünstigsten Fall für die Ausfallmöglichkeit der Grenzzustandsfunktion g(**d**,**r**) repräsentieren. Typischerweise wird für die Formulierung in **r** vorausgesetzt, dass Konvexität, Einheit und Beschränktheit der Unsicherheiten gewährleistet ist. Mit der Zielfunktion f(**d**,**r**) lässt sich das Optimierungsproblem für PBDO wie folgt ausdrücken [DuCY-06, ArYI-99]:

$$\min_{\mathbf{d}}\left\{ f(\mathbf{d},\mathbf{r}) \mid \Pi(g(\mathbf{d},\mathbf{r}) > 0) < \Pi_{\max} \right\} \qquad (3.15)$$

Für die Bestimmung der Ausfallmöglichkeit $\Pi(g(\mathbf{d},\mathbf{r}))$ existieren verschiedene Ansätze, wie beispielsweise Maximale-Möglichkeits-Suche (engl.: Maximum Possibility Search, MPS). Das Fundament für MPS ist die Transformation der beliebigen Mitgliedschaftsfunktionen für die Unsicherheitsparameter **r** in normalisierte Fuzzy-Variablen mit gleichschenkligen Dreiecks-Mitgliedschaftsfunktionen. Durch einen iterativen, gradientenbasierten Algorithmus ist es somit möglich, effizient und exakt die Ausfallmöglichkeit zu identifizieren [DuCY-06].

Das Optimierungsproblem kann daraufhin in Abhängigkeit der Komplexität durch gradientenbasierte oder stochastische Optimierungsverfahren gelöst werden, bei den meisten Verfahren wird die Bestimmung der Ausfallmöglichkeit $\Pi(g(\mathbf{d},\mathbf{r}))$ nach jedem Optimierungsschritt durchgeführt.

3.3.5 Worst-case-orientierte Robuste Optimierung (WCRO)

Robuste Optimierung nach dem so genannten Robust-Counterpart-Ansatz stellt einen Ansatz zur Handhabung **deterministisch** beschriebener Unsicherheiten dar [BeNe-02]. Das Paradigma von Robust Optimization fußt auf der Grundfrage, für welche Optimierungsparameter die Zielfunktion unter dem jeweils **ungünstigsten Einfluss von Unsicherheiten** den besten Wert annimmt. Es handelt sich daher um einen **„worst-case"-Ansatz**, der insbesondere im Vergleich zu probabilistischen Ansätzen tendenziell **konservativere Ergebnisse** hervorbringt. Der Robust-Counterpart-Ansatz soll mit einem einfachen Beispiel nach [WeSe-07] illustriert werden.

$f(x)$ sei eine eindimensionale Zielfunktion in Abhängigkeit des Optimierungsparameters x:

$$f(x) := \begin{cases} -x, \text{ für } x < 0 \\ \sqrt{x}, \text{ für } x \geq 0 \end{cases} \tag{3.16}$$

Unter dem Einfluss der Unsicherheit ε ergibt sich als Optimierungsumgebung $\xi \in [x\text{-}\varepsilon, x\text{+}\varepsilon]$. Die Robust Counterpart-Funktion F_R als kleinste obere Schranke in der Optimierungsumgebung ergibt sich damit zu

$$F_R(x, \varepsilon) = \sup_{\xi} f(\xi) \ . \tag{3.17}$$

F_B stellt den ungünstigsten Fall für den Unsicherheitsparameter ε dar, vgl. Abbildung 3.20.

Darauf basierend ist es die Aufgabe der Robust Optimization, den **optimalen Wert unter ungünstigsten Unsicherheiten** für x zu finden. Wie aus Abbildung 3.20 leicht zu erkennen ist, stimmt dieser im Allgemeinen nicht mit dem optimalen Wert für die Zielfunktion ohne Unsicherheiten überein.

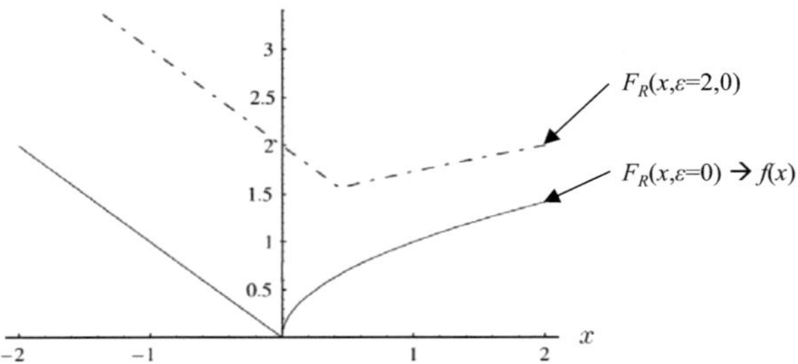

Abbildung 3.20: Robust Counterpart-Funktion, nach [WeSe-07]

Verallgemeinert lässt sich für ein lineares Optimierungsproblem

$$\min_{\mathbf{x}}\left\{\mathbf{c}^{\mathrm{T}}\mathbf{x} \mid (\mathbf{A}\mathbf{x}-\mathbf{b} \geq 0)\right\} \tag{3.18}$$

mit den Umwelteinflüssen $\mathbf{c}$, den Optimierungsparametern $\mathbf{x}$, der Systemmatrix $\mathbf{A}$ und dem Systemvektor $\mathbf{b}$ der Robust Counterpart unter Berücksichtigung einer „Zusammenstellung von Unsicherheiten" $\mathbf{U}$ folgendermaßen ausdrücken [BeEN-02]:

$$\min_{\mathbf{x},t}\left\{t : (t \geq \mathbf{c}^{\mathrm{T}}\mathbf{x}) \wedge (\mathbf{A}\mathbf{x}-\mathbf{b} \geq 0)\right\} \mid \forall(\mathbf{c},\mathbf{A},\mathbf{b}) \in \mathbf{U} \quad . \tag{3.19}$$

Unter allen Unsicherheiten $\mathbf{U}$ müssen demnach die Nebenbedingungen erfüllt werden. $\mathbf{A}\mathbf{x}-\mathbf{b} \geq 0$ bedeutet, dass ausschließlich zulässige Lösungen betrachtet werden dürfen, während $t-\mathbf{c}^{\mathrm{T}}\mathbf{x} \geq 0$ den Robust Counterpart unter allen Bedingungen von $\mathbf{U}$ gewährleistet. Diese Forderung kann als „Worst-Case"-Minimierungsaufgabe wie folgt aufgefasst werden [BeSe-07]:

$$\begin{aligned} \min_{\mathbf{c}\in\mathbf{U}}(t - \mathbf{c}^{\mathrm{T}}\mathbf{x}) &\geq 0, \\ \min_{\mathbf{A},\mathbf{b}\in\mathbf{U}}(\mathbf{A}\mathbf{x}-\mathbf{b}) &\geq 0 \end{aligned} \tag{3.20}$$

Aufgrund des Minimum-Operators entstehen nichtlineare Funktionen in (3.20). Deshalb resultiert aus dem linearen Optimierungsproblem eine nichtlineare Optimierungsaufgabe [BeSe-07]. Für Lösungsansätze hierzu sowie zu konischer oder quadratischer Robusten Optimierungsproblemen sei auf [BeEN-09] verwiesen.

3.3.6 Stand der Technik in der Industrie

Die vorgestellten Simulationsansätze beschäftigen sich allesamt mit der Problematik, wie Robustheit quantifiziert und optimiert werden kann. Im industriellen Umfeld ist jedoch ein sehr breites Spektrum bezüglich der Praxisdurchdringung einzelner Ansätze festzustellen. Grundsätzlich lassen sich varianz- und zuverlässigkeitsorientierte Optimierungs- und Analyseansätze als industriell relevant klassifizieren, während Robuste Optimierung durch worst-case- oder Möglichkeitsansätze derzeit keine nennenswerte Bedeutung für die Automobilindustrie besitzen.

Verschiedene Automobilhersteller haben die Notwendigkeit und die Vorteile für den Einsatz von Methoden zur **Handhabung aleatorischer Unsicherheiten** erkannt. In einem Großteil der veröffentlichten Praxisbeispiele werden die Unsicherheiten **r** durch probabilistische Formulierungen erfasst, da es sich ausschließlich um **Produktionstoleranzen** handelt.

Sehr häufig spielt in der Automobilindustrie die **Analyse von Varianz** als Vorstufe zur Optimierung dieser Größen eine wichtige Rolle. Um die Komplexität zu reduzieren, hat sich eine breite Anwendung für Varianzanalysen zur Identifikation der signifikanten Parameter ergeben. Hierfür werden typischerweise stochastische Samplingverfahren eingesetzt. Beispielhafte Anwendungen beziehen sich auf die Ermittlung einflussnehmender Faktoren auf den Fahrkomfort eines Gesamtfahrzeugs bei *Daimler* [WiMB-04] oder auf das Crashverhalten von Fahrzeugstrukturen bei *VW* [StHi-02] oder *BMW* [WiBB-06]. Diese Ansätze haben bei *BMW* systematisch Einzug in die virtuelle Produktentwicklung und -absicherung gefunden [MeBB-07]. Während genannte Beispiele für Varianzanalysen oftmals der Modellvalidierung oder Systemanalyse dienen, setzt *Bosch* im Rahmen der Umsetzung einer DfSS-Strategie konsequent auf die Anwendung Varianzorientierter Robusten Optimierung [Kres-10]. Die Wahl des verwendeten Optimierungsverfahrens hängt dabei stets von der jeweiligen Aufgabencharakteristik ab [WiSc-04].

Aussage 3.2 *Varianzorientierte Robuste Optimierung findet eine breite Akzeptanz und Verwendung in der Automobilindustrie. Während sich für die Analyse der Varianz aufgrund typischerweise diskreter Berechnungsmodelle stochastische Verfahren größtenteils durchgesetzt haben, existiert kein eindeutiger Trend pro oder contra einzelner Optimierungsverfahren.*

Aufgrund des oftmals immensen Berechnungsaufwandes zur Bestimmung der Ausfallwahrscheinlichkeit ist der Einsatz von Zuverlässigkeitsorientierter Robuster Optimierung meist auf die **Analyse der Zuverlässigkeit** beschränkt.

Hierbei kann jedoch eine breite Verwendung möglicher Methoden festgestellt werden, die in Abhängigkeit der gewünschten Präzision und der verfügbaren Ressourcen eingesetzt werden. In der Automobilindustrie werden Zuverlässigkeitsmethoden schwerpunktmäßig bei Zulieferern eingesetzt, um beispielsweise trotz geforderter Gewichtsreduktion seitens der Hersteller eine hohe Zuverlässigkeit gewährleisten zu können. Als Beispiel sei hierfür die Bestimmung der Ausfallwahrscheinlichkeiten für Variatorwellen als Getriebekomponente bei *ZF* genannt [WeUm-04].

Aussage 3.3 *Die Anwendung Zuverlässigkeitsorientierter Robuster Optimierung fokussiert derzeit in der Automobilindustrie auf den Analyseanteil zur Bestimmung der Ausfallwahrscheinlichkeit und wird deutlich seltener eingesetzt als Varianzorientierte Robuste Optimierung.*

Aussage 3.4 *In der Automobilindustrie wird eine Vielzahl von Methoden eingesetzt, um **aleatorische Unsicherheiten** im Rahmen Varianz- und Zuverlässigkeitsorientierter Robusten Optimierung zu handhaben. Für die Behandlung **epistemischer Unsicherheiten** können in der Automobilindustrie weder systematische Anwendung mittels Möglichkeitsorientierter Robusten Optimierung noch durch andere Simulationsansätze festgestellt werden.*

3.4 Bewertung und Kapitelzusammenfassung

Wie eingangs zu Kapitel 3 ausgeführt, ist das Ziel dieses Kapitels die Darstellung relevanter Ansätze zur Deckung der Verbesserungsbedarfe aus Abschnitt 2.2. Abschließend soll in Abschnitt 3.4 eine Beurteilung aller Ansätze auf Basis der genannten Verbesserungsbedarfe aus Produkt- und Prozesssicht erfolgen. Basis für die Bewertung ist der Grad, mit welchem ein Ansatz den jeweiligen Verbesserungsbedarf berücksichtigt. Weiterentwicklungen einzelner Ansätze in der Wissenschaft werden hierbei mit einbezogen. Da Robustheit die grundlegender Motivationsbestandteil dieser Arbeit ist, zeigt Tabelle 3.1 vorbereitend eine Übersicht über die Robustheitsdefinitionen, die den einzelnen Ansätzen zu Grunde liegen.

		Definition von Robustheit
Abschnitt 3.1	Robust Design	S/N-Verhältnis (statistisch)
	UMEA	Ausfallwahrscheinlichkeiten -/möglichkeiten (statistisch, possibilistisch, qualitativ)
	AD	Kopplungsgrad der Designmatrix (Bool'sche Logik, possibilistisch)
	Adaptable Design	Adaptionsfähigkeit eines Produkts (wahrscheinlichkeitsbasierte Kosten für Adaptionsaufwände)
Abschnitt 3.2	FMEA	RPZ (quantitativ-deterministisch)
	FTA	Anzahl einflussnehmender Komponenten auf Fehler (Bool'sche Logik, qualitativ-deterministisch)
	Six Sigma	Verschiedene, häufig S/N-Verhältnis, RPZ (statistisch, quantitativ-deterministisch)
	DfSS	Verschiedene, häufig S/N-Verhältnis, RPZ (statistisch, quantitativ-deterministisch)
Abschnitt 3.3	VRO	S/N-Verhältnis (statistisch)
	ZRO	Ausfallwahrscheinlichkeit p_f (statistisch)
	MRO	Ausfallmöglichkeit Π (possibilistisch)
	WCRO	Abstand von Grenzzustandsfunktion (worst-case)

Tabelle 3.1: Definition von Robustheit der Ansätze

Die Bewertungsergebnisse aller vorgestellten Ansätze zur robusten Auslegung von Kinematikmodulen sind in Tabelle 3.2 zusammengefasst.

Aufseiten der **entwicklungsmethodisch basierten Ansätze** kann festgestellt werden, dass die Forderung nach Robustheit auf Produktseite und der transparenten Analyse der Robustheit Berücksichtigung als jeweils fundamentaler Bestandteil findet. Robust Design ermöglicht für ein Kinematikmodul darüber hinaus durch den konsequenten Einsatz von Taguchi's Methoden die ganzheitliche Analyse der Robustheit und gleichsam die systematische Optimierung der Robustheit durch Selektion der Parameterkombination mit dem besten S/N-Verhältnis. Bei der Umsetzung entstehen jedoch sehr hohe Aufwände durch die statistische Ineffizienz bei der Ermittlung der Robustheit, zusätzlich wird Robust Design ausschließlich auf Problemstellungen mit aleatorisch beschriebenen Unsicherheiten angewandt. Somit können die epistemischen Unsicherheiten für Kinematikmodule nicht evaluiert werden, da possibilistische Formulierungen von Unsicherheiten in Robust Design bislang keine Berücksichtigung finden. UMEA, AD und Adaptable Design bieten jeweils die Möglichkeit zum Einbezug epistemischer Unsicherheiten, jedoch wird die Optimierung der hieraus resultierenden Robustheitsmaße nicht oder nur teilweise (AD) adressiert. Für sämtliche entwicklungsmethodisch basierten Ansätze ist ein Defizit bezüglich der schnellen und insbesondere automatisierten Optimierung von Robustheitsmaßen festzustellen. Weiterhin sind keine Veröffentlichungen bekannt, durch welche konsequent die Anforderungen von Menschen berücksichtigt werden, um die Etablierung der Ansätze in der industriellen Praxis zu fördern.

++ vollständig berücksichtigt + teilweise berücksichtigt 0 nicht berücksichtigt		Verbesserungsbedarfe						
		Produkt	Prozess					
		1. Robustheit für funktionale Anforderungen, Verbaubarkeit	2. Unsicherheiten im Entwicklungsprozess von Zielfahrzeugen	3. Transparente Analyse von Robustheit	4. Ganzheitliche Analyse von Robustheit	5. Systematische Optimierung der Robustheit	6. Schnelle, objektive, automatisierte Analyse & Optimierung von Robustheit	7. Berücksichtigung der Anforderungen von Menschen
Abschnitt 3.1	Robust Design	+	0	++	+	+	+	0
	UMEA	+	+	++	+	0	0	0
	AD	++	+	+	+	+	0	0
	Adaptable Design	++	+	++	0	0	0	0
Abschnitt 3.2	FMEA	+	0	+	++	0	0	+
	FTA	+	0	+	+	0	0	0
	Six Sigma	+	0	++	+	++	+	+
	DfSS	++	0	++	+	++	+	0
Abschnitt 3.3	VRO	+	0	++	+	++	++	0
	ZRO	+	0	++	+	++	+	0
	MRO	+	+	+	+	+	+	0
	WCRO	+	+	+	+	+	+	0

Tabelle 3.2: Bewertung der Ansätze

Die etablierten **Risikomanagement**-Methoden FMEA und FTA bieten eine transparente und ganzheitliche Analysemöglichkeit von Robustheit. Dabei beschäftigt sich die FMEA zusätzlich mit den Anforderungen der Menschen, jedoch vornehmlich aufgrund des immensen Aufwandes der hinter einer FMEA steht. Der hohe Aufwand sowie Defizite im Optimierungsbereich und bei der Berücksichtigung epistemischer Unsicherheiten disqualifizieren diese Ansätze für die robuste Auslegung von Kinematikmodulen.

Six Sigma als unternehmensdurchdringendes **Qualitätsmanagement** und der daraus abgeleitete Entwicklungsprozess DfSS decken einen Großteil der Verbesserungsbedarfe für die Auslegung von Kinematikmodulen ab. Integraler Bestandteil von Methoden wie DMAIC ist dabei die Analyse und Verbesserung der Produktqualität. Da Produktqualität nach Taguchi's Methoden mit der Produktrobustheit gleichgesetzt wird, bietet Six Sigma als reaktiver Ansatz und insbesondere Design for Six Sigma als präventiver Ansatz einen guten

Aufsatzpunkt für die robuste Auslegung von Kinematikmodulen. Allerdings werden bei den eingesetzten Methoden zur Robustheitsbewertung – wie Taguchi oder stochastische Simulationen – wiederum ausschließlich aleatorische Unsicherheiten berücksichtigt. Ferner wird der menschliche Faktor bei DfSS nicht explizit betrachtet.

Die vorgestellten **Simulationsansätze** zeichnen sich durch eine transparente, systematische Analyse und Optimierung der jeweiligen Robustheitsmaße aus. Der numerische Aufwand und damit einhergehend die Dauer, bis Ergebnisse erzielt werden, hängt bei allen Ansätzen stark von der Anzahl zu berücksichtigender Variablen ab. Aufgrund der geringen Anzahl an Simulationen zur Bestimmung des Robustheitsmaßes hat VRO hierfür leichte Vorteile. Sämtliche Simulationsansätze weisen Einschränkungen auf, wenn gradientenbasierte Approximationsverfahren für die Optimierung eingesetzt werden. Diese Einschränkungen resultieren aus statistischen Fehlern bei der Approximation sehr vieler Eingangsvariablen sowie beim Einsatz von numerischen Berechnungsmodellen mit einem hohen Eigenrauschanteil. Hierdurch bleibt der Einsatz von MRO und WCRO für die robuste Auslegung von Kinematikmodulen auf wenige Ausnahmefälle begrenzt, obwohl diese Verfahren im Gegensatz zu VRO und ZRO den großen Vorteil bieten, dass epistemische Unsicherheiten berücksichtigt werden können.

Aussage 3.5 *Die relevanten Ansätze zur robusten Auslegung von Kinematikmodulen zeichnen sich durch unterschiedliche Definitionen und Analyseverfahren zur Bestimmung der Robustheit aus. Während insbesondere DfSS und die vorgestellten Simulationsansätze eine systematische und automatisierte Optimierung der Robustheit ermöglichen, existieren zwei kritische Defizite bei denjenigen Verfahren, die für Kinematikmodule prinzipiell zum Einsatz kommen können. Zum einen werden die Anforderungen von Menschen nicht berücksichtigt, wodurch ein immenses Risiko besteht, dass die Methoden in der Praxis keine Anwendung finden. Zum anderen werden ausschließlich aleatorische Unsicherheiten in die Definition der Robustheit einbezogen. Somit kann die eigentliche Grundproblematik dieser Arbeit – die Handhabung epistemischer Unsicherheiten für die robuste Auslegung von Kinematikmodule – nicht adressiert werden.*

4 Funktionsorientiert Optimal Robuste Auslegungs-Methodik (FORM)

Aus der Untersuchung des Stands der Technik in Forschung und Industrie resultiert die Notwendigkeit einer neuartigen Auslegungsmethodik. Darauf aufbauend wird in diesem Kapitel die **F**unktionsorientiert **O**ptimal **R**obuste Auslegungs-**M**ethodik FORM vorgestellt, welche den Kern dieser Arbeit repräsentiert. Im Detail wird hierbei auf folgende Punkte eingegangen:

- Abschnitt 4.1 definiert die Ziele von FORM.
- Abschnitt 4.2 stellt den methodischen Ansatz vor.
- Abschnitt 4.3 detailliert die Methodikstufen von FORM.
- Abschnitt 4.4 adressiert die Integration in den Fahrzeugentwicklungsprozess.
- Abschnitt 4.5 diskutiert den zu erwartenden Nutzen in Forschung und Industrie.

4.1 Ziele

Das Konzept dieser Arbeit soll den Anspruch erfüllen, mit Hilfe eines grundsätzlich generischen Ansatzes den Reifegrad von Fahrzeugmodulen in frühen Entwicklungsphasen mit Hilfe der neuartigen Methodik FORM zu erhöhen. Diese Methodik ist fokussiert auf Kinematikmodule in der Automobilindustrie und verfolgt nachstehende Ziele. Diese Ziele stellen eine Dynamisierung der in Abschnitt 1.3 formulierten Ziele auf Basis des Defizits zwischen den Verbesserungsbedarfen in der Automobilindustrie (Abschnitt 2.2) und des Stands der Technik (Abschnitt 3.4) dar.

Ziel 4.1 *Das Kernziel ist die Entwicklung eines praxistauglichen, computergestützten Ansatzes, um in frühesten Entwicklungsphasen der Automobilindustrie transparent die Robustheit verschiedener Modulkonzepte für Kinematikmodule aufzeigen zu können.*

Die Konzeptentscheidung für Fahrzeugmodule findet in sehr frühen Entwicklungsphasen statt. Jene Entwicklungsphasen sind gekennzeichnet durch ein hohes Maß an epistemischen Unsicherheiten, da Fahrzeugmodule oft in sehr unterschiedliche Umgebungen im Sinne von Fahrzeugtypen verbaut werden müssen. Typischerweise ist die Konzeptkonsolidierung für Kinematikmodule daher mit einem großen Schätzungsanteil behaftet. Aus diesem Grund ist die wichtigste Zielsetzung von FORM die Entwicklung von Standardmethoden, welche für verschiedene technische Konzepte für Fahrzeugmodule eine Aussage über deren **Robustheit** treffen können. In diesem Zusammenhang muss FORM die Frage beantworten, wie Robustheit im Rahmen dieser Forschungsarbeit **definiert** ist und mit welchen Methoden diese **gemessen** werden kann. Solche Methoden finden jedoch nur dann Akzeptanz, wenn die **Bestimmung der Robustheit nachvollziehbar und transparent** gestaltet ist. Daher ist die Notwendigkeit eines simulationsbasierten Ansatzes gegeben, bei welchem die **Anforderungen von Menschen** Berücksichtigung finden müssen. Zum einen kann durch automatisierbare und eindeutige Algorithmen Vertrauen auf Seiten der Anwender geschaffen werden. Zum anderen bieten computergestützte Methoden den Vorteil, Anwender von wiederkehrenden und fehleranfälligen Standarduntersuchungen zu entlasten und somit zur Effizienzsteigerung der Modulentwicklung beizutragen. Um ein möglichst hohes Maß an Praxistauglichkeit zu erreichen, adressiert die neue Methodik weiterhin die Integrationsfähigkeit von FORM in den standardisierten Entwicklungsprozess der Automobilindustrie.

Ziel 4.2 *Systematische Erfassung und Beschreibung aller **Unsicherheiten**, die für die Robustheit verschiedener Konzepte für Fahrzeugmodule **ursächlich** sind.*

Die Robustheit von Fahrzeugmodulen zum Zeitpunkt ihres Konzeptentscheides resultiert im Wesentlichen aus epistemischen Unsicherheiten im Laufe des Fahrzeugentwicklungsprozesses. Für das zweite Hauptziel besteht die besondere Herausforderung deshalb in der **systematischen Identifikation und Beschreibung von Unsicherheiten.** Konkret müssen an dieser Stelle alle Unsicherheiten aufgrund vorliegender Prozesse, Entwicklungsmethoden sowie möglicher Modifikationen und Trends im Fahrzeugdesign und in der globalen und lokalen Gesetzgebung in die Betrachtung mit einbezogen werden. Ferner sind Kinematikmodule auch nach Abschluss der Serienentwicklung Streuungen im Sinne von **Produktionstoleranzen** unterworfen, die ebenfalls geeignet berücksichtigt werden müssen.

Ziel 4.3 *Die solitäre Betrachtung von Unsicherheiten (Ziel 2) und der daraus resultierenden Robustheit eines Fahrzeugmoduls (Ziel 1) ist nicht hinreichend im Sinne einer **Auslegungsmethodik**. Daher ist die systematische **Optimierung der Robustheit** integraler Bestandteil des Konzepts.*

Neben der Analyse eines Konzepts beansprucht die neue Methodik FORM die Auslegung technischer Konzepte in frühesten Entwicklungsphasen. Mit Hilfe geeigneter Methoden soll daher die jeweils optimale Gestaltung und Konfiguration der betrachteten Konzepte identifiziert werden. In diesem Kontext müssen zum einen **Gestaltungsfreiräume in frühen Phasen** einer Entwicklung für Kinematikmodule identifiziert werden. Zum anderen impliziert

Ziel 3 ein Optimierungsproblem, dessen Lösung durch ein methodisches Rahmenwerk vorgegeben werden muss.

Ziel 4.4 *Durch die Optimierung der Robustheit von Konzepten wird das System selbst beeinflusst. Deshalb muss bei der Entwicklung der Auslegungsmethodik gewährleistet sein, dass eine Überprüfung der Konzepte auf die* **Erfüllung funktionaler Anforderungen** *stets möglich ist.*

Durch dieses weitere Ziel wird die neue Methodik FORM hinsichtlich **Funktionsorientierung** ausgerichtet. Zu diesem Zweck müssen die an das Fahrzeugmodul gestellten funktionalen Anforderungen zuerst eindeutig definiert und quantifiziert werden. Hierauf basierend können dann zu jedem Optimierungsschritt Untersuchungen angestellt werden, ob die Grenzen der Spezifikationen verletzt werden. Damit FORM **parallel zur Optimierung der Robustheit** das Ziel der Funktionsorientierung berücksichtigen kann, müssen funktionale Anforderungen durch geeignete Formulierungen in die Optimierungsstrategie integriert werden. Etwaige Wechselwirkungen zwischen optimierter Robustheit und Verletzung funktionaler Anforderungen sollen, Ziel 1 entsprechend, in FORM nachvollziehbar dargelegt werden.

4.2 Methodischer Ansatz

Der grundlegende Ansatz von FORM ist in Abbildung 4.1 zur Verdeutlichung der Grobzusammenhänge dargestellt.

Dieser Ansatz geht von einer **Bewertungsphase im Rahmen eines modulbasierten Entwicklungsprozesses** aus. Unabhängig von der betrachteten Entwicklungsphase wird zu Beginn der Bewertungsphase ein Start-Design festgelegt, welches das betrachtete Konzept eines Fahrzeugmoduls sowie dessen Umgebung im Sinne von Zielfahrzeugen beschreibt. Dieses Start-Design geht über standardisierte Schnittstellen in FORM ein und konfiguriert dort die Eingangsgrößen für den Optimierungsprozess.

Dies sind zum einen Informationen zur Gewährleistung der Funktionsorientierung, wie beispielsweise **Lastfälle** oder **Gewichtungen funktionaler Anforderungen**. Zum anderen können mit Hilfe des Start-Designs **Optimierungsräume** sowohl hinsichtlich des untersuchten Konzepts als auch bezüglich der Fahrzeugparameter aufgespannt werden. Weiterhin resultieren die Einflussfaktoren auf die Robustheit des untersuchten Konzepts aus der betrachteten Entwicklungsphase des Start-Designs. Dies hat seinen

Grund in der direkten Abhängigkeit der **Robustheitsfaktoren (Unsicherheiten und Produktionstoleranzen)** vom Stadium der modulbasierten Entwicklung.

Diese Größen bilden den Aufsetzpunkt des **Optimierungsprozesses**, dessen Zielgröße die **maximale Robustheit des betrachteten Konzepts** ist. Jedes Optimierungsdesign wird daher bezüglich seiner Robustheit analysiert. Sobald das Abbruchkriterium des Optimierungsalgorithmus erfüllt ist, erfolgt über dieselbe Schnittstelle wie eingangs die Rückführung des optimierten Konzepts in den modulbasierten Entwicklungsprozess.

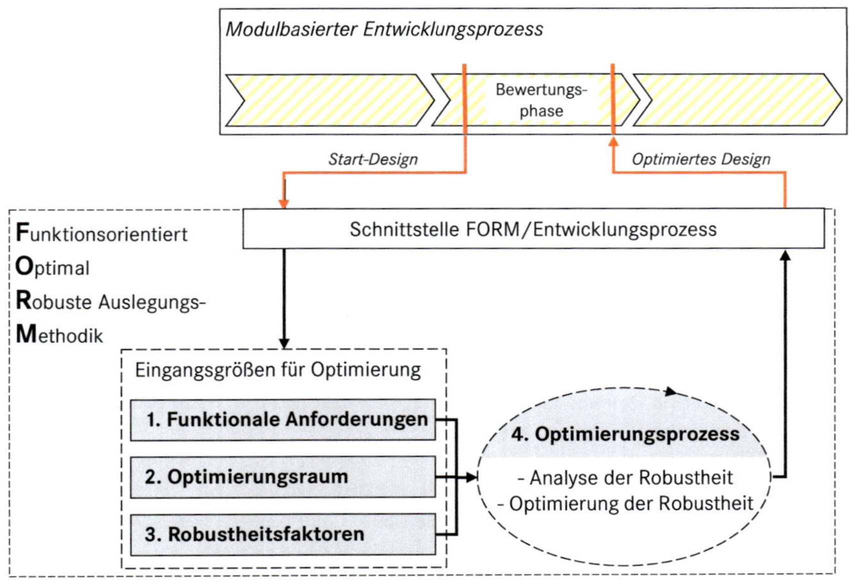

Abbildung 4.1: Generischer Ansatz von FORM

Im Detail lässt sich die neue Methodik FORM durch 4 Stufen beschreiben, wie Abbildung 4.2 verdeutlicht.

- **Methodikstufe 1** beschreibt die Anforderungen an das untersuchte Konzept und ist zunächst unabhängig vom Entwicklungsstadium der betrachteten Bewertungsphase. Das Ergebnis ist die **eindeutige Beschreibung** der **funktionalen Anforderungen** und der **Spezifikation von Testszenarien** anhand von Lastfällen. Die neue Methodik FORM beansprucht weiterhin die Abprüfung von funktionalen Anforderungen durch computergestützte Methoden. Daher werden durch Stufe 1 bereits **Simulationsverfahren** etabliert, welche, direkt abgeleitet von den funktionalen Anforderungen, sämtliche Lastfälle für das Modulkonzept berechnen können. Um dieses Ziel erreichen zu können, müssen für das untersuchte Konzept hinreichende Validierungsmethoden zum Abgleich zwischen Simulation und Realität vorhanden sein.

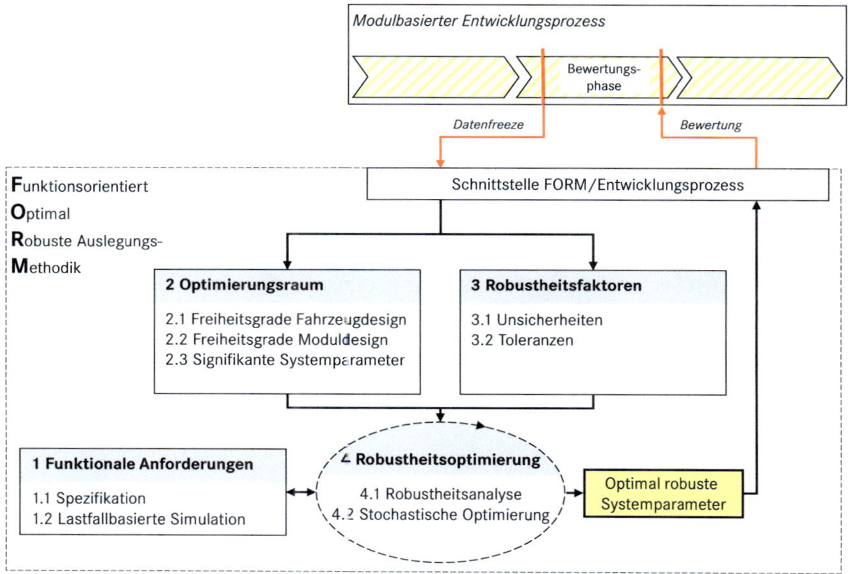

Abbildung 4.2: Detaillierte Struktur von FORM

- Grundvoraussetzung für die Optimierung eines Systems ist die Existenz von Optimierungsräumen. Deshalb adressiert **Methodikstufe 2** die Identifikation aller Parameter, die einen signifikanten Einfluss auf die Robustheit des Systems ausüben. Hierfür werden zur Erhöhung der Transparenz sämtliche Parameter, die in die Simulation des Modulkonzepts eingehen, zunächst in **Modulparameter und Fahrzeugparameter** unterteilt. Darauf aufbauend werden die zugehörigen **Optimierungsräume** aufgespannt. Dies geschieht auf Modulseite durch eine technische Analyse des betrachteten Modulkonzepts. Auf Fahrzeugseite wird zusätzlich zu Bauraumuntersuchungen die Gestaltungsfreiheit des Fahrzeugdesigns in die Optimierungsbetrachtung mit einbezogen. Anschließend erfolgt mit Hilfe statistischer Analyseverfahren die Reduktion auf signifikante Parameter, ergo derjenigen Parameter, die mindestens für einen Lastfall einen Einfluss auf das Systemverhalten ausüben. Es handelt sich in Stufe

2 jedoch ausschließlich um Parameter, die selbst beeinflussbar sind. Ist dies, wie beispielsweise bei festen Vorgaben des Fahrzeugdesigns, nicht der Fall, werden diese Parameter in Stufe 3 abgehandelt.

- In **Methodikstufe 3** werden alle Parameter beschrieben, die **einen Einfluss auf die Robustheit des Systems** haben. Die Beschreibung dieser Parameter wird ursachenabhängig unterteilt in Unsicherheiten, welche während des Entwicklungsprozesses auftreten, und Toleranzen, wodurch Abweichungen im Produktionsprozess repräsentiert werden.

- Die finale **Methodikstufe 4** steht für die eigentliche Auslegung. Mit Hilfe sämtlicher Informationen der vorgeschalteten Stufen erfolgt die **Optimierung der Robustheit** in einem zweistufigen Prozess. Die Zielfunktion der Optimierungsstrategie ist die Maximierung der Konzeptrobustheit. Der Wert für die Konzeptrobustheit wird durch statistische Analyseverfahren gewonnen. Somit muss zu jedem Optimierungsschritt eine Robustheitsanalyse durchgeführt werden. Ist das Abbruchkriterium der Optimierung erfüllt, werden die optimierten Parameter wieder in die Berechnungsschleife zurückgeführt und es kann eine **transparente Konzeptbewertung** erfolgen.

4.3 Methodikstufen

Aufbauend auf der bereits vorgestellten Struktur von FORM in Abb. 4.2 werden folgend die einzelnen Methodikstufen von FORM beschrieben.

4.3.1 Funktionale Anforderungen

Die Zielsetzung von Methodikstufe 1 besteht in der Bereitstellung einer geeigneten Vorgehensweise, um funktionale Anforderungen identifizieren und abprüfen zu können, vgl. Abbildung 4.3. Da der darauf basierende Optimierungsprozess stets die Erfüllung funktionaler Anforderungen prüft, ist Funktionsorientierung ein immanenter Bestandteil der neuen Auslegungs-methodik FORM.

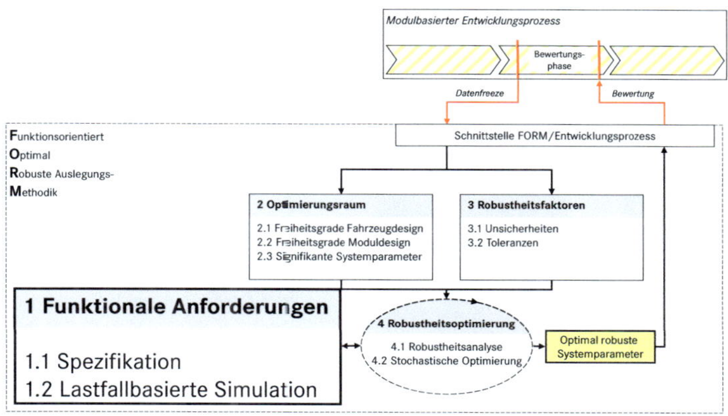

Abbildung 4.3: Methodikstufe 1 von FORM

Spezifikation

Wie in Abschnitt 3.1.3 bereits verdeutlicht wurde, ist ein wichtiges Kriterium
für den Erfolg komplexer modulbasierter Entwicklungsprozesse die Etablierung
von Standards im Anforderungsmanagement. Dies bedarf auch einer allgemein
verständlichen Nomenklatur und Syntax über die exakte Spezifikation von
Anforderungen. Jüngste Anstrengungen zur Standardisierung von An-
forderungsspezifikationen brachten im deutschsprachigen Automobilbereich das
universelle xml-Austauschformat ReqIF hervor [Obje-11]. Hiermit können
Anforderungen zwischen verschiedenen Requirements Engineering-Systemen
bei den beteiligten Parteien ausgetauscht werden.
Auf diesem Grundgedanken setzt die Methodik FORM auf, indem sie als
Datenempfänger zum konzerninternen Requirements Engineering System wirkt,
vgl. Abbildung 4.4.

Als Ausgangspunkt dient das Lastenheft des Fahrzeugmoduls, welches als
Prämisse für modulbasierte Entwicklung stets existieren muss. Anschließend
erfolgt die Reduktion des meist umfangreichen Lastenhefts auf die für FORM
relevanten Spezifikationen. Diese müssen verschiedenen Kriterien genügen:

- Klassifikation als funktionale Anforderung
- Absicherungsfähigkeit durch verwendete Simulationsmodelle
- Eindeutigkeit
- Mathematische Formulierbarkeit
- Exakte Definition von Grenzen

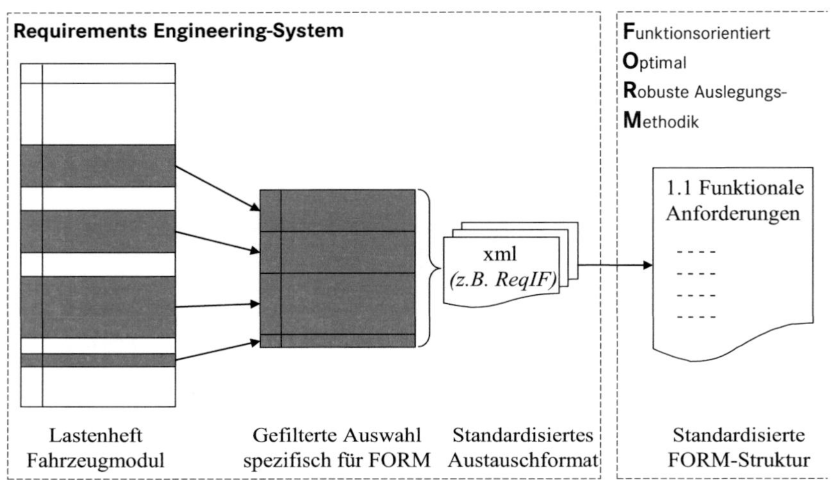

Abbildung 4.4: Ablauf zur Gewinnung funktionaler Anforderungen in FORM

Der aus dieser Filterung resultierende Umfang von Einzelanforderungen wird im nachfolgenden Ablaufschritt in ein standardisiertes Austauschformat übergeführt. Dieses Austauschformat ist zugleich in FORM bekannt, so dass der Transfer der funktionalen Anforderungen vom Requirements Engineering-System zu FORM verlustfrei bleibt. Dadurch ist für die funktionalen Anforderungen im Rahmenwerk von FORM ein hohes Maß an Struktur und Systematik gewährleistet, da diese direkt aus einem standardisierten Austauschformat resultieren.

Dieser Standardablauf bietet neben der leichten Übertragbarkeit auf beliebige Fahrzeugmodule als weiteren Vorteil die zuverlässige Adaption der funktionalen Anforderungen in FORM an Modifikationen des Lastenhefts.

Lastfallbasierte Simulation

Um sämtliche funktionalen Anforderungen absichern zu können, ist eine strukturierte Vorgehensweise für die Simulation des untersuchten Konzepts erforderlich. Daher wird in einem zweiten Schritt die Menge funktionaler Anforderungen anhand des Kriteriums der Zustandsabhängigkeit gegliedert, wie Abbildung 4.5 verdeutlicht.

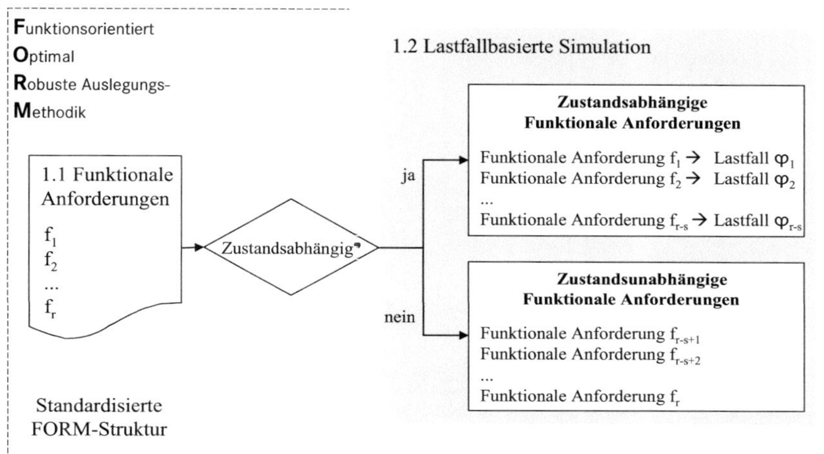

Abbildung 4.5: Strukturierung lastfallbasierter Simulationsbedingungen

Zustandsabhängigkeit bedeutet hierbei, dass eine funktionale Anforderung nur bei bestimmten externen Bedingungen, wie beispielsweise Umgebungsbedingungen oder zusätzlicher Lasten, Gültigkeit besitzt. Ergo müssen zustandsunabhängige funktionale Anforderungen stets erfüllt werden. Die Anzahl der in FORM eingehenden funktionalen Anforderungen sei r. s repräsentiere als Teilmenge von r die zustandsunabhängigen funktionalen Anforderungen. Daraus ergeben sich $(r-s)$ zustandsabhängige funktionale Anforderungen, die durch $(r-s)$ Lastfälle beschrieben werden.

Für eine lastfallbasierte Simulation resultiert hieraus dies, dass das Simulationsmodell $(r-s)$-fach berechnet werden muss, um sämtliche Lastfälle für einen Parametersatz des Simulationsmodells zu betrachten. Dabei müssen je Lastfall $(s+1)$ funktionale Anforderungen abgeprüft werden. In Summe ergeben sich somit für einen Parametersatz $(s+1){\cdot}(r-s)$ Überprüfungen auf funktionale Anforderungen.

Im Rahmenwerk der lastfallbasierten Simulationsbedingungen spielt die Qualität des Simulationsmodells selbst eine entscheidende Rolle. Dieses muss eine hinreichende Abbildung der Realität darstellen. Deshalb muss als notwendige Bedingung für die Untersuchung von Modulkonzepten eine Validierung des Simulationsmodells durchgeführt werden. Die Einbettung dieser Validierungsstrategie in FORM wird durch Abbildung 4.6 visualisiert.

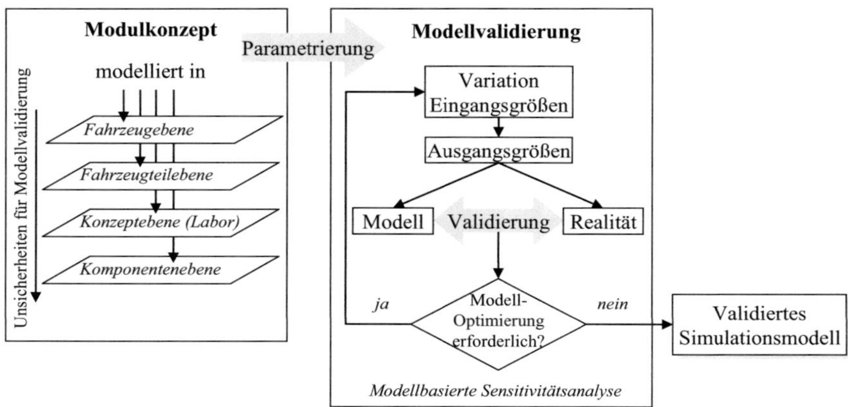

Abbildung 4.6: Validierung von Simulationsmodelle für Modulkonzepte

Die Validierung beginnt hierbei mit der Modellierung des betrachteten Modulkonzepts. Abhängig von den physischen Voraussetzungen der Validierung erfolgt der Aufbau des Simulationsmodells in Fahrzeug-, Fahrzeugteil-, Konzept- oder Komponentenebene. In gleicher Reihenfolge steigt das Maß an Unsicherheiten durch vernachlässigte physikalische Effekte.

Das Simulationsmodell wird daraufhin parametriert, damit im Schritt der Modellvalidierung Variationen in den Eingangsgrößen dargestellt werden können. Die hieraus resultierenden Ausgangsgrößen im Modell können mit gemessenen, realen Ergebnissen bei gleichsam variierten, physischen Eingangsgrößen verglichen werden. Sobald dieser Vergleich eine ausreichende Übereinstimmung des Modells mit der Realität zeigt, wird die Validierungsschleife abgebrochen. Das Ergebnis ist ein validiertes Simulationsmodell, welches unter der Einschränkung der Modellierungsebene als hinreichend validiert gelten kann. Der Einfluss von Unsicherheiten in Abhängigkeit der Modellierungsebene wird getrennt in Abschnitt 4.3.3 behandelt.

4.3.2 Optimierungsraum

Im Rahmen der Methodikstufe 2 wird die Ableitung von Optimierungs-parametern und jeweils zugehöriger Parameterräume adressiert, wie Abbildung 4.7 demonstriert.

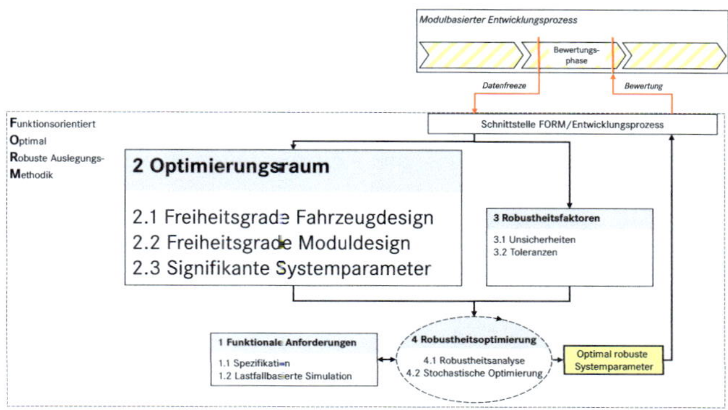

Abbildung 4.7: Methodikstufe 2 von FORM

Aus dem Paradigma eines modulbasierten Entwicklungsprozesses lässt sich für die Entwicklung von Fahrzeugmodulen der in Abbildung 4.8 veranschaulichte Zusammenhang ableiten.

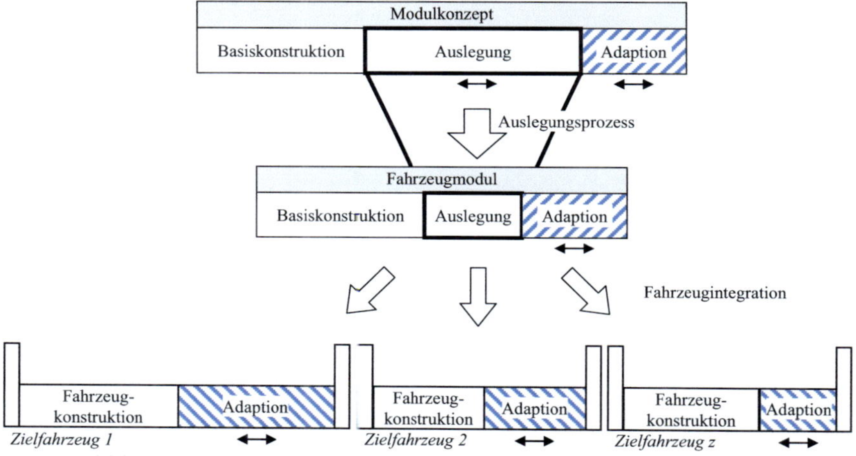

Abbildung 4.8: Ziel des Auslegungsprozesses für Fahrzeugmodule

Zu Beginn steht hierbei das zu untersuchende Modulkonzept. Dieses beinhaltet die **Basiskonstruktion**, welche für das Konzept notwendige Bauteile und Funktionen bereitstellt. Darauf aufbauend stellt der **Auslegungsbaustein** variabel mögliche Realisierungen der Basiskonstruktion dar. Um ein möglichst breites Verwendungsspektrum zu finden, weisen Modulkonzepte oftmals **Adaptionsvorhalte** der verwendeten Bauteile auf. Somit entstehen auf der einen Seite Varianten des Fahrzeugmoduls, auf der anderen Seite können die

Bedarfe vieler unterschiedlicher Zielfahrzeuge befriedigt werden. In der Regel sind auf der Seite der verschiedenen Zielfahrzeuge ebenfalls Adaptionsvorhalte vorhanden.

Ziel des Auslegungsprozesses ist die Optimierung des Auslegungsbausteins dahingehend, dass das Fahrzeugmodul in sämtliche Zielfahrzeuge robust integriert werden kann. Die Eingangsvoraussetzungen und Vorgehensweise für die Aufspannung des Auslegungs- und Adaptionsraumes als notwendige Bedingung für die Optimierung werden im Folgenden beschrieben.

Freiheitsgrade Fahrzeugdesign

Wie Abbildung 4.8 gezeigt hat, besteht ein Fahrzeug als modulaufnehmende Umgebung aus den Bausteinen *„Fahrzeugkonstruktion"* und *„Adaption"*. Diese Bausteine verdeutlichen den fixen und variablen Anteil der Zielfahrzeuge, vgl. Abbildung 4.9.

Zielfahrzeug i

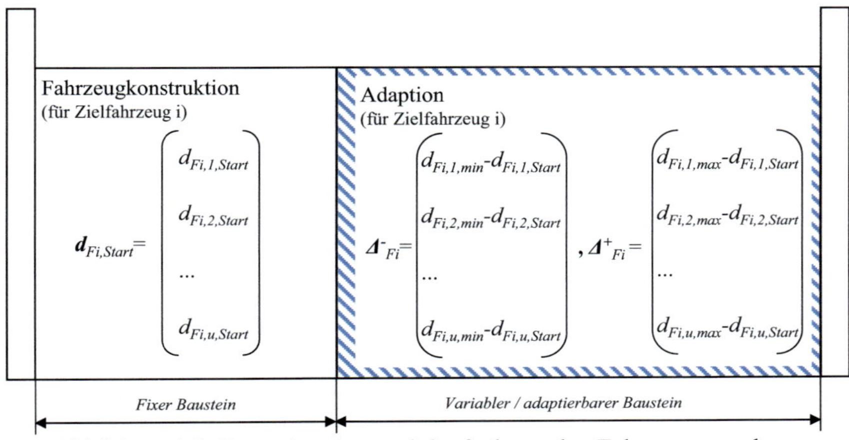

$$d_{Fi,Start} = \begin{pmatrix} d_{Fi,1,Start} \\ d_{Fi,2,Start} \\ ... \\ d_{Fi,u,Start} \end{pmatrix}$$

$$\Delta^-_{Fi} = \begin{pmatrix} d_{Fi,1,min} - d_{Fi,1,Start} \\ d_{Fi,2,min} - d_{Fi,2,Start} \\ ... \\ d_{Fi,u,min} - d_{Fi,u,Start} \end{pmatrix}, \Delta^+_{Fi} = \begin{pmatrix} d_{Fi,1,max} - d_{Fi,1,Start} \\ d_{Fi,2,max} - d_{Fi,2,Start} \\ ... \\ d_{Fi,u,max} - d_{Fi,u,Start} \end{pmatrix}$$

Abbildung 4.9: Bausteine der modulaufnehmenden Fahrzeugumgebung

Der fixe Baustein *„Fahrzeugkonstruktion"* beschreibt die modulrelevanten Schnittstellen eines beliebigen Fahrzeugs i mit Startwerten $\boldsymbol{d_{Fi,Start}}$, welche aus dem Startdesign des jeweiligen Zielfahrzeugs gewonnen werden. Dahingegen beschreibt der variable Baustein *„Adaption"* für jeden Parameter mögliche Freiheitsgrade unter Berücksichtigung von Bauraumvorgaben.

Für den n-ten Parameter $d_{Fi,n,Start}$ erfolgt durch DMU-Untersuchungen eine Festlegung von unteren Grenzen $d_{Fi,n,min} < d_{Fi,n,Start}$ sowie von oberen Grenzen $d_{Fi,n,max} > d_{Fi,n,Start}$. Hieraus resultieren die Freiheitsgrade

$$\Delta^{-}_{Fi,n} = d_{Fi,n,min} - d_{Fi,n,Start} \leq 0 \qquad\qquad (4.1)$$

für die unteren Grenzen sowie

$$\Delta^{+}_{Fi,n} = d_{Fi,n,max} - d_{Fi,n,Start} \geq 0 \qquad\qquad (4.2)$$

für die oberen Grenzen. Für jedes Zielfahrzeug werden u Schnittstellenparameter definiert. Als Matrix der Eingangsgrößen $\mathbf{D_F}$ für die Optimierung ergibt sich bezüglich aller Fahrzeuge

$$\mathbf{D_F} = [\, d_{F1,min}\,,\, d_{F1,max}\,,\, d_{F2,min}\,,\, d_{F2,max,}\,\, \ldots \,\,,\, d_{Fz,min}\,,\, d_{Fz,max}]\,,\quad \mathbf{D_F} \in \mathfrak{R}^{ux(2\cdot z)} \,. (4.3)$$

Die Anzahl der modulrelevanten Schnittstellenparameter wird durch u beschrieben; z ist die Anzahl der Zielfahrzeuge.

Wenn in der Modulstrategie Zielfahrzeuge beinhaltet sind, für die keine Vorgänger existieren, muss für ein solches Fahrzeug y jeweils ein erster Aufsetzpunkt für den fixen Baustein „*Fahrzeugkonstruktion*" in Absprache mit Design- und Konstruktionsbereichen gefunden werden. Sollten darüber hinaus keine weiteren Informationen über mögliche Adaptionen verfügbar sein, so gilt für alle Freiheitsgrade $\Delta^{-}_{Fy} = \Delta^{-}_{Fy} = 0$. Demzufolge gehen solche Fahrzeuge ohne Adaptionsvorhalte in die Modulentwicklung ein. Die Adaption muss in diesem Fall durch das Modul allein erfolgen.

Freiheitsgrade Moduldesign

Im Rahmenwerk des Auslegungsprozesses für Fahrzeugmodule lässt sich ein untersuchtes Modulkonzept analog zu Abbildung 4.10 in die Bausteine „*Basiskonstruktion*", „*Auslegung*" und „*Adaption*" untergliedern.

Der fixe Baustein „*Basiskonstruktion*" beschreibt zunächst das technische Konzept durch $v+w$ Modulparameter $d_{M,Start}$. In $d_{M,Start}$ gehen sämtliche Parameter ein, die für die mechanische Modellbildung erforderlich sind und Anfangswerte auf Basis von Vorüberlegungen repräsentieren. Die Modulparameter lassen sich in v auslegungsrelevante Parameter $d_{M,A,Start}$ und w adaptionsrelevante Parameter $d_{M,var,Start}$ unterteilen. Diese werden in dieser Arbeit getrennt betrachtet, da der Auslegungsbaustein eines Fahrzeugmoduls über alle Zielfahrzeuge konstant bleibt, wohingegen der Adaptionsbaustein für die Fahrzeugintegration des Moduls angepasst werden kann.

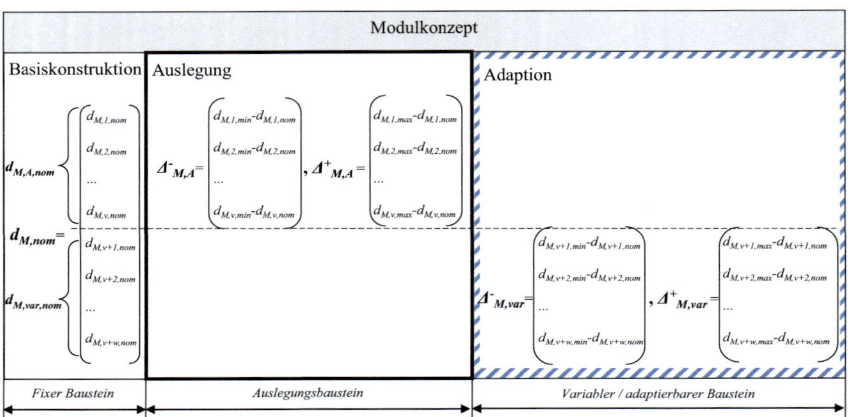

Abbildung 4.10: Bausteine eines Modulkonzepts

Basierend auf einer technischen Analyse des betrachteten Modulkonzepts resultieren für den Baustein *„Auslegung"* die Freiheitsgrade $\Delta^{-}_{M,A}=d_{M,A,min}-d_{M,A,Start}$ und $\Delta^{+}_{M,A}=d_{M,A,max}-d_{M,A,Start}$. Diese kennzeichnen jeweils minimal und maximal zulässige Abweichungen von den zugehörigen, nominalen Modulparametern aus $d_{M,Start}$.

Darüber hinaus inhärieren Modulkonzepte in aller Regel – analog zu Zielfahrzeugen – Adaptionsvorhalte, die im Baustein *„Adaption"* beinhaltet sind. Die Adaptionsräume als mögliche Freiheitsgrade der Fahrzeugintegration werden durch $\Delta^{-}_{M,var}=d_{M,var,min}-d_{M,var,Start}$ und $\Delta^{+}_{M,var}=d_{M,var,max}-d_{M,var,Start}$ definiert.

Unter Berücksichtigung der Anfangswerte $d_{M,Start}$ und darauf basierender Freiheitsgrade Δ^{-} und Δ^{+} wird der Optimierungsraum des Modulkonzepts als Matrixformulierung $\mathbf{D_M}$ wie folgt aufgespannt:

$$\mathbf{D_M} = \begin{bmatrix} d_{M,A,min} & , & d_{M,A,max} \\ d_{M,var,min} & , & d_{M,var,max} \end{bmatrix}, \ \mathbf{D_M} \in \Re^{(v+w)x2} \ . \tag{4.4}$$

Hierin beschreiben $d_{M,A,min}$ und $d_{M,A,max}$ untere und obere Auslegungsgrenzen; durch $d_{M,var,min}$ und $d_{M,var,max}$ werden die unteren und oberen Grenzen der Adaptionsfreiheitsgrade definiert.

Signifikante Systemparameter

„80% der Wirkung resultieren aus 20% der Ursachen."

Das häufig zitierte Paretoprinzip gilt per se nicht für jede Fragestellung. Dennoch liegt die Vermutung nahe, dass auch für Kinematikmodule nur ein geringer Anteil der Systemparameter einen großen Einfluss auf das Systemverhalten ausübt. Daher schlägt FORM im Sinne der Transparenzerhöhung optional eine Dimensionsreduktion der Parametermatrizen $\mathbf{D_F}$ und $\mathbf{D_M}$ vor. Dies erfolgt durch die in Abschnitt 3.4.4 vorgestellten Methoden der Varianzanalyse. Den zugrunde liegenden Ablauf skizziert Abbildung 4.11.

Die durch $\mathbf{D_M}$ beschriebenen Freiheitsgrade des Moduldesigns sowie die Freiheitsgrade eines betrachteten Zielfahrzeugs i $\mathbf{D_{Fi}} \subseteq \mathbf{D_F}$ werden gleichverteilt durch eine hinreichende Anzahl j von Latin Hypercube Samples als Stichproben abgetastet. Darauf basierend erfolgt j-fach die Simulation eines beispielhaften Lastfalls k. Die im Lastfall definierten Ausgabegrößen werden daraufhin mit geeigneten Regressionsmodellen in Zusammenhang mit den Eingangsparametern aus $\mathbf{D_F}$ und $\mathbf{D_M}$ gestellt.

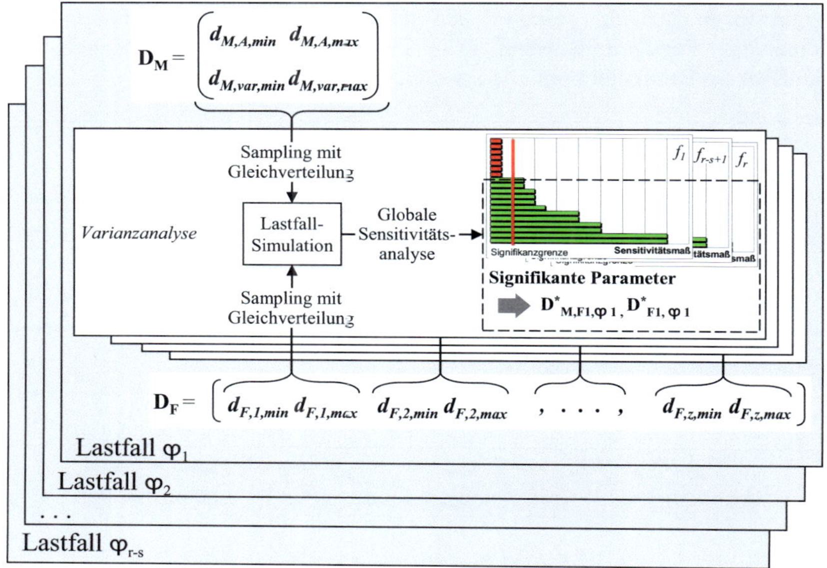

Abbildung 4.11: Ablauf der Parameterreduktion

Dies geschieht sowohl für die den Lastfall spezifizierende funktionale Anforderung f_k sowie für die zustandsunabhängigen funktionalen Anforderungen f_{r-s+1} bis f_r. Mit Hilfe von Signifikanzgrenzen lässt sich ein reduziertes Set von Parametern $\mathbf{D}^*_{M,Fi,\varphi k} \subseteq \mathbf{D}_M$ und $\mathbf{D}^*_{Fi,\varphi k} \subseteq \mathbf{D}_F$ für das Zielfahrzeug i identifizieren, welche für die untersuchten Ausgabegrößen des betrachteten Lastfalls einen signifikanten Einfluss auf das Systemverhalten ausüben. Dabei gilt zu beachten, dass die funktionalen Anforderungen nicht notwendigerweise erfüllt sein müssen, da die Freiheitsgrade insbesondere während der Modulentwicklung durch sehr weite Gültigkeitsgrenzen charakterisiert sein können. An dieser Stelle von FORM muss jedoch lediglich der Zusammenhang zwischen Ausgabe- und Eingabegrößen der Simulation identifiziert werden, weshalb der vorgestellte Ablauf der Parameterreduktion diesem Anspruch genügt.

Die Ableitung der reduzierten Parametermatrizen $\mathbf{D}^*_M$ und $\mathbf{D}^*_F$ wird durch Abbildung 4.12 veranschaulicht.

Für den k-ten Lastfall werden die Matrizen $\mathbf{D}^*_{M,\varphi k}$ und $\mathbf{D}^*_{F,\varphi k}$ gewonnen. Diese vereinigen sich aus den signifikanten Parametern $\mathbf{D}^*_{M,Fi,\varphi k}$ und $\mathbf{D}^*_{Fi,\varphi k}$ für jedes Zielfahrzeug i. Die Vereinigung berücksichtigt jeden Parameter, der als signifikant identifiziert wurde, und entfernt für $\mathbf{D}^*_{M,\varphi k}$ und $\mathbf{D}^*_{F,\varphi k}$ auftretende Redundanzen. Analog gestaltet sich das Vorgehen für die Ableitung der reduzierten Parametermatrizen $\mathbf{D}^*_M$ und $\mathbf{D}^*_F$, indem Redundanzen der signifikanten Parameter über alle Lastfälle eliminiert werden.

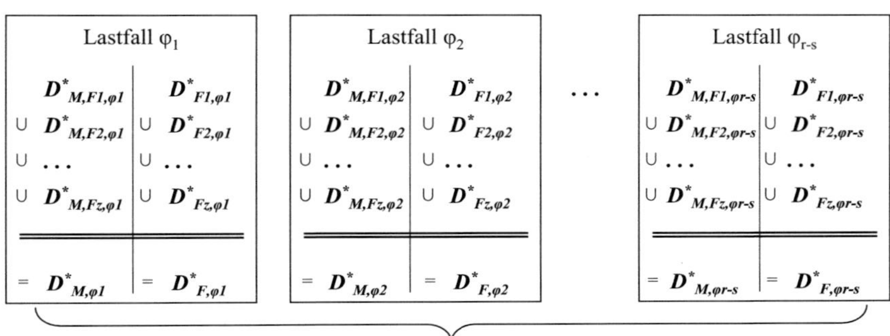

Abbildung 4.12: Bestimmung der reduzierten Parametermatrizen

Anmerkung 4.1 *In sehr frühen Entwicklungsphasen können Unstetigkeiten (z.B. Auswahl von Bauteilen anstelle gradueller Übergänge) oder sehr große Freiheitsgrade in den Systemparametern dazu führen, dass die Streuungen der*

*Ausgangsgrößen nur teilweise oder überhaupt nicht durch die Eingangsgrößen erklärt werden können. Als Beurteilungsgröße hierfür können geeignete Formulierungen von **Bestimmtheitsmaßen** dienen, die einen Mindestwert nicht unterschreiten dürfen. Liegt hierbei eine Verletzung vor, so ist der Teilschritt der Parameterreduktion in Methodikstufe 2 von FORM als optional zu betrachten. Selbiges gilt für diskrete bzw. unstete Optimierungsvariablen mit großen Abständen zwischen den einzelnen Werten.*

4.3.3 Robustheitsfaktoren

Das Ziel der Stufe 3 von FORM ist in Anlehnung an Abbildung 4.13 die Herleitung und Beschreibung von Parameterabweichungen, die Einfluss auf die Robustheit eines Fahrzeugmoduls ausüben.

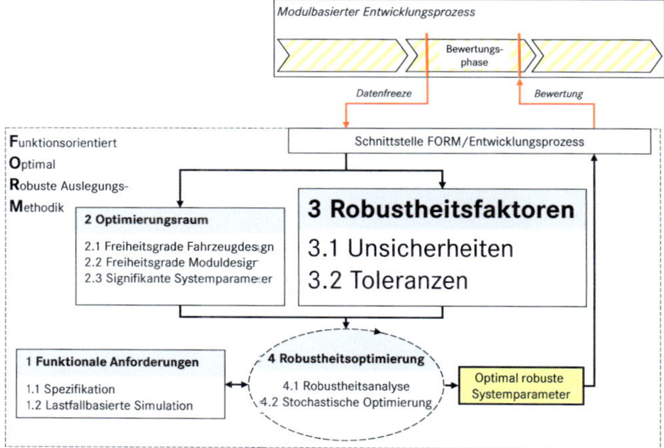

Abbildung 4.13: Methodikstufe 3 von FORM

Diese Parameterabweichungen lassen sich grundsätzlich in Unsicherheiten und Toleranzen klassifizieren:

Definition 4.1 ***Unsicherheiten** bezeichnen in FORM Form-, Lage- und Funktionsabweichungen von Bauteilen, die im Laufe eines **modulbasierten Entwicklungsprozesses** auftreten und zu Beginn einer Entwicklung in der Regel nicht explizit bekannt sind.*

Definition 4.2 *Im Kontext von FORM werden unter **Toleranzen** diejenigen Form-, Lage- und Funktionsabweichungen von Bauteilen verstanden, die im **Produktionsprozess** auftreten und toleriert werden.*

In Stufe 2 von FORM wurden aus den Eingangsgrößen für die Systemsimulation $\mathbf{D_M}$ und $\mathbf{D_F}$ bereits die reduzierten Parametermatrizen $\mathbf{D}^*_M$ und $\mathbf{D}^*_F$ gewonnen. Die dort beinhalteten Optimierungsparameter weisen bei Streuungen im Rahmen ihrer Freiheitsgrade eine statistische Signifikanz bezüglich der funktionalen Anforderungen auf. Für die Betrachtung von robustheitsrelevanten Parameterabweichungen in Stufe 3 gilt daher:

Aussage 4.1 *Parameter, die im Optimierungsraum einen signifikanten Einfluss auf das Systemverhalten haben (Stufe 2), sind auch bezüglich ihres Einflusses auf die Systemrobustheit (Stufe 3) als signifikant zu betrachten.*
Parameter, die im Optimierungsraum keinen signifikanten Einfluss auf das Systemverhalten haben, können daher für die Untersuchung der System-robustheit unberücksichtigt bleiben..

Diese Aussage gilt jedoch nur für Parameter in $\mathbf{D_M}$ und $\mathbf{D_F}$, deren Freiheitsgrade $\varDelta^-$ und $\varDelta^+$ $\neq 0$ sind. Deshalb müssen zusätzlich diejenigen Parameter berücksichtigt werden, die keine Freiheitsgrade im Optimierungsraum zugelassen haben (z.B. Reibungskoeffizienten, Temperaturabhängigkeiten). Gemäß der Parameterklassifizierung in Stufe 2 handelt es sich hierbei um Teilmengen von $\mathbf{D_{M,A}}$ und $\mathbf{D_F}$. Die Parameter in $\mathbf{D_{M,var}}$ müssen per Definition Freiheitsgrade zulassen.

Definition 4.3 *Parameter, die durch ihre Beschreibung in $\mathbf{D_M}$ oder $\mathbf{D_F}$ keinen Freiheitsgrad besitzen, werden für Robustheitsbewertungen in* $\mathbf{D'_{M,A}} \subseteq \mathbf{D_M}$ *sowie* $\mathbf{D'_F} \subseteq \mathbf{D_F}$ *übergeführt.*

Basierend auf einer Analyse des modulbasierten Entwicklungsprozesses lässt sich für Unsicherheiten und Toleranzen das in Abbildung 4.14 dargestellte qualitative Verhalten im Laufe der Fahrzeugentwicklung ableiten.

Demnach sind mögliche Parameterabweichungen umso größer, je früher der betrachtete Zeitpunkt im Fahrzeugentwicklungsprozess liegt. Die Unsicherheiten im Fahrzeugentwicklungsprozess betreffen die Adaptions-vorhalte des Fahrzeugs, da die Gestalt der modulaufnehmenden Fahrzeug-umgebung in $\mathbf{D}^*_{Fi}$ erst im Verlauf des Entwicklungsprozesses an Schärfe gewinnt. Da zur Verabschiedung des Fahrzeug-Konzepthefts die wettbewerbs- und markenrelevanten Merkmale festgelegt werden müssen, ist zu diesem Zeitpunkt ein Sprung zu einem geringeren Unsicherheitslevel typisch.

Die kleinsten Parameterabweichungen aus Fahrzeugsicht liegen nach Abschluss des Fahrzeugentwicklungsprozess zum SOP vor. Konkret handelt es sich ab diesem Zeitpunkt statt Unsicherheiten um Toleranzen. Diese produktionsbedingten Abweichungen betreffen alle signifikanten Systemparameter, die vollständig in $\mathbf{D}'_{M,A}$, $\mathbf{D}^*_{M,A}$, $\mathbf{D}^*_{M,var}$, $\mathbf{D}'_{Fi}$ und $\mathbf{D}^*_{Fi}$ enthalten sind.

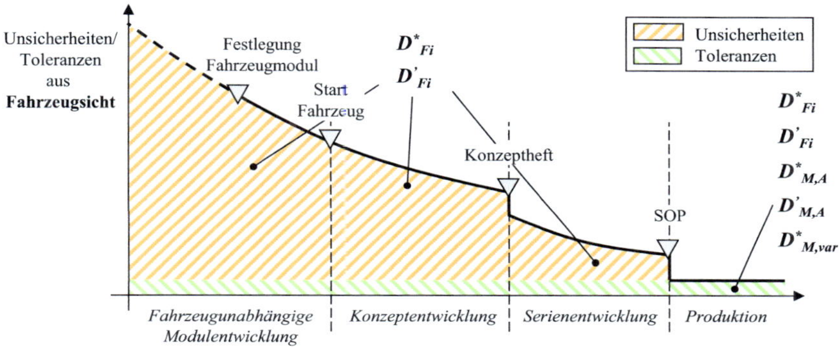

Abbildung 4.14: Unsicherheiten und Toleranzen im Laufe der Fahrzeugentwicklung

Wie bereits in Abschnitt 4.3.1 (Stufe 1) angedeutet, resultieren weitere Unsicherheiten aus der Modellabbildung des Modulkonzepts. Wenn beispielsweise ein Modulkonzept nur in der Konzeptebene validiert werden kann, so müssen für eine methodenkonforme Validierung im Simulationsmodell Vernachlässigungen gegenüber der Fahrzeugebene getätigt werden. Dies äußert sich in Unsicherheiten für die signifikanten Modulparameter in $\mathbf{D}^*_{M,A}$ und $\mathbf{D}^*_{M,var}$ sowie für die Parameter in $\mathbf{D}'_{M,A}$. Wie Abbildung 4.15 zeigt, entsteht dadurch in Abhängigkeit der Validierungsebene des Modells ein stufenartiges Niveaubild von Unsicherheiten.

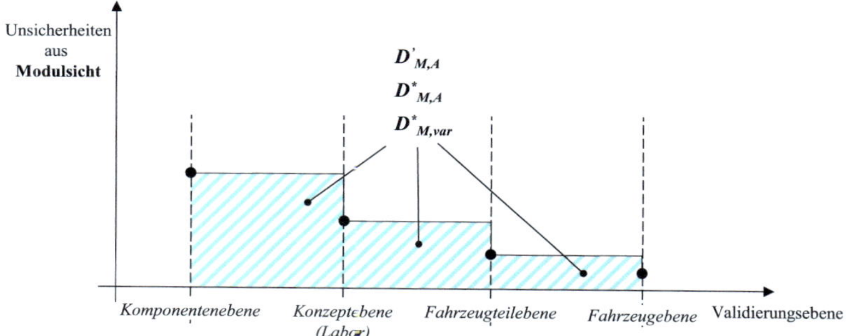

Abbildung 4.15: Unsicherheiten aufgrund der Validierungsebene des Modulkonzepts

Definition 4.4 *Parameterabweichungen im Sinne von Unsicherheiten oder Toleranzen werden in Matrizen* **R** *beschrieben. Der i-te Parameter wir hierbei durch eine hinreichende Anzahl statistischer Größen wie Mittelwert* σ_i, *Standardabweichung* μ_i *oder Maxima/Minima in der i-ten Zeile von* **R** *bestimmt.*

Unsicherheiten

Bei den beschriebenen Unsicherheiten handelt es sich um **epistemische Unsicherheiten**, da diese mit Fortschreiten des Entwicklungsprozesses zurückgehen und in aleatorische Unsicherheiten (Produktionstoleranzen) übergehen. Gemäß der Klassifizierung von Unsicherheiten müssten epistemische Unsicherheiten durch possibilistische Ansätze beschrieben werden.

Tatsächlich existieren jedoch Forschungsergebnisse, durch welche **possibilistische Unsicherheiten in probabilistische Unsicherheiten transformiert** werden können [HeBu-96]. Weiterhin wäre der Einsatz von MRO auf Basis possibilistischer Formulierungen fatal, da die sehr großen Unsicherheiten aufgrund des Fahrzeugentwicklungsprozesses aufgrund der Grenzmöglichkeitsbetrachtung von MRO schnell zu Ergebnissen führen, die **Versagensmöglichkeiten von 100%** zur Folge hätten. Hiermit würde dem Optimierungsalgorithmus **keine Richtung** mehr vorgegeben. In Befragungen hat sich ohnehin gezeigt, dass **Unsicherheiten im Entwicklungsprozess von Experten nicht durch Fuzzy-Logik** beschrieben werden, sondern mehr durch Sollwerte und darauf basierenden Abweichungen mit oft abnehmender Wahrscheinlichkeit (z.B. „Es ist noch nicht klar, welche Komponenten in eine Tür integriert werden, wir können jedoch von einem Gewicht von 25 kg +/- 10% ausgehen.").

Um ein auf FORM basierendes computergestütztes Verfahren zu ermöglichen, müssen Unsicherheiten so formuliert werden können, dass darauf basierend ein Sampling dieser Streuungen möglich ist. Aus diesem Grund wird auf die probabilistische Formulierung durch Wahrscheinlichkeitsdichtefunktionen zurückgegriffen. Für die Darstellung von *Trends* des betrachteten Parameters eignen sich Beta-Verteilungen. Die Beschreibung von *Informationsmangel* hingegen ist durch Dreiecksverteilungen besonders gut möglich. *Datenunschärfe* lässt sich durch beschränkte Normalverteilungen charakterisieren, wohingegen *Unwissen* über die Streuungen eines Parameters mit Gleichverteilungen gekennzeichnet werden können. Diese Formulierungsvarianten sind durch Abbildung 4.16 visualisiert.

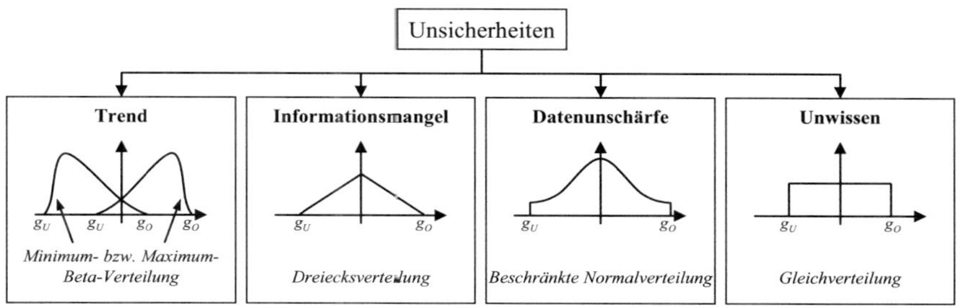

Abbildung 4.16: Formulierungsvarianten für Unsicherheiten

Basierend auf einer Analyse des Fahrzeugentwicklungsprozess können für Kinematikmodule im Automobilbereich 4 Arten von Unsicherheit identifiziert werden:

1. Unsicherheiten aufgrund des *Fahrzeugdesigns*
2. Unsicherheiten aufgrund geringer *Datenverfügbarkeit*
3. Unsicherheiten aufgrund eingesetzter *CAD-Methoden*
4. Unsicherheiten aufgrund der *Simulationsmodellvalidierung*

Einer der wichtigsten Faktoren bei der Fahrzeugentwicklung ist die Attraktivität des Fahrzeugs gegenüber dem Kunden. Deshalb wird das *Fahrzeugdesign* im Laufe des Entwicklungsprozesses mehrfach dynamisiert, um Trends der Kundenwünsche zum Zeitpunkt des SOP's optimal zu treffen. Hieraus können jedoch große Unsicherheiten für Fahrzeugmodule vom Start des Fahrzeugprojekts bis zum finalen Designfreeze in der Serienentwicklung entstehen, da technische Nachteile für die beteiligten Module bei Designentscheidungen oftmals nicht im Vordergrund stehen.

Da in der Automobilindustrie Standardprozesse für Neufahrzeug-, Nachfolger- und Modellpflegeprojekte vorliegen, lassen sich aus den bereits gelernten Erfahrungen zunächst viele prozessimmanente Unsicherheiten ableiten. Weiterhin können aus Befragungen von Experten des Designbereichs im Unternehmen Aussagen über Trends künftiger Fahrzeugentwicklungen generiert werden.

Aussage 4.2 *Unsicherheiten aufgrund des Fahrzeugdesigns stellen zukünftige Trends im Fahrzeugdesign dar. Daher sind diese Unsicherheiten der Formulierungsvariante „Trend" zuzuordnen. Im Kontext von FORM wird auf zwei Beta-Verteilungen mit unterschiedlichen Formen zurückgegriffen. Hierfür wird eine Standardabweichung von $\sigma=0.15$ vorgeschlagen. Trends zu geringeren Werten werden durch einen Mittelwert von $\mu=0.25$ erfasst*

(Minimum-Beta-Verteilung), die Beschreibung von Trends zu höheren Werten erfolgt durch einen Mittelwert von μ=0.75 (Maximum-Beta-Verteilung).

Im Fahrzeugentwicklungsprozess sind Standardberechnungsschleifen zu Beurteilung des aktuellen Konstruktionsstandes verankert. Den Aufsetzpunkt dieser Berechnungsschleifen bilden Funktions- oder Konstruktionsdaten, die insbesondere für die initiale Fahrzeug-Berechnungsschleife erstmalig von den betroffenen Bereichen in Datenbanken eingestellt werden. Daher sind oftmals in frühen Phasen vor den Standardberechnungsschleifen Funktions- oder Konstruktions*daten* von systemrelevanten Komponenten *nicht verfügbar*. Diese Daten werden typischerweise auf Basis ähnlicher Vorgängerfahrzeuge geschätzt. Die hieraus resultierenden Unsicherheiten müssen im Zusammenspiel mit den Datenlieferanten anhand von Minimal- und Maximalwerten erarbeitet werden. Hierzu gehören auch Material- bzw. Technologieänderungen an systemrelevanten Komponenten, die sich – wie beispielsweise späte Zeitpunkte für den serienreifen Einsatz neuartiger Technologien – erst im Laufe des Entwicklungsprozesses ergeben. Weiterhin sind in frühen Phasen legislative Änderungen im regionalen oder globalen Umfeld (z.B. CO_2-Emissionsgrenzen oder Mindesthöhen von Kennzeichen) oftmals nur unscharf bekannt. Dies betrifft zudem strategische Entscheidungen, wie beispielsweise die Kooperation oder Aquisition anderer Unternehmen. Durch die Beaufschlagung mit Unsicherheiten können Zielfahrzeuge berücksichtigt werden, die sich im Moment der Anwendung von FORM noch nicht im Unternehmens-Portfolio befinden.

Aussage 4.3 *Unsicherheiten aufgrund geringer Datenverfügbarkeit werden der Formulierungsvariante „Informationsmangel" zugewiesen.*

Die komplexen und heterogenen Zusammenbauten von Fahrzeugteilen im CAD-Umfeld machen eine genaue Angabe von Geometrie- und Funktionsdaten selbst im Rahmen der Serienentwicklung sehr schwierig. Daher wird an dieser Stelle festgelegt, dass alle aus einem CAD-Prozess entstandenen Daten mit Abweichungen behaftet werden.

Aussage 4.4 *Unsicherheiten aufgrund eingesetzter CAD-Methoden bedingen eine Abweichung aller systemrelevanter Parameter. Im Vergleich zu anderen Unsicherheitsarten handelt es sich hierbei jedoch um kleine Abweichungen, die durch die Formulierungsvariante „Datenunschärfe" beschrieben werden. Aufgrund der inhärent geringen Kenntnis über die Wahrscheinlichkeitsverteilung in den Randbereichen wird die beschränkte Normalverteilungsfunktion beidseitig bei 2σ abgeschnitten.*

Modulkonzepte, deren Simulationsmodelle auf Fahrzeugebene validiert wurden, können in der Regel mit einem geringen Maß von Unsicherheiten auf beliebige andere Fahrzeuge übertragen werden. Dies gilt nicht für Konzepte, deren Modelle nur solitär und entkoppelt vom Fahrzeug- bzw. Schnittstellenkontext validiert werden können, wie dies beispielsweise für Validierungen auf Komponentenebene der Fall ist. Die erforderlichen Vernachlässigungen im Simulationsmodell äußern sich in Unsicherheiten, die im Voraus nicht oder nur unzureichend bekannt sind.

Aussage 4.5 *Unsicherheiten aufgrund der Simulationsmodellvalidierung entstehen durch Vernachlässigungen, die auf verschiedenen Validierungsebenen getätigt werden müssen. Die darauf basierenden Unsicherheiten sind in ihrer Charakteristik nur unzureichend bekannt, daher werden diese der Formulierungsvariante „Unwissen" zugeordnet.*

Abbildung 4.17 veranschaulicht zusammenfassend die Formulierung der 4 Arten von Unsicherheit für Kinematikmodule. Die betroffenen Parameter werden dabei ausgehend vom Optimierungsraum $\mathbf{D}$ im Unsicherheitsraum $\mathbf{R}$ beschrieben.

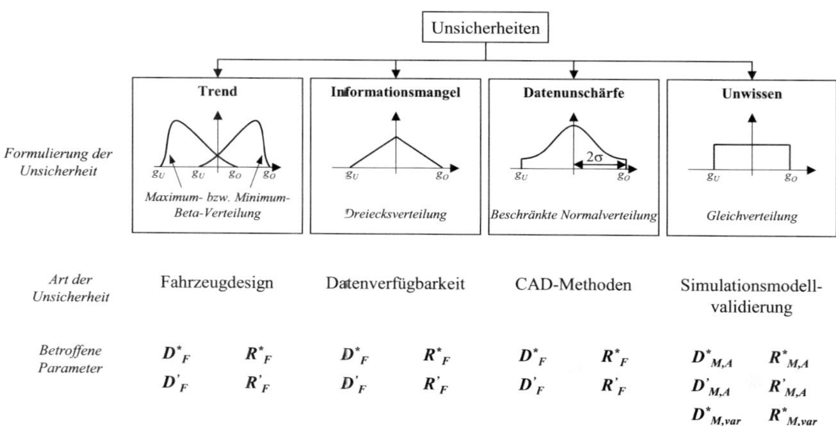

	Fahrzeugdesign		Datenverfügbarkeit		CAD-Methoden		Simulationsmodell-validierung	
	D^*_F	R^*_F	D^*_F	R^*_F	D^*_F	R^*_F	$D^*_{M,A}$	$R^*_{M,A}$
	D'_F	R'_F	D'_F	R'_F	D'_F	R'_F	$D'_{M,A}$	$R'_{M,A}$
							$D^*_{M,var}$	$R^*_{M,var}$

Abbildung 4.17: Formulierung der 4 Arten von Unsicherheit

Toleranzen

Mit Beginn der Fahrzeugproduktion gehen mögliche Parameterabweichungen auf Modul- und Fahrzeugseite von Unsicherheiten in Toleranzen über, wie Abbildung 4.14 bereits gezeigt hat. Da hierbei zusätzliche Parameterstreuungen zum Tragen kommen können, die in den Unsicherheiten noch nicht hinreichend berücksichtigt wurden, werden Produktionstoleranzen in FORM generell mit einbezogen.

Auf Basis von Arbeiten wie [Bohn-98] wurden in der Automobilindustrie Toleranzmanagementprozesse standardmäßig etabliert. FORM greift in diesem Kontext auf die im Toleranzmanagement hinterlegten Informationen zurück. Hieraus lässt sich typischerweise der Wert für 3σ der tolerierten Parameterabweichungen ableiten.

Unsicherheiten berücksichtigen per Definition keine Schwankungen aus Produktionsprozessen, sondern stellen mögliche Nenn-Abweichungen von einer Ausgangsgröße dar. Um Toleranzen zusätzlich berücksichtigen zu können, werden Unsicherheiten durch Toleranzen überlagert. Relevant sind dabei die Grenzbereiche von Unsicherheiten, die durch hinterlegte Produktionstoleranzen geeignet erweitert werden müssen. Dies geschieht durch eine so genannte Worst-Case-Addition [Pfei-93]. Hierbei werden die oberen und unteren Grenzwerte von Unsicherheiten jeweils durch die maximal tolerierten Abweichungen im Produktionsprozess vergrößert. Abbildung 4.18 verdeutlicht diese Vorgehensweise, wonach die ursprünglich bestimmten Verteilungs-funktionen der Unsicherheiten um 3σ in beiden Richtungen gestreckt werden.

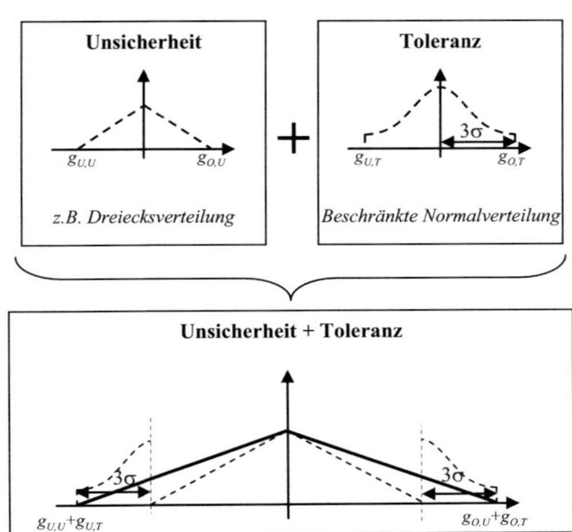

Abbildung 4.18: Vorgehen zur Berücksichtigung von Toleranzen.

Anmerkung 4.2 *Während **Toleranzen** die Abweichungen von Nenn-Werten zu Ist-Werten repräsentieren, werden durch Unsicherheiten Abweichungen von*

Nenn-Werten zu Start-Werten erfasst. Daher werden Unsicherheiten unterschiedlicher Arten nicht superponiert. Bei der Erfassung von Unsicherheiten gilt, dass ausschließlich die Unsicherheitsart mit der größten Ausprägung erfasst wird.

4.3.4 Robustheitsoptimierung

Basierend auf sämtlichen Informationen aus den Methodikstufen 1 bis 3 wird in Methodikstufe 4 von FORM das Vorgehen zur robusten Auslegung von Kinematikmodulen durch Robustheitsanalysen und stochastische Optimierung beschrieben, wie Abbildung 4.19 verdeutlicht.

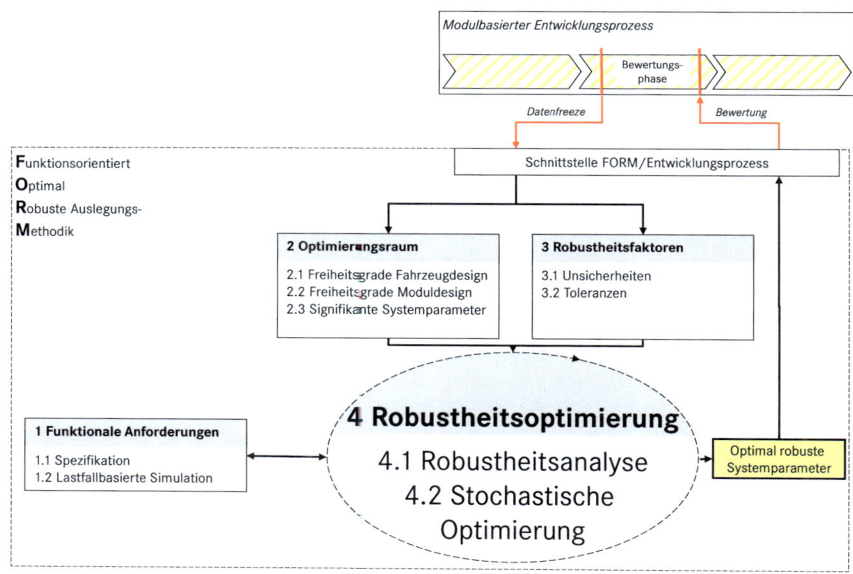

Abbildung 4.19: Methodikstufe 4 von FORM

In Abschnitt 3.3 wurde bereits auf das Forschungsfeld der Robusten Optimierung eingegangen. Für die Analyse diskreter Optimierungsprobleme werden abhängig von der Aufgabenstellung entweder varianz- oder zuverlässigkeitsorientierte Verfahren eingesetzt. Während die varianzorientierte Variante (VRO) auf die Minimierung von Streuungen um den Mittelwert von Ausgabegrößen fokussiert, streben zuverlässigkeitsorientierte Verfahren (ZVO) nach dem Optimum einer Zielfunktion unter der Nebenbedingung, dass die

Ausfallwahrscheinlichkeit einen spezifizierten Grenzwert nicht überschreiten darf [BuRo-06].

Aufgrund des hohen Maßes an Parameterunsicherheiten im Kontext von FORM würde die Wahl der VRO zu hohen Ausfallwahrscheinlichkeiten des Systems führen, die im Optimierungsalgorithmus nicht berücksichtigt werden können. Auf der anderen Seite wirft die Konzentration auf ZVO die Frage auf, welcher Grenzwert für Ausfallwahrscheinlichkeiten in frühesten Entwicklungsphasen zielführend wäre. Dies widerspräche zudem den Kernzielen von FORM, der Identifikation und Optimierung der Robustheit.

Aussage 4.6 *In frühen Entwicklungsphasen kann die Ausfallwahrscheinlichkeit des Systems aufgrund des hohen Maßes an Unsicherheiten nicht auf ein bestimmtes Niveau optimiert werden. Vielmehr sind hohe Ausfallwahrscheinlichkeiten im Prozent-Bereich zu akzeptieren. Die Aufgabe der Optimierung ist die Minimierung dieser Ausfallwahrscheinlichkeiten.*

Ferner ist es für die erfolgreiche Integration von Fahrzeugmodulen in die Zielfahrzeuge dennoch kritisch, wie stark Ausgangsgrößen aufgrund der Unsicherheiten der Fahrzeugintegration streuen.

Aussage 4.7 *Zusätzlich zur Minimierung von Ausfallwahrscheinlichkeiten muss ein Optimierungsalgorithmus in frühen Phasen modulbasierter Entwicklung die Minimierung von Streuungen von Ausgangsgrößen adressieren.*

Aussage 4.8 *Im Kontext von FORM ist die Minimierung von Ausfallwahrscheinlichkeiten und Streuungen der Ausgangsgrößen gleichbedeutend mit einer hohen Robustheit von Fahrzeugmodulen. Daher werden varianz- und zuverlässigkeitsbasierte Verfahren der Robusten Optimierung für die neue Methodik FORM zur Robustheitsoptimierung konsolidiert, deren ausschließliches Ziel die Erhöhung der Systemrobustheit in frühen Phasen ist.*

Um einen Überblick über die in den vorhergehenden Stufen beschriebenen Parameter zu gewinnen, zeigt Abbildung 4.20 den Gesamtablauf der Robustheitsoptimierung in FORM. Informationsflüsse sind hierbei gestrichelt dargestellt; prozessuale Abläufe sind durch durchgezogene Striche gekennzeichnet.

Um den besonderen Herausforderungen der Fahrzeugintegration von Modulen zu genügen, ist ein zweistufiger Optimierungsprozess erforderlich. Die äußere Schleife betrifft hierbei die Modulauslegung, wohingegen die inneren Schleifen die Integration in verschiedene Zielfahrzeuge repräsentieren. Kernziel der

Optimierung ist die robuste Auslegung des Modulkonzepts im Rahmen der Freiheitsgrade $\mathbf{D}^*_{M,A} \subseteq \mathbf{D}^*_M$.

Für jeden Optimierungsschritt der Modulauslegung muss daher für die Zielfahrzeuge eine Optimierung der Fahrzeugintegration erfolgen. Dies geschieht für das Zielfahrzeug i unter Einbezug der Freiheitsgrade $\mathbf{D}^*_{M,var}$ und $\mathbf{D}^*_{F,i}$. Darauf basierend werden die Systemparameter für jeden Optimierungsschritt der inneren Schleife mit Parameterabweichungen aus $\mathbf{R}^*_{M,A}$, $\mathbf{R}^{'}_{M,A}$, $\mathbf{R}^*_{M,var}$, $\mathbf{R}^*_{F,i}$ sowie $\mathbf{R}^{'}_{F,i}$ überlagert. Mit Hilfe der lastfallbasierten Simulation kann dann eine Robustheitsanalyse durchgeführt werden. Ergebnis dieser Robustheitsanalyse ist ein Robustheitsmaß ρ_i für jedes Zielfahrzeug.

Die Gesamtrobustheit für den Optimierungsschritt der äußeren Schleife wird dann nach jeweiliger Beendigung der inneren Schleifen aus den optimierten Einzelrobustheitsmaßen ρ_i zu ρ_{ges} aggregiert. Das globale Ziel der Auslegung im Rahmen von FORM wird damit zur Minimierung der Zielfunktion ρ_{ges}.

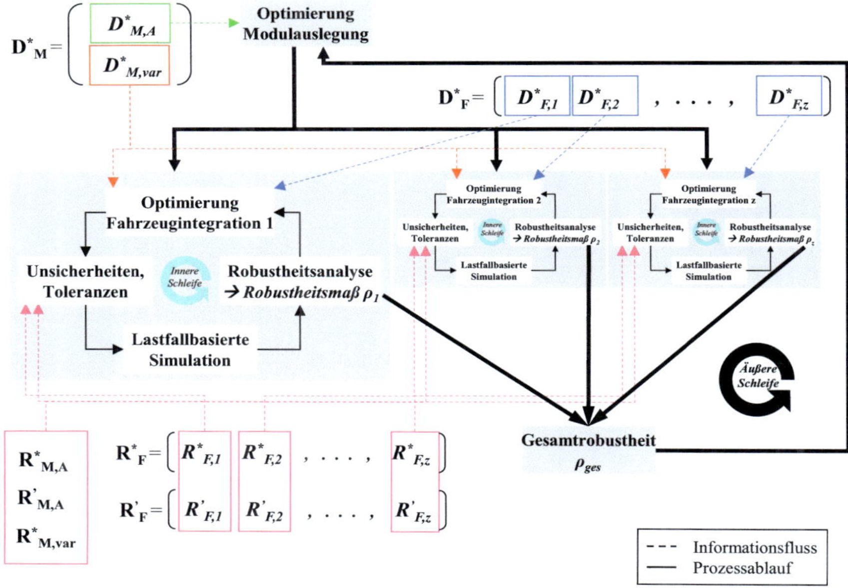

Abbildung 4.20: Gesamtablauf der Robustheitsoptimierung in FORM

Robustheitsanalyse

Basierend auf der stochastischen Beschreibung von Unsicherheiten und Toleranzen in Abschnitt 4.3.3 (Stufe 3) kann die Analyse der Systemrobustheit gegenüber diesen Parameterabweichungen anhand statistischer Analyseverfahren erfolgen. Hierfür müssen zunächst Stichproben der streuenden Parameter gewonnen werden. Das Vorgehen in Anlehnung an Abbildung 4.21 wird im Folgenden beschrieben.

Zunächst werden die relevanten Parameterabweichungen für das betrachtete Zielfahrzeug in $\mathbf{R} \in \mathfrak{R}^{j \times 3}$ zusammengefasst. j beschreibt die Anzahl streuender Parameter, deren Streuungscharakteristik mit 3 Größen hinreichend bestimmt werden kann. Für jeden Parameter aus $\mathbf{R}$ werden aus den 4 definierten Formulierungsvarianten für Unsicherheiten Wahrscheinlichkeitsdichtefunktionen generiert, welche durch k Latin-Hypercube-Samples diskretisiert werden. Mit den in Abschnitt 3.4.4 erläuterten Methoden zur Reduktion der Kovarianz von Zufallsvektoren wird die Matrix $\mathbf{R}_{\mathrm{LHS}} \in \mathfrak{R}^{j \times k}$ generiert. Diese enthält k Zufallsvektoren der j streuenden Parameter in $\mathbf{R}$.

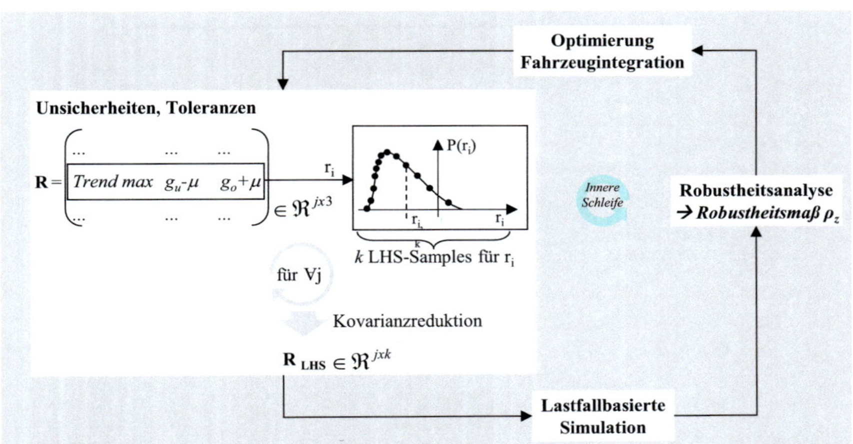

Abbildung 4.21: Vorgehen zur Stichprobengewinnung für Robustheitsanalysen

Um nun zur Analyse der Systemrobustheit zu kommen, muss k-fach eine lastfallbasierte Simulation durchgeführt werden. In Abschnitt 4.3.1 (Stufe 1) wurde erörtert, dass für jeden Lastfall *(s+1)* Ergebnisgrößen auszuwerten sind. Unter Einbezug der Zufallsvektoren in $\mathbf{R}_{\mathrm{LHS}}$ können diese Ergebnisgrößen unter dem Einfluss von Unsicherheiten und Toleranzen statistisch ausgewertet werden, wie Abbildung 4.22 veranschaulicht.

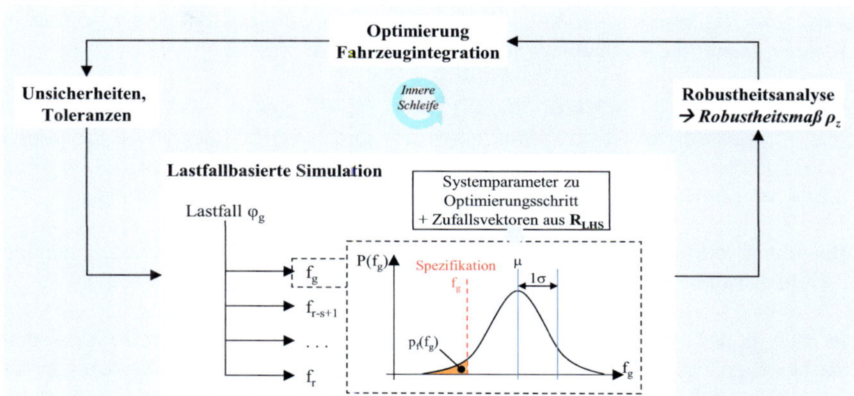

Abbildung 4.22: Vorgehen zur statistischen Auswertung von Lastfällen

Hierfür werden die k diskreten Simulationsergebnisse in eine Wahrscheinlichkeitsdichtefunktion übergeführt, so dass die statistischen Maße Mittelwert μ, Standardabweichung σ sowie Ausfallwahrscheinlichkeit p_f bestimmt werden können. Für jeden Lastfall φ_g geschieht dies für die zugehörige zustandsabhängige funktionale Anforderung f_g sowie für die mitgeltenden zustandsunabhängigen funktionalen Anforderungen f_{r-s+1} bis f_r.

Wie in Abschnitt 3.4.4 beschrieben, hängt die Wahl von Robustheitsmaßen wesentlich von der Aufgabenstellung ab [Sc-09]. Für die Robustheit von Kinematikmodulen sind zwei Faktoren wesentlich:

1. **Zuverlässigkeit** des Kinematikmoduls: Einfluss von Unsicherheiten auf die Erfüllung funktionaler Anforderungen
2. **Stabilität** des Kinematikmoduls: Einfluss von Unsicherheiten auf die Abweichung funktionaler Anforderungen von ihrem Erwartungswert.

Im Allgemeinen gilt Robustheit als die „Fähigkeit eines Systems, auch unter Schwankungen der Umgebungsbedingungen die Funktion aufrecht zu erhalten" [Tagu-86]. Im Sinne von FORM geht aus dieser Definition jedoch nicht eindeutig hervor, wodurch die Aufrechterhaltung der Funktion interpretiert werden kann. Daher werden abweichend davon im Kontext von FORM zwei Definitionen für die Gewinnung des Robustheitsmaßes ρ ableitet:

Definition 4.5 *Die **Zuverlässigkeit** eines Systems stellt die Wahrscheinlichkeit dar, dass die spezifizierten Grenzen von Systemantworten unter Einfluss von Unsicherheiten oder Toleranzen nicht überschritten werden. Dementsprechend wird die Wahrscheinlichkeit, dass das System die spezifizierten Grenzen verletzt, durch die Ausfallwahrscheinlichkeit repräsentiert.*

Definition 4.6 ***Stabilität*** *bezeichnet im Kontext von FORM die Widerstandsfähigkeit von Systemantworten unter Einfluss von Unsicherheiten oder Toleranzen. Diese Widerstandsfähigkeit wird als Quotient der statistischen Maße Standardabweichung und Mittelwert als Variationskoeffizient erfasst.*

Basierend auf diesen Definitionen stellt Abbildung 4.23 den prozessualen Ablauf zur Gewinnung des Systemrobustheitsmaßes ρ_z dar.

In der ersten Stufe „Robustheit funktionale Anforderung" wird aus den statistischen Maßen Ausfallwahrscheinlichkeit p_f und Variationskoeffizient $c_v = \sigma/\mu$ der Ausgabegröße einer funktionalen Anforderung die gemittelte Robustheit

$$\rho = \frac{a \cdot p_f + b \cdot c_v}{a + b} \tag{4.5}$$

gebildet. a und b stellen Gewichtungsfaktoren für Zuverlässigkeit bzw. Stabilität des Systems dar. Abhängig vom Fokus der Untersuchung im Rahmen der neuen Methodik FORM kann damit die Bildung des Robustheitsmaßes beeinflusst werden. Damit das Robustheitsmaß zu einer interpretierbaren, transparenten Größe wird, erfolgt gemäß Gleichung (4.5) die Bildung der gemittelten Robustheit aus p_f und c_v. Typischerweise sollte die Werte von ρ im einstelligen Prozentbereich liegen. Je kleiner der Wert von ρ wird, desto robuster ist die untersuchte Ausgabegröße der funktionalen Anforderung.

Das Robustheitsmaß ρ wird für jede funktionale Anforderung eines Lastfalls gebildet. Hiermit kann in der zweiten Stufe „Lastfallrobustheit" unter Berücksichtigung der Gewichtung funktionaler Anforderungen eine Robustheit $\rho_{\varphi g}$ des Lastfalls φ_g gebildet werden. In der dritten Stufe „Robustheitsmaß ρ_z" werden letztendlich die Lastfallrobustheitsmaße zur gemittelten Systemrobustheit ρ_z aggregiert.

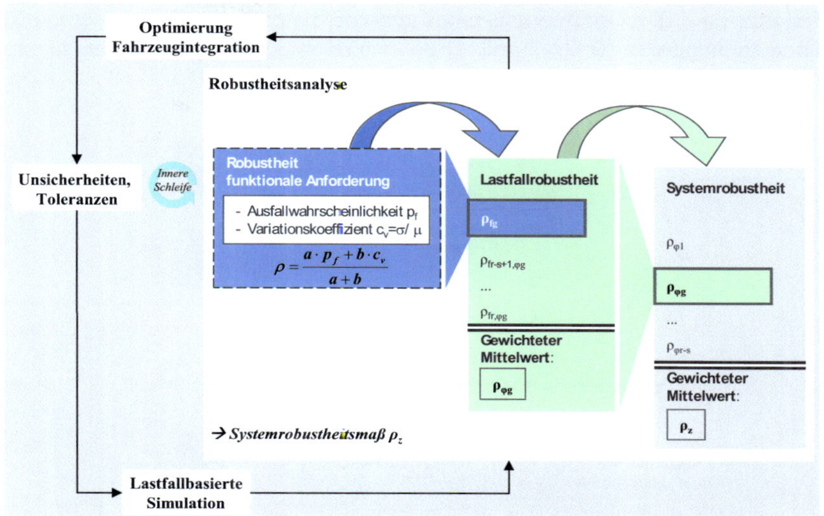

Abbildung 4.23: Vorgehen zur Gewinnung des Systemrobustheitsmaßes ρ_z

Stochastische Optimierung

Abgeleitet vom Zielprozess für die Auslegung von Fahrzeugmodulen (vgl. Abbildung 4.8) stellt sich der Ablauf für den Optimierungsprozess wie in Abbildung 4.24 gezeigt dar.

Kernziel ist die robuste Auslegung des Modulkonzeptes. Um dies im Sinne einer Optimierung zu erreichen, wird der Optimierungsraum der äußeren Schleife durch die Freiheitsgrade der Modulauslegung $\mathbf{D}^*_{M,A}$ aufgespannt. Innerhalb dieser Freiheitsgrade ist die Aufgabe der äußeren Optimierungsschleife dergestalt, dass die Robustheit des Fahrzeugmoduls für die spätere Integration in die Zielfahrzeuge optimal wird. Das ausschließliche Ziel der äußeren Optimierungsschleife ist daher die Optimierung der Gesamtrobustheit ρ_{ges}. Abhängig von der Anzahl der Freiheitsgrade in $\mathbf{D}^*_{M,A}$ können neben stochastischen Optimierungsverfahren wie evolutionäre Algorithmen die Optimierungsparameter auch deterministisch, wie beispielsweise durch Design of Experiments (DOE), bestimmt werden.

Abbildung 4.24 zeigt, dass die Zielfunktion ρ_{ges} der äußeren Optimierungsschleife das Resultat der inneren Schleifen ist. Diese inneren Schleifen analysieren die Robustheit der Integration des Modulkonzepts in die jeweiligen Zielfahrzeuge. Die inneren Robustheitsanalysen erfolgen daher für jeden Optimierungsschritt der äußeren Schleife. Konkret wird für ein beliebiges

Zielfahrzeug i der Optimierungsraum zusätzlich durch die Freiheitsgrade der Fahrzeugintegration $\mathbf{D}^*_{M,var}$ und $\mathbf{D}^*_{F,i}$ charakterisiert. Ergebnis der inneren Schleifen ist jeweils das fahrzeugspezifische Robustheitsmaß ρ_i.

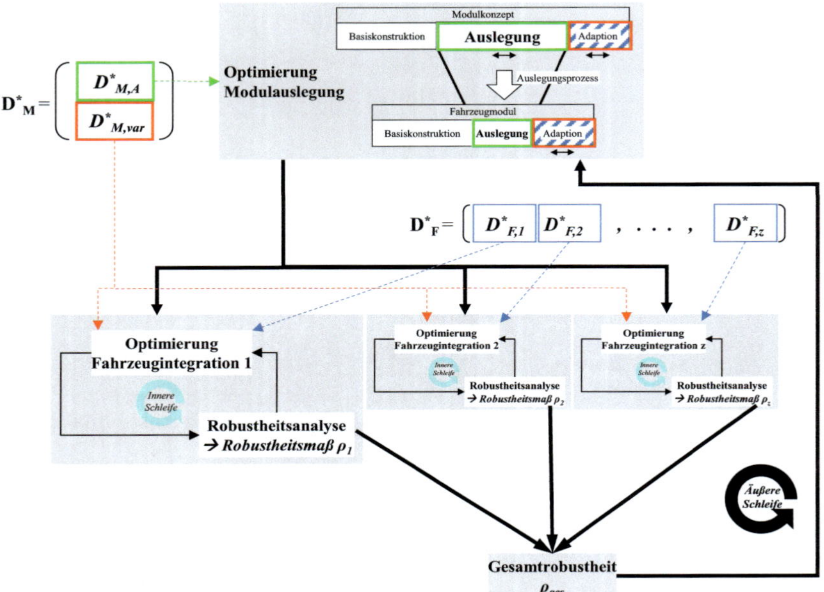

Abbildung 4.24: Ablauf des Optimierungsprozesses

Die Gesamtrobustheit ρ_{ges} als Summe der Robustheitsmaße ρ_i geht als einzige Fitness- bzw. Zielfunktion f_{fit} in den Optimierungsalgorithmus ein.

$$f_{fit} = \min(\rho_{ges}(\rho_{i=1\dots z})) \tag{4.6}$$

Durch die Integration von Zuverlässigkeit und Stabilität in die Formulierung aller Robustheitsmaße ρ_i müssen ferner keine Nebenbedingungen formuliert werden.

Dies gilt allerdings nur, solange die Ausfallwahrscheinlichkeiten p_f Werte <1 annehmen. Wird der Erwartungswert μ einer funktionalen Anforderung deutlich negativ, ergibt sich für die Ausfallwahrscheinlichkeit p_f stets der Wert 1. Hierdurch wird der Optimierungsalgorithmus nicht mehr in eine Richtung gezwungen und es kann zur Stagnation der Zielfunktion kommen. Da dieser Sachverhalt in frühesten Entwicklungsphasen nicht grundsätzlich ausgeschlossen werden kann, schlägt FORM pauschal die Nebenbedingung vor, dass die Erwartungswerte μ aller funktionaler Anforderungen >0 sein müssen.

4.4 Integration in den Fahrzeug-Entwicklungsprozess

Basierend auf der Darstellung des modulbasierten Entwicklungsprozesses in der Automobilindustrie sowie der prozessualen Integration von Berechnungsschleifen in Abschnitt 2.1 wird in Abbildung 4.25 gezeigt, in welchen Phasen die Methodik FORM zur Anwendung kommen kann.

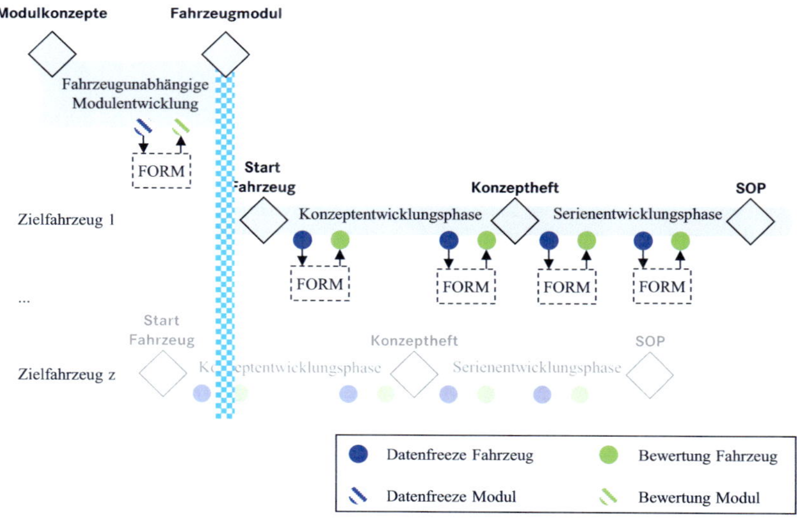

Abbildung 4.25: Integration von FORM in den modulbasierten Fahrzeugentwicklungsprozess

Der wichtigste Anwendungsfall für FORM ist die Unterstützung bei der Konsolidierung verschiedener Modulkonzepte in frühesten Entwicklungsphasen. Dies geschieht in der fahrzeugunabhängigen Modulentwicklungsphase, deren Ziel die Festlegung eines Standardmoduls darstellt. Ausgehend von einem Datenfreeze der Modulkonzepte erfolgt die Beurteilung und Optimierung der Robustheit aller zu diesem Zeitpunkt betrachteten Modulkonzepte. Ergebnis dieser FORM-Schleife ist die optimierte Robustheit der beurteilten Modulkonzepte. Auf Basis der jeweiligen Gesamtrobustheit ρ_{ges} kann eine transparente und objektive Entscheidung über das beste Modulkonzept getroffen werden. Dieses ist zeitgleich optimal robust ausgelegt, weshalb die Bewertungsrückführung von FORM gleichbedeutend mit der Festlegung der **Modulauslegung** und damit des finalen Standardmoduls ist.

Dieses Standardmodul wird daraufhin in die jeweiligen Zielfahrzeuge integriert. Zu Beginn der Entwicklung gilt es dabei zunächst, die für die Positionierung des Zielfahrzeugs relevanten Konzepte und Innovationen in der Konzeptentwicklungsphase abzusichern. Für die standardisierten Berechnungsschleifen in dieser Phase ist die Kernaufgabe von FORM die optimal robuste Parameterwahl der **Fahrzeug- und Moduladaption**. Sobald der Meilenstein „Konzeptheft" erreicht ist, sinkt die Ausprägung sowohl von Unsicherheiten (vgl. Abschnitt 4.3.3) als auch von Freiheitsgraden der Fahrzeugadaption deutlich. Somit beschränkt sich die wesentliche Aufgabe von FORM in der Serienentwicklungsphase auf die **Absicherung der Fahrzeugintegration**.

In der designgetriebenen Automobilindustrie können auch in den Endphasen der Serienentwicklung **späte Designentscheidungen** einen gravierenden Einfluss auf die Zuverlässigkeit und Stabilität eines Kinematikmoduls haben. Durch die Robustheitsoptimierung des Fahrzeugmoduls durch FORM in den vorangegangen Entwicklungsphasen wird dieser Einfluss jedoch systematisch auf ein Minimum reduziert.

4.5 Erwarteter Nutzen von FORM

In diesem Abschnitt wird auf Basis der Anforderungen der Automobilindustrie (Kapitel 2) sowie des Stands der Technik in Industrie und Forschung (Kapitel 3) der Nutzen postuliert, der von der neuen Methodik FORM auf wissenschaftlicher und industrieller Seite erwartet wird. Diese Erwartungen werden anhand der Implementierung (Kapitel 5) und Validierung (Kapitel 6) von FORM evaluiert.

4.5.1 Wissenschaftlicher Nutzen von FORM

Auf wissenschaftlicher Seite werden durch FORM Vorteile, wie im Folgenden priorisiert dargestellt, erzielt:

- Erstmalige **integrierte Betrachtung von Robustheit, Optimierung und Funktionsorientierung** für die Entwicklung von Fahrzeugmodulen. Die Fokussierung auf Kinematikmodule im automobilen Entwicklungsprozess ermöglicht hierbei die dezidierte Berücksichtigung von

Änderungen des Fahrzeugdesigns im Laufe des Entwicklungsprozesses [WuBo-10].

- Um die Entwicklung von Fahrzeugmodulen zu unterstützen, beantwortet FORM die Frage, wie **Robustheit in frühen Phasen** beschrieben und quantifiziert werden kann. Dies erfolgt durch die Definition von Zuverlässigkeit und Stabilität als Teilfaktoren der Systemrobustheit. Die Systemrobustheit wird in frühen Phasen statistisch auf Basis von Unsicherheiten bestimmt [WuBS-11/1].

- Transparente Darstellung der **Wechselwirkungen zwischen Funktionsorientierung und Robustheit**, da die Erfüllung funktionaler Anforderungen als Zuverlässigkeit in die Definition der Systemrobustheit eingeht

- Systematische Erfassung und probabilistische **Beschreibung von Unsicherheiten** aufgrund modulbasierter Entwicklungsprozesse. Diese werden in vier verschiedene charakteristische Ausprägungen differenziert, wodurch vier Unsicherheitsarten definiert werden können.

- Paradigmenwechsel im Rahmen des Forschungsfelds **Zuverlässigkeitsorientierte Robuste Optimierung** (ZRO), da es insbesondere in frühen Entwicklungsphasen nicht zielführend ist, ein bestimmtes Niveau der Ausfallwahrscheinlichkeit im Six-Sigma-Bereich zu fordern. Anstelle dessen wird bewusst ein hohes Maß für die Ausfallwahrscheinlichkeit akzeptiert. Der Optimierungsalgorithmus wird hierfür adaptiert, indem die für ZRO typische Nebenbedingung der geforderten Ausfallwahrscheinlichkeit in die Zielfunktion übergeführt wird.

- Durch die systematische Vorgehensweise erbringt FORM den Nachweis, dass der **probabilistische Ansatz für die Beschreibung von Unsicherheiten in frühen Phasen** durchführbar und zielführend ist. Dies ist im Kontext von FORM mit der Prämisse eines modulbasierten Entwicklungsprozesse mit hoher Standardisierung versehen.

- Die Implementierung von FORM fordert von den Anwendern eine konsequente Berücksichtigung und Quantifizierung der vier Unsicherheitsarten. Diese Unsicherheiten müssen offengelegt und im Rahmen der Modulentwicklung interdisziplinär diskutiert werden. Weiterhin sind die Grenzen der Variationsräume ebenfalls offen zu diskutieren und festzuhalten. Somit wird durch FORM die Auseinandersetzung mit Unsicherheiten und Variationsräumen sehr früh im Entwicklungsprozess erzwungen. Dies stärkt neben der Verlagerung von Entwicklungsaufgaben nach vorne im Sinne von **Front Loading** die **Kollaboration** in interdisziplinären Teams [WuFB-11].

- Die systematische Integration von Unsicherheiten bietet den Nutzen, erfinderische Ideen für Fahrzeugmodule zu **Innovationen** zu qualifizieren, da sich aufgrund hoher Unsicherheiten bei der Konzeptkonsolidierung in modulbasierten Entwicklungsprozessen typischerweise konservative und erprobte Modulkonzepte durchsetzen. FORM liefert somit einen unterstützenden Beitrag zum Forschungsfeld Computer-Aided Innovation [WuBS-11/2].

4.5.2 Industrieller Nutzen von FORM

Im klassischen Entwicklungsdreieck [PaBF-07] sollen Produkte unter Auflösung des Zielkonflikts zwischen Qualität, Zeit und Kosten hervorgebracht werden. Für die Automobilindustrie als Vertreter modulbasierter Entwicklungsprozesse können durch FORM folgende Nutzenpotenziale erschlossen:

Qualität

- Durch die frühzeitige Betrachtung der Systemrobustheit aufgrund von Unsicherheiten und Produktionstoleranzen ist sichergestellt, dass das Fahrzeugmodul die funktionalen Anforderungen im Feld mit **maximaler Zuverlässigkeit** erfüllt. Da Kinematikmodule kundensichtbare und -relevante Funktionen zur Verfügung stellen, ist dieses Nutzenpotenzial besonders im Premium-Segment von großer Bedeutung.

- In der Automobilindustrie werden stetig mehr Hardware-Erprobungsphasen in die digitale Welt übergeführt. Da in letzter Konsequenz **Plattformderivate vollständig digital erprobt** werden, stellt FORM für Fahrzeugmodule in diesen Derivaten ein Mittel dar, mit dem es dennoch möglich ist, frühzeitig funktionale Anforderungen unter Berücksichtigung von Unsicherheiten abzusichern.

Zeit

- Die Implementierung der Methodik resultiert in einem automatisierbaren, computergestützten Tool. Dieses Tool bietet das Nutzenpotenzial, dass der Entwickler von **Routineaufgaben** entlastet wird. Dies betrifft beispielsweise den Nachweis funktionaler Anforderungen unter dem Einfluss von Unsicherheiten, der manuell nur sehr zeitaufwändig zu erbringen ist. Zudem können sich Entwickler damit auf wertschöpfende, konzeptionelle Tätigkeiten fokussieren.

- Für die Automobilindustrie ist es wesentlich, dass **Innovationen** so schnell wie möglich den Weg in das Fahrzeug finden. In späten

Entwicklungsphasen beeinflussen diese Innovationen die Umgebung eines Fahrzeugmoduls allerdings so stark, dass eine Koexistenz von Innovation und Fahrzeugmodul oftmals nicht möglich ist. Da die Berücksichtigung dieser Unsicherheiten integraler Bestandteil von FORM ist, werden Fahrzeugmodule so ausgelegt, dass sie durch umgebende Innovationen so wenig wie möglich beeinflusst werden. Dies bedeutet eine erhebliche Reduktion für den Zeitbedarf (time-to-market) einer Innovation bis zu ihrer Markteinführung.

- Der methodische Ansatz FORM bedingt die systematische Berücksichtigung von Unsicherheiten aufgrund der Integration von Fahrzeugmodulen in Zielfahrzeuge. Aus diesem Grund sinkt der **zeitliche Aufwand** des Entwicklers für die **Fahrzeugintegration** signifikant.

- Im Rahmenwerk von FORM ist ein Teilaspekt die Identifikation signifikanter Modellparameter. Dieser Methodikteil kann für Fahrzeugerprobungen oder Simulationsmodellvalidierungen dafür genutzt werden, schnell und effektiv die Einfluss nehmenden Systemparameter zu bestimmen.

Kosten

- Mit FORM steht der Automobilindustrie eine Methodik zur Verfügung, die bereits in frühesten Phasen konsequent das Ziel verfolgt, für alle Zielfahrzeuge in einem modulbasierten Entwicklungsprozess nur **eine technische Lösung** im Sinne eines Modulkonzepts zu generieren. Aus betriebswirtschaftlicher Sicht können hierdurch massive Einsparungen durch Skaleneffekte generiert werden.

- Die Reduktion auf ein Fahrzeugmodul für alle Zielfahrzeuge bietet insbesondere für Plattformderivate die Chance, kostenintensive Erprobungen in Hardware zu reduzieren.

4.6 Kapitelzusammenfassung

In diesem Kapitel wurde die neue Methodik FORM als Kern der vorliegenden Arbeit vorgestellt. Ausgehend von der Defizitanalyse des Standes der Technik in Industrie und Forschung im Vergleich zu den Anforderungen der Automobilindustrie wurden vier Ziele identifiziert und beschrieben.
Im weiteren Verlauf wurden die einzelnen Methodikstufen detailliert erläutert. Diese bieten neben einer Formalisierung des Modulentwicklungsprozesses Möglichkeiten zur Beschreibung von Unsicherheiten, die im Laufe eines

modulbasierten Entwicklungsprozesses relevant sind. Ferner wurde ein Optimierungsalgorithmus vorgeschlagen, durch welchen in frühen Phasen die Robustheit verschiedener Konzepte für Fahrzeugmodule erhöht werden kann.

Um den Anforderungen an FORM hinsichtlich Praxistauglichkeit zu genügen, zeigten die abschließenden Abschnitte zum einen die Integration der neuen Methodik in den Fahrzeug- und Modulentwicklungsprozess. Zum anderen wurde das Nutzenpotenzial sowohl auf wissenschaftlicher als auch auf industrieller Seite beleuchtet.

5 Implementierung

5.1 Ziele und Vorgehen

Das Ziel von Kapitel 5 ist die Anwendung der neuen Methodik FORM im industriellen Umfeld. Hiermit soll zum einen die Praxistauglichkeit des methodischen Rahmenwerks im Kontext modulbasierter Entwicklungsprozesse nachgewiesen werden. Zum anderen dient die Implementierung von FORM dazu, die beschriebenen Algorithmen für praxisnahe Anwendungsfälle zu verifizieren.

Ausgehend von einer Übersicht der in dieser Arbeit adressierten Fahrzeugmodulklasse „Kinematikmodule" werden durch verschiedene Kriterien besonders kritische Anwendungsfälle transparent selektiert. In den darauffolgenden Abschnitten wird die neue Methodik für diese Anwendungsfälle jeweils eingesetzt. Hierfür wird das System zunächst beschrieben und als Mehrkörpersystem modelliert. Daraufhin erfolgt die mathematische Modellbildung für das Verhalten des Systems für den stromlosen Zustand und den Automatikbetrieb. Dies bildet die Basis für die systematische Implementierung der Methodikstufen von FORM.

5.2 Auswahl geeigneter Anwendungsfälle

Die Beurteilungskriterien für die verschiedenen Module in der Modulklasse „Kinematikmodule" werden abgeleitet von der Problemstellung dieser Arbeit und den darauf basierenden industriellen Anforderungen im Automobilbereich (Kapitel 2). Demnach ist der Bedarf einer robusten Auslegung insbesondere bei Modulen gegeben, deren Systemverhalten durch das **Fahrzeugdesign** beeinflusst wird. Erschwert werden Ansätze zur robusten Auslegung zum einen durch eine hohe **geometrische Komplexität** des Moduls oder dessen Fahrzeugumgebung. Zum anderen stellt eine große **Komplexität der Lastfälle** mit vielen, sich teils widersprechenden, funktionalen Anforderungen eine wesentliche Hürde für robuste Systeme dar. Für die frühzeitige Festlegung auf ein Fahrzeugmodul ist ferner eine hohe **Anzahl** der **Zielfahrzeuge** problematisch, dies wird verstärkt durch eine hohe **Diversität** dieser **Zielfahrzeuge** im Sinne von verschiedenen Aufbauvarianten. Viele dieser Herausforderungen sind zusätzlich von der Frage beeinflusst, inwiefern eine **Beschränkung** der **Adaption** die Integration der Fahrzeugmodule beeinträchtigt. Dies betrifft im Besonderen Bauraumvorgaben, durch die die Freiheitsgrade der Fahrzeugadaption restringiert werden. Tabelle 5.1 zeigt anhand genannter Kriterien die Beurteilung aller Module, die in der Modulklasse „Kinematikmodule" aggregiert werden.

Modul \ Kriterium	Relevanz Fahrzeugdesign	Geometrische Komplexität	Lastfall-Komplexität	Anzahl Zielfahrzeuge	Diversität Zielfahrzeuge	Beschränkung Adaption
Automatische Rückwandtür	●	◑	◕	◕	◕	◕
Automatischer Heckdeckel	◔	◔	◕	◕	◔	◔
Automatische Hecktür	◑	◔	◑	◔	◑	◔
Automatische Schiebetür	◕	●	◑	◔	◑	◑
Automatische Seitentür	◕	◔	◕	◔	◑	◑
Automatische Flügeltür	●	◑	◕	○	○	◕
Elektrischer Fensterheber	◔	◔	◑	●	◑	◕
Verdecksystem	●	●	●	◔	◑	◔

Tabelle 5.1: Bewertung möglicher Anwendungsfälle für FORM

- **Automatische Rückwandtüren (ARWT)** sind gekennzeichnet durch einen signifikanten Einfluss des Fahrzeugdesigns, da sowohl das Fugenbild im Fahrzeugheck als auch die Krümmung der Klappe eine erhebliche Wirkung auf das Systemverhalten ausüben. Während die geometrische Komplexität der Rückwandtür durch die eindimensionale Bewegung um die Scharnierachse als mittel ausgeprägt zu bewerten ist, bestehen eine hohe Komplexität der Lastfälle. Dies liegt in der Forderung begründet, dass das System ARWT vollständige Funktionsfähigkeit bei erheblichen Steigungen und unterschiedlichsten Temperaturen gewährleisten muss. Ferner müssen bei der Modulentscheidung alle Fahrzeuge mit Rückwandtür berücksichtigt werden, wodurch auch Klein- und Kleinstwagen durch ihre Steilheckcharakteristik in die Anzahl möglicher Zielfahrzeuge eingehen. Dies erhöht zeitgleich die Vielfalt der Zielfahrzeuge. Eine große Herausforderung von ARWT-Systemen besteht nicht zuletzt in der Tatsache, dass das gesamte System in einem schmalen Bauraum zwischen D-Säule und Rückwandtür und optional zusätzlich in speziell konstruierten Dachvorhalten verbaut werden muss.

- Sehr ähnlich zu ARWT ist das Modul **Automatische Heckdeckel**, da typischerweise dieselben funktionalen Anforderungen gelten. Allerdings sind Fahrzeuge mit Stufenheckcharakteristik weniger divers, zudem besteht bei geringerer geometrischer Komplexität der Modulumgebung wesentlich mehr Bauraum im Laderaum der Fahrzeuge. Da sich das

Design von Stufenheckfahrzeugen in den letzten Jahrzehnten sehr wenig geändert hat, ist für das System keine bedeutende Relevanz des Fahrzeugdesigns festzustellen.

- Das Fahrzeugmodul **Automatische Hecktür** ist im Automobilbereich hauptsächlich im Transportersektor zu finden. Da es sich um eine Anwendung im Nutzfahrzeugbereich handelt, sind die funktionalen Komfortanforderungen im Vergleich zum Privatkundengeschäft geringer einzuschätzen. Zudem steht zu vermuten, dass dieses Modul nur von Kunden bestellt würde, die selbst Nutznießer des Komfortzugewinns wären (z.B. Handwerker). Hieraus resultiert eine geringe Anzahl an Zielfahrzeugen, weiterhin ist im Vergleich zum Pkw-Bereich mit geringeren Bauraumbeschränkungen im Heck von Transporterfahrzeugen zu rechnen.
- Eine weitere mögliche Anwendung im Transportersektor wird durch **Automatische Schiebetüren (AST)** repräsentiert. Das Systemverhalten ist durch eine signifikante Abhängigkeit vom Fahrzeugdesign gekennzeichnet. Dies betrifft zum einen das Exterieurdesign durch die so genannte Türfallung (Türkrümmung um Längsachse des Fahrzeugs). Zum anderen übt das Interieurdesign durch Ablagefächer in der Türverkleidung einen großen Einfluss aus. Da das Modul weiterhin ein sehr großes und schweres Bauteil mit 2 Freiheitsgraden (Translation in x und y) bewegen muss, wird von einer großen geometrischen Komplexität ausgegangen. Für die Komplexität der Lastfälle sowie die Ausprägung der Zielfahrzeuge gilt gleiches wie für die Automatische Hecktür. Weiterhin ist für Automatische Schiebetüren ein beschränkter Bauraum für das Fahrzeugmodul zwischen Außenbeplankung und Innenverkleidung des Fahrzeugs festzustellen.

- **Automatische Seitentüren** stellen einen Anwendungsfall für das Luxussegment im Pkw-Bereich dar. Ähnlich zu Schiebetüren gestaltet sich die große Abhängigkeit vom Fahrzeugdesign, wobei die geometrische Komplexität des Bauteils aufgrund nur eines Freiheitsgrades und der Bauteilgröße als geringer einzuschätzen ist. Während die funktionalen Anforderungen auf dem gleichen Niveau wie die besprochenen automatischen Hecksysteme im Pkw-Bereich liegen, ist von einer verhältnismäßig geringen Anzahl von Zielfahrzeugen auszugehen, die sich jedoch voneinander unterscheiden (z.B. Limousine und Sportcoupé). Ferner ist durch die Unterbringung des Systems im Seitentürausschnitt des Fahrzeugs von mittleren Bauraumbeschränkungen auszugehen.

- Ein seltener Fall im Fahrzeugdesign sind nach oben schwingende Flügeltüren anstelle seitlich öffnender Seitentüren. Im Sinne eines Komfortzugewinns kommt hier das Modul **Automatische Flügeltür** ebenfalls in Betracht. Aus der mechanischen Betrachtung weist dieses System eine hohe Kongruenz hinsichtlich Lastfall- und geometrischer Komplexität sowie Bauraumbeschränkungen zu ARWT-Systemen auf. Allerdings bleibt die Anwendung in einem Automobilkonzern auf Einzelfälle beschränkt, weshalb das Modulparadigma bezüglich Anzahl und Diversität der Zielfahrzeuge ohne Effekt bliebe.

- Im Türbereich sind **Elektrische Fensterheber** ein Merkmal, welches in sehr vielen Zielfahrzeugen eingesetzt wird. Aufgrund unterschiedlicher Krümmungen der Seitentüren ist von einem mittleren Diversitätsniveau dieses Fahrzeugmoduls auszugehen, welches im engen Bauraum zwischen Türbeplankung und Türinnenbelag verbaut werden muss. Für die Antriebseinheit selbst besteht allerdings nur eine indirekte Abhängigkeit vom Fahrzeugdesign durch Krümmung und Größe der Scheibe. Ferner ist die geometrische Komplexität als gering einzustufen, die Lastfälle weisen darüber hinaus keine ausgeprägte Komplexität auf.

- **Verdecksysteme** weisen auf Basis der Vielgelenk-Kinematik eine hohe geometrische Komplexität auf. Weiterhin führen die anspruchsvollen funktionalen Anforderungen (Öffnen und Schließen während der Fahrt) und die mannigfaltigen Schnittstellen zu designrelevanten Bauteilen zu höchsten Bewertungen der Kriterien Komplexität und Relevanz zum Fahrzeugdesign. Auf der anderen Seite werden Verdecksystemen oft große Bauräume im Heckdeckelinneren zuteil, weiterhin ist die Anzahl der Zielfahrzeuge und deren Diversität aus Sicht eine Fahrzeugkonzerns oft sehr gering.

Um die Implementierung der neuen Methodik FORM möglichst repräsentativ und allgemeingültig durchzuführen, sollen zwei Anwendungsfälle selektiert werden.

5.2.1 Anwendungsszenario Anwendungsfall 1

Der erste Anwendungsfall resultiert aus der höchsten Summe der Kriterienbewertungen. Demzufolge wird das Fahrzeugmodul **Automatische Rückwandtür** ausgewählt. Für einen beispielhaften Fahrzeughersteller *OEM-A* soll eine innovative technische Lösung mit Hilfe von FORM bezüglich ihrer Robustheit untersucht und optimiert werden. Dafür werden drei Zielfahrzeuge im Klein-, Mittelklasse- und SUV-Segment bestimmt, um möglichst unterschiedliche Ausprägungen des Designs für die Implementierung berücksichtigen zu können. Weiterhin sollen sich diese Zielfahrzeuge in unterschiedlichen Phasen des Fahrzeugentwicklungsprozesses befinden.

5.2.2 Anwendungsszenario Anwendungsfall 2

ARWT-Systeme stellen vornehmlich eine Anwendung für den Pkw-Sektor dar, deshalb wird für den zweiten Anwendungsfall ein geeignetes Modul aus dem Transporter-Sektor bestimmt. Aufgrund der angelegten Beurteilungskriterien soll FORM für das Fahrzeugmodul **Automatische Schiebetür** angewandt werden. Hier stellt sich das Anwendungsszenario wie folgt dar. Ein auf kleine Transporter spezialisiertes Unternehmen *OEM-B* strebt mittelfristig nach einer Fusion mit einem Unternehmen *OEM-C*, welches im Portfolio lediglich große Transporter aufweist. Hierdurch sollen Stückzahleffekte bei einer großen Anzahl der Fahrzeugmodule generiert werden. Vor diesem Hintergrund soll ein Modulkonzept für AST so ausgelegt werden, dass es in beiden Transporter-Segmenten optimal robust die funktionalen Anforderungen erfüllt. Die Auslegung in FORM soll hierbei jedoch auf kleine Transporter fokussiert sein, da die mögliche Kooperation noch mit großen Unsicherheiten (z.B. Kartellrecht) behaftet sei.

5.3 Anwendungsfall 1: Automatische Rückwandtüren

5.3.1 Systembeschreibung

Das Modulkonzept für den ersten Anwendungsfall basiert auf diversen Patenten [KaMO-68, ScGe-10, KuDi-07], die einen Spindelantrieb für das Fahrzeugmodul ARWT beschreiben. Hierbei hat sich „[..] im Zuge der Komforterhöhung bei Kraftfahrzeugen" für die „motorische Betätigung von Heckklappen oder dergleichen [..] der in Rede stehende Spindelantrieb mit Antriebsmotor und einem dem Antriebsmotor nachgeschalteten Spindel-Spindelmuttergetriebe zur Erzeugung linearer Antriebsbewegungen bewährt [ScGe-10]." Weiterhin werden Schraubendruckfedern „[..] zur Kraftunterstützung des Spindelantriebs beim Auseinanderfahren der Gehäuserohre" verwendet [KuDi-09]. Eine veranschaulichende Darstellung hierzu ist Abbildung 5.1 zu entnehmen.

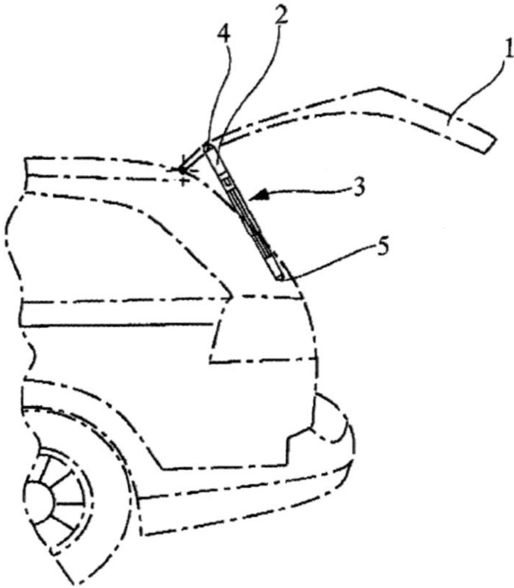

Abbildung 5.1: Veranschaulichung Spindelantrieb [JoDc-10]

Während sämtliche Anwendungen zuvor baugleiche Spindelantriebe auf beiden Seiten aufwiesen, wurde im Jahr 2011 in der neuen Generation der M-Klasse der Marke Mercedes-Benz [Merc-11] eine Weiterentwicklung dargestellt. Das dort verbaute ARWT-Fahrzeugmodul beinhaltet lediglich einen Spindelantrieb, auf der gegenüberliegenden Seite wird ein Federbein verbaut, welches anstelle der Spindel eine Gasdruckfeder enthält. Durch den Entfall einiger Bauteile sind zum einen Kostenvorteile zu erwarten. Zum anderen birgt die Verwendung dieses Systems große Unsicherheiten, da die gesamte Verfahrleistung von nur einem Elektromotor aufgebracht werden muss. Ferner besteht die Gefahr unsymmetrischer Kraftverteilungen, da die verwendeten Bauteile in Spindelantrieb und Federbein unter Temperatureinfluss unterschiedlich reagieren.

Mehrkörpermodellierung

Dennoch soll für einen Fahrzeughersteller *OEM-A* dieses Modulkonzept mittels FORM optimal robust ausgelegt werden. Hierfür erfolgt zunächst die Modellierung auf Basis der Vernachlässigungen und Idealisierungen von Mehrkörpersystemen, vgl. Abschnitt 2.1.3. Die Topologie des Modulkonzepts „Einseitiger Spindelantrieb" wird durch Abbildung 5.2 veranschaulicht.

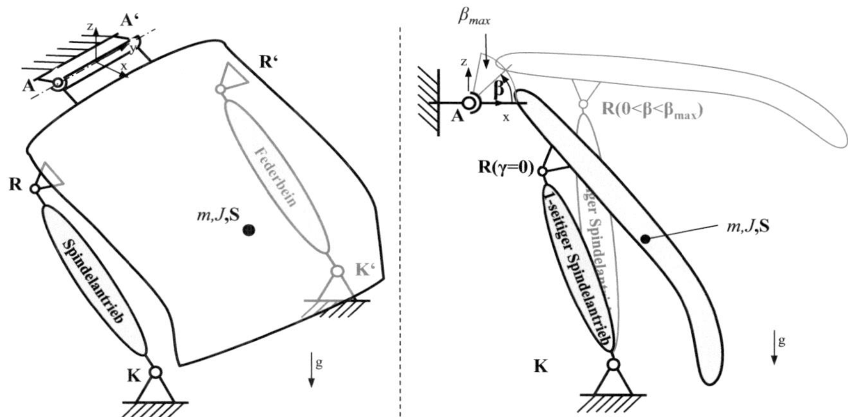

Abbildung 5.2: Topologie des Modulkonzepts „Einseitiger Spindelantrieb"

Die trägheitsrelevanten Daten der Rückwandtür werden durch deren Masse m, des Massenträgheitsmoments um die körperfeste y-Achse J sowie des Massenschwerpunkts S erfasst. Die Krafteinleitung der Teilkomponenten „Spindelantrieb" und „Federbein" erfolgt zwischen dem Gelenkpunkt K an der Karosserie und dem Gelenkpunkt R an der Rückwandtür für die linke Seite sowie K' und R' für die rechte Seite, welche symmetrisch zur xz-Ebene im Fahrzeug verbaut werden. Die Gesamtkraft F_{ARWT} des Modulkonzepts „Einseitiger Spindelantrieb" resultiert aus den Kraftanteilen des Spindelantriebs $F_{Spindelantrieb}$ sowie des Federbeins $F_{Federbein}$ gemäß

$$F_{ARWT} = F_{Spindelantrieb} + F_{Federbein} \,. \tag{5.1}$$

Wenn das System keinen Zwangsbedingungen wie Lagestellgliedern ausgesetzt ist, besteht ein Freiheitsgrad β, der sich als Drehung der Rückwandtür um die Scharnierachse A-A' mit maximalem Öffnungswinkel β_{max} darstellt. Das mechanische Ersatzmodell ist in Abbildung 5.3 dargestellt. Die Betrachtung des Systems erfolgt bei geöffneter Rückwandtür in der Heckansicht des Fahrzeugs.

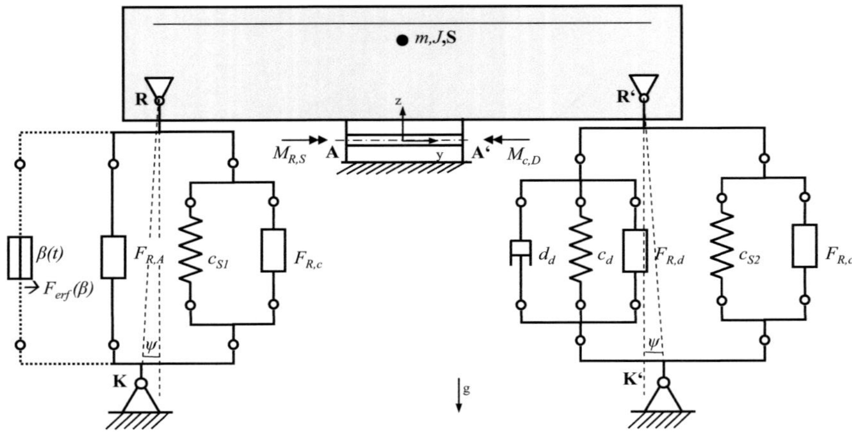

Abbildung 5.3: Mechanisches Ersatzmodell des Modulkonzepts „Einseitiger Spindelantrieb"

Verhalten im stromlosen Zustand

Nach Freischneiden der Rückwandtür auf Basis der Momentenbilanz um die Scharnierachse **A-A'** ergibt sich folgender Sachverhalt für die **freie Bewegung**:

$$\dot\beta > 0 \quad \text{für} \quad F_{ARWT,c} \cdot l_{ARWT} + M_{c,D} - F_G \cdot l_M > F_{ARWT,R} \cdot l_{ARWT} + M_{R,S} \tag{5.2}$$

$$\dot\beta = 0 \quad \text{für} \quad \left| F_{ARWT,c} \cdot l_{ARWT} + M_{c,D} - F_G \cdot l_M \right| \le F_{ARWT,R} \cdot l_{ARWT} + M_{R,S} \tag{5.3}$$

$$\dot\beta < 0 \quad \text{für} \quad F_{ARWT,c} \cdot l_{ARWT} + M_{c,D} - F_G \cdot l_M < F_{ARWT,R} \cdot l_{ARWT} + M_{R,S} \tag{5.4}$$

Hierbei stellt $l_{ARWT}(\beta)$ den Hebelarm des Modulkonzepts in Abhängigkeit des Öffnungswinkels dar; $l_M(\beta)$ repräsentiert das Äquivalent für den Massenschwerpunkt der Rückwandtür. Die Entlastungskraft

$$F_{ARWT,c} = (+F_{c,S1} + F_{c,d} + F_{c,S2}) \cdot \cos\psi \tag{5.5}$$

summiert sich aus den Kräften der antriebsseitigen Stahlfeder $F_{c,S1}$, der federbeinseitigen Stahlfeder $F_{c,S2}$ sowie der Gasfeder $F_{c,d}$. Die Reibungskraft

$$F_{ARWT,R} = (+F_{R,A} + 2 \cdot F_{R,c} + F_{d,d} + F_{R,d}) \cdot \cos\psi \tag{5.6}$$

ergibt sich aus der Addition der Antriebsstrangreibung $F_{R,A}$, der Stahlfederreibung $F_{R,c}$ sowie der Gasfederreibung $F_{R,d}$. Zusätzlich wird in diesem Term die der Bewegung proportional entgegen gesetzte Dämpfungskraft $F_{d,d}$ berücksichtigt. Ferner wird die Massengravitation der Klappe mit der Kraft

F_G erfasst, die Dichtungsgegenkraft beim Schließen wird durch $M_{c,D}$ beschrieben.

Wenn nun die wirksame Reibung aus $F_{ARWT,R}$ und Scharnierreibung $M_{R,S}$ größer als die Momentendifferenz zwischen Entlastung und Massenmoment der Rückwandtür ist, bleibt die Rückwandtür stehen, vgl. (5.3). Andernfalls öffnet die Rückwandtür entweder selbsttätig gemäß (5.2) oder sie fällt gemäß (5.4).

Die Reibungsreserve $\delta_{Reibung}$ des Systems zur Vermeidung selbsttätiger Bewegungen wird wie folgt beschrieben:

$$\delta_{Reibung} = (F_{ARWT,R} \cdot l_{ARWT} + M_{R,S}) - \left| F_{ARWT,c} \cdot l_{ARWT} + M_{c,D} - F_G \cdot l_M \right| \tag{5.7}$$

Verhalten im Automatikbetrieb

Für den Fall, dass aufgrund der Bewegungsvorgabe $\beta(t)$ des Lagestellgliedes eine **erzwungene Bewegung** vorliegt, gilt für die erforderliche Kraft $F_{erf}(\beta(t))$ zur Erfüllung der Bewegungsvorgabe

$$F_{erf,o}(\beta(t)) = \frac{(J + m \cdot l_{AS}^2) \cdot \ddot{\beta} + F_G \cdot l_M + M_{R,S} - M_{c,D}}{l_{ARWT}} - F_{ARWT,c} + F_{ARWT,R}^* \tag{5.8}$$

für den Öffnungsvorgang und

$$F_{erf,s}(\beta(t)) = \frac{(J + m \cdot l_{AS}^2) \cdot \ddot{\beta} - F_G \cdot l_M + M_{R,S} + M_{c,D}}{l_{ARWT}} + F_{ARWT,c} + F_{ARWT,R}^* \tag{5.9}$$

für den Schließvorgang. l_{AS} stellt den Abstand zwischen Scharnierachse und Massenschwerpunkt der Rückwandtür dar.
Das erforderliche Motormoment M_{erf}^* ergibt sich zu:

$$M_{erf}^* = \frac{F_{erf} \cdot d_2 \cdot \tan(\arctan \dfrac{P}{\pi \cdot d_2} + \arctan \mu_G)}{2 \cdot \eta_{Getriebe} \cdot i_{Getriebe}} + J_{Antriebsstrang} \cdot \dot{n} \tag{5.10}$$

P stellt die Steigung der Spindel mit dem Spindelwirkdurchmesser d_2 dar, das Getriebe des Antriebsstrangs wird durch den Wirkungsgrad $\eta_{Getriebe}$ sowie die Gesamtübersetzung $i_{Getriebe}$ beschrieben. Weiterhin wird die Oberflächenreibung zwischen Spindel und Spindelmutter durch die äquivalente Gewindereibungszahl μ_G dargestellt. Die Trägheitseffekte beim Hoch- oder

Herunterfahren des Motors mit der Drehzahlsteigung $\dot{n}$ werden durch die Trägheit des Antriebsstrangs $J_{Antriebsstrang}$ abgebildet.

Ungünstige Kombinationen der vorgegebenen Verfahrzeit des ARWT-Systems t_V mit den gewählten Systemparametern können dazu führen, dass das erforderliche Motormoment M^*_{erf} entweder sehr hohe Werte annimmt oder überhaupt nicht berechnet werden kann. Zweitgenannter Fall ist gegeben für negative Werte der erforderlichen Zeit für Hoch- und Herunterfahren des Motors t_{dyn}. Um den Optimierungsalgorithmus stets in die korrekte Optimierungsrichtung zu zwingen, gilt für das erforderliche Motormoment:

$$M_{erf} = \begin{cases} \begin{array}{l} M^*_{erf} \ \text{für } M^*_{erf} < M_H \\ M_H \ \ \text{für } \mathrm{M}^*_{erf} > M_H \end{array} \ , \text{für } t_{dyn} > 0 \\[2em] M_H \cdot (1 - \dfrac{t_{dyn}}{t_V}) \qquad , \text{für } t_{dyn} \leq 0 \end{cases} \qquad (5.11)$$

Aus dem Betriebszustands des Elektromotors kann das verfügbare Motormoment M_{verf} abgeleitet werden:

$$M_{verf} = \tau \cdot \frac{M_H}{I_H - I_0} \cdot (\frac{U_{verf}}{U_N} \cdot \frac{I_H}{1 + \alpha(\vartheta - 20°C)} - I_0) \cdot (1 - \frac{n}{n_0} \cdot \frac{U_N - I_0 \cdot \dfrac{U_N}{I_H} \cdot (1 + \alpha(\vartheta - 20°C))}{U_{verf} - I_0 \cdot \dfrac{U_N}{I_H} \cdot (1 + \alpha(\vartheta - 20°C))}) \quad (5.12)$$

Bei der Motornennspannung U_N repräsentiert M_H das Haltemoment des Motors, I_H den dabei fließenden Strom. Der Leerlaufstrom wird durch I_0 erfasst, n_0 beschreibt die Leerlaufdrehzahl. Ferner wird die Temperaturabhängigkeit des verfügbaren Motormoments durch den Temperaturkoeffizienten α und die Temperatur ϑ berücksichtigt. Das verfügbare Motormoment M_{verf} ergibt sich durch den Betriebszustand des Motors, der durch die verfügbare Spannung U_{verf} und die erforderliche Drehzahl n charakterisiert wird. Toleranzen in der Motorfertigung reduzieren das verfügbare Motormoment durch den Faktor τ.

Durch Differenzbildung des erforderlichen Motormoments M_{erf} mit dem verfügbaren Motormoment M_{verf} kann eine Aussage über die Realisierbarkeit des Bewegungsvorgangs getroffen werden:

$$\delta_{Motor} = M_{verf} - M_{erf} \qquad (5.13)$$

Die vollständige Herleitung und Detaillierung der Gleichungen (5.1)-(5.13) kann Anhang A.1 entnommen werden.

Anmerkung 5.1 *Im Rahmen heutiger Fahrzeugentwicklungen stehen Teilkomponenten von Fahrzeugmodulen für die Simulation typischerweise als „black boxes" zur Verfügung. Dies liegt zum einen am interdisziplinären und interkulturellen Umfeld, zum anderen schützen Lieferanten und Sublieferanten hierdurch ihr Know-how.*

Um für die Implementierung von FORM größtmögliche Nachvollziehbarkeit zu gewährleisten, wird im Folgenden unterstellt, dass die Systemdynamik aller Teilkomponenten offen liegt und bei der Simulation des Fahrzeugmoduls auf keine „black boxes" zurückgegriffen werden muss.

5.3.2 Funktionale Anforderungen

Spezifikation

Ausgehend vom Lastenheft, weiches bei Fahrzeughersteller *OEM-A* für das Fahrzeugmodul ARWT als notwendige Implementierungsvoraussetzung vorliegen muss, wird gemäß der Kriterien für funktionale Anforderungen in FORM eine Selektion vorgenommen. Dies führt typischerweise zu etwa 70 funktionalen Anforderungen, wie Analysen existierender ARWT-Lastenhefte gezeigt haben.

Für *OEM-A* wird weiterhin angenommen, dass ein hochentwickeltes EDV-System für die Lastenheftverwaltung vorliegt. Dieses lässt das automatische Filtern nach den in FORM genannten Kriterien zu. Hierdurch wird für spätere Untersuchungen mit FORM das Nachvollziehen möglicher Lastenheft-Änderungen gewährleistet, da die funktionalen Anforderungen für FORM in einer lokalen Umgebung abgespeichert werden.

Ohne Beschränkung der Allgemeingültigkeit der Implementierung wird im Sinne der Anschaulichkeit eine Reduktion der 70 identifizierten funktionalen Anforderungen vorgenommen, die für FORM prinzipiell verwendet werden können. Dies resultiert in 7 funktionalen Anforderungen, die nach existierendem Feedback besonders wichtig oder anspruchsvoll für das Fahrzeugmodul ARWT sind, vgl. Tabelle 5.2. Alle dargestellten Werte sind exemplarisch zu betrachten.

ID	Bezeichnung	Gewichtung	Spezifikation	Temperatur [°C]	Neigung [%]	Zusatzlasten [kg]
f_1	Norm-Automatiklauf (t_V=4s)	10	$\min(\delta_{Motor})>0$	20	0	0
f_2	Automatiklauf Worst-case (t_V=5s)	8	$\min(\delta_{Motor})>0$	-30	+20 (downhill)	+5 kg
f_3	Halten in Zwischenstellung Worst-case Schließen	5	$\min(\delta_{Reibung}(\beta>20\,))>0$	-30	+20 (downhill)	+5 kg
f_4	Halten in Zwischenstellung Worst-case Öffnen	4	$\min(\delta_{Reibung}(\beta>20\,))>0$	80	-20 (uphill)	0
f_5	Bauraum	10	$\|\mathbf{K}(\beta=0)-\mathbf{R}\|>z(\beta_{max})+l_{S,min}$	-	-	-
f_6	Schnittstellen-belastung	8	$\max(F_{Spindelantrieb})<3\text{kN}$ $\max(F_{Federbein})<3\text{kN}$	-	-	-
f_7	Kraftdifferenz für $\beta<5$	6	$\max\|F_{Spindelantrieb}-F_{Federbein}\| <50\text{N}$	-	-	-

Tabelle 5.2: Funktionale Anforderungen des Fahrzeugmoduls ARWT für die Implementierung von FORM

Die funktionale Anforderung f_1 beschreibt den „Norm-Automatiklauf", bei welchem unter Raumtemperaturbedingungen und einer Verfahrzeit t_V=4s die Reserve des Motors δ_{Motor} stets positiv sein muss. Dieselbe Spezifikation gilt für Anforderung f_2, die die anspruchsvollste Kombination des Fahrzeugzustands repräsentiert. Im Einzelnen muss bei Minimaltemperaturen und maximaler Fahrzeugneigung bergab eine (durch Schneelast) um 5 kg schwerere Rückwandtür vom Antriebsmotor gemäß der Bewegungsvorgabe geöffnet und geschlossen werden. Hierbei gelte eine Verfahrzeit von t_V=5s.

Eine weitere wichtige Forderung adressiert das Halten der Rückwandtür in beliebigen Stellungen, damit beispielsweise bei Decken geringer Höhe (z.B. Garagen) keine Beschädigung der Rückwandtür durch das ARWT-System auftritt. Hierfür werden die Anforderungen f_3 und f_4 formuliert, die gegensätzliche Forderungen darstellen. Zum einen erfordert f_3 bei Minimaltemperaturen, maximaler Fahrzeugneigung bergab und einer zusätzlichen Schneelast von 5 kg hohe Kräfte der Entlastungselemente, damit die Klappe nicht fällt. Andererseits bergen hohe Kräfte der Entlastungselemente bei Maximaltemperaturen und maximaler Fahrzeugneigung bergauf das Risiko, dass die funktionale Anforderung f_4 nicht erfüllt werden kann. Die Spezifikation für f_3 und f_4 erfordert eine positive Reserve der Reibung $\delta_{Reibung}$ für Öffnungswinkel $\beta>20°$. Im Falle einer Reibungskrafterhöhung zur Erfüllung von f_3 und f_4 steigt jedoch die erforderliche Motorkraft, wodurch wiederum f_1 und f_2 verletzt werden können.

Um den Verbau des Moduls im Fahrzeug zu ermöglichen, wird durch f_5 der Bauraumbedarf der Antriebsstrangeinheit $l_{S,min}$ zuzüglich des maximalen Hubes gegenüber der Mindestlänge bei geschlossener Rückwandtür überprüft. Ferner beschreibt f_6 die maximal zulässige Kraft von Spindelantrieb und Federbein, um plastische Verformung an den Krafteinleitungspunkten zu vermeiden. Die funktionale Anforderung f_7 beschränkt die Kraftdifferenz zwischen Spindelantrieb und Federbein, damit Klappentordierungen durch Kraftunsymmetrien im unteren Öffnungswinkelbereich $\beta < 5°$ nicht zu Verklemmungen des ARWT-Systems führen.

Lastfallbasierte Simulation

Im nächsten Schritt von Methodikstufe 1 von FORM werden die funktionalen Anforderungen klassifiziert. Dies veranschaulicht Abbildung 5.4.

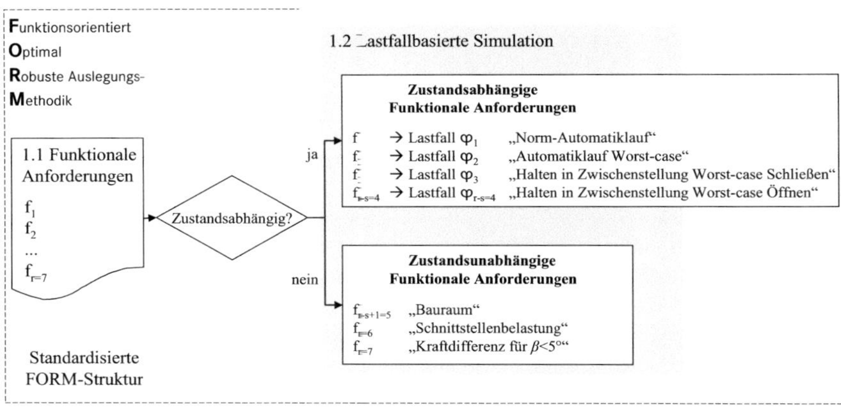

Abbildung 5.4: Strukturierung der funktionalen Anforderungen für ARWT

Aus $r=7$ funktionalen Anforderungen ergeben sich $s=3$ zustandsunabhängige funktionale Anforderungen sowie $r-s=4$ zustandsabhängige funktionale Anforderungen mit zugehörigen Lastfällen φ.

5.3.3 Optimierungsraum

Methodikstufe 2 von FORM schlägt eine Parameterklassifikation in Fahrzeug- und Modulparameter vor. Für das Fahrzeugmodul „Einseitiger Spindelantrieb" wird daher eine Systembetrachtung anhand der Mehrkörpertopologie vorgenommen, wie Abbildung 5.5 zeigt.

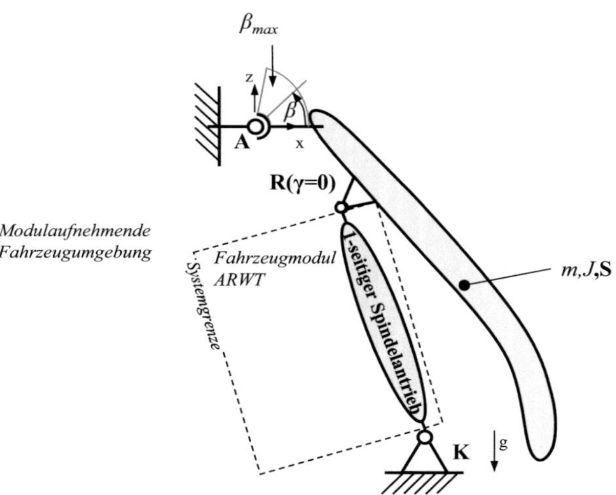

Abbildung 5.5: Systembetrachtung des Fahrzeugmoduls „Einseitiger Spindelantrieb"

Demnach stellen sich die Gelenkpunkte **K** und **R** als Systemgrenze zwischen Fahrzeugmodul ARWT und der modulaufnehmenden Fahrzeugumgebung dar. Alle Parameter, die sich innerhalb der Systemgrenze des Fahrzeugmoduls ARWT befinden, zählen daher zu den Freiheitsgraden des Moduldesigns. Alle außerhalb der Systemgrenze liegenden Parameter, einschließlich der Schnittstellen **K** und **R**, werden den Freiheitsgraden des Fahrzeugdesigns zugeordnet.

Freiheitsgrade Fahrzeugdesign

Dem mechanischen Ersatzmodell des Modulkonzepts „Einseitiger Spindelantrieb" entsprechend, sind den fahrzeugspezifischen Systemparametern neben den mechanischen Eigenschaften der Klappe m, J, **S** der maximale Öffnungswinkel β_{max} sowie die Reibung der Rückwandtürscharniere $M_{R,S}$ zuzuordnen. Ferner ist das Moment aus der Dichtung zum Innenraum $M_{c,D}$ zu berücksichtigen, welches durch folgenden Zusammenhang unter

Berücksichtigung der Temperaturabhängigkeit α_D und des rotatorischen Steifigkeitskoeffizienten c_D modelliert wird:

$$M_{c,D} = \alpha_D \cdot M_{max,D} \cdot e^{(-c_D \cdot \beta)} \tag{5.14}$$

Die Gelenkpunkte $\mathbf{K}$ und $\mathbf{R}$ befinden sich typischerweise in einem kanalartigen Bauraum, der durch Heckklappeninnenseite, Dichtungsflansch und D-Säulen-Innenseite begrenzt wird, vgl. Abbildung 5.6.

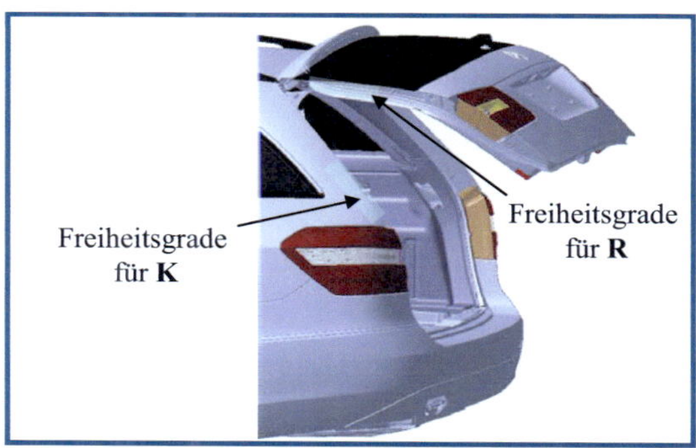

Abbildung 5.6: Freiheitsgrade der Koppelstellen für das Modulkonzept „Einseitiger Spindelantrieb"

Um die Freiheitsgrade von $\mathbf{K}$ und $\mathbf{R}$ zu beschreiben, müssen die Komponenten in X,Y,Z abhängig voneinander beschrieben werden. Aufgrund der geometrischen Verhältnisse hat sich hierbei eine Formulierung durch Zylinderkoordinaten als zielführend erwiesen. Für die Formulierung durch Zylinderkoordinaten in FORM wird Anfangs- und Endpunkt der Zylinder-symmetrieachse sowie der maximal zulässige Durchmesser r des Zylinders benötigt. Für einen Punkt $\mathbf{Z}$, der in einem gleich großen Zylinder der Freiheitsgrade für $\mathbf{K}$ liege, gilt mit der fahrzeugfesten z-Achse als Symmetrielinie

$$\mathbf{Z} = \begin{pmatrix} r_K \cdot \cos\varphi \\ r_K \cdot \sin\varphi \\ h \cdot \left| \mathbf{K}_{max} - \mathbf{K}_{min} \right| \end{pmatrix}, \; h \in [0,1] \tag{5.15}$$

mit der Optimierungsvariable h. Der Zylinder wird durch zwei Drehungen um die x- und y-Achse in die gewünschte Lage gebracht, vgl.:

$$\begin{pmatrix} \cos\beta_z & 0 & -\sin\beta_z \\ -\sin\alpha_z\sin\beta_z & \cos\alpha_z & -\sin\alpha_z\cos\beta_z \\ \cos\alpha_z\sin\beta_z & \sin\alpha_z & \cos\alpha_z\cos\beta_z \end{pmatrix} \begin{pmatrix} 0 \\ 0 \\ |\mathbf{K}_{max} - \mathbf{K}_{min}| \end{pmatrix} = \begin{pmatrix} K_{x,max} - K_{x,min} \\ K_{y,max} - K_{y,min} \\ K_{z,max} - K_{z,min} \end{pmatrix}. \tag{5.16}$$

Dabei gilt für die Drehwinkel α_z und β_z:

$$\alpha_z = \mathrm{asin}\left(\frac{-(K_{y,max} - K_{y,min})}{|\mathbf{K}_{max} - \mathbf{K}_{min}|\cos\beta}\right) \text{ bzw. } \beta_z = \mathrm{asin}\left(\frac{-(K_{x,max} - K_{x,min})}{|\mathbf{K}_{max} - \mathbf{K}_{min}|}\right). \tag{5.17}$$

Unter Einbezug genannter Drehmatrix gilt für einen Punkt $\mathbf{K}$ im Optimierungsraum

$$\begin{aligned} \mathbf{K} = \begin{pmatrix} K_x \\ K_y \\ K_z \end{pmatrix} &= \mathbf{K}_{min} + \begin{pmatrix} \cos\beta_z & 0 & -\sin\beta_z \\ -\sin\alpha_z\sin\beta_z & \cos\alpha_z & -\sin\alpha_z\cos\beta_z \\ \cos\alpha_z\sin\beta_z & \sin\alpha_z & \cos\alpha_z\cos\beta_z \end{pmatrix} \cdot \mathbf{Z} \\ &= \mathbf{K}_{min} + \begin{pmatrix} r_K\cos\varphi\cos\beta_z - h\sin\beta_z \\ -r_K\sin\varphi\sin\alpha_z\sin\beta_z + r_K\sin\varphi\cos\alpha_z - h\sin\alpha_z\cos\beta_z \\ r_K\cos\varphi\cos\alpha_z\sin\beta_z + r_K\sin\varphi\sin\alpha_z + h\cos\alpha_z\cos\beta_z \end{pmatrix}. \end{aligned} \tag{5.18}$$

Die beschriebene Formulierung für $\mathbf{K}$ gilt analog für $\mathbf{R}$. Gemäß der Aufgabenstellung für den Anwendungsfall „Automatische Rückwandtür" sollen drei verschiedene Zielfahrzeuge aus dem Kleinwagen-, Mittelklasse- und SUV-Segment bestimmt werden. Um die Allgemeingültigkeit von FORM nachzuweisen, werden Maßkonzepte eines beliebigen, repräsentativen Automobilherstellers [Merc-11] herangezogen, vgl. Abbildung 5.7. Diese dienen als Start-Design für die zukünftigen Zielfahrzeuge.

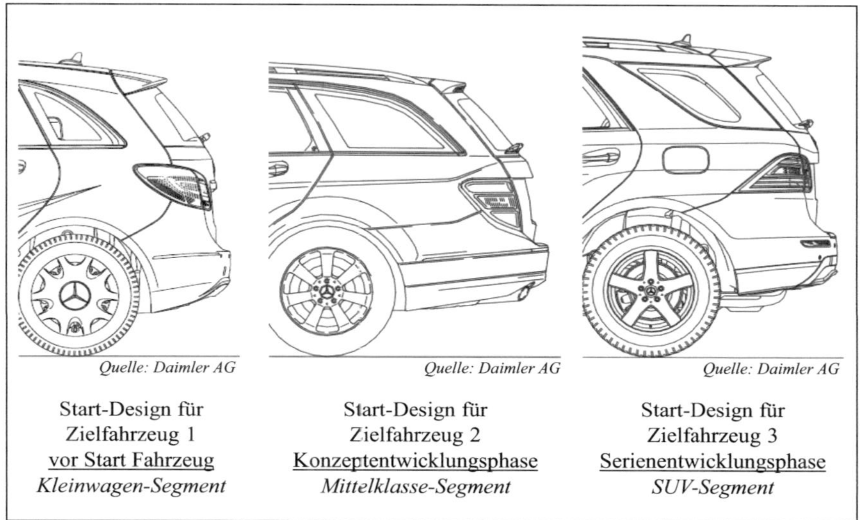

Abbildung 5.7: Fahrzeugmodul ARWT: Beispielhafte Maßkonzepte für Zielfahrzeuge

Auf Basis von DMU-Untersuchungen und technischer Expertise sind in Abbildung 5.8 die Freiheitsgrade der verschiedenen Zielfahrzeuge dargestellt. Die ausgeführten Zahlenwerte dienen der Veranschaulichung.

Freiheitsgrade Moduldesign

Um die Freiheitsgrade des Moduldesigns zu beschreiben, werden die freigeschnittenen Kräfte in der Momentenbilanzierung detailliert. Für die Federkräfte $F_{c,S1}$, $F_{c,S2}$ und $F_{c,d}$ gilt

$$\begin{aligned}
F_{c,S1} &= c_{S1} \cdot (l_{0,S1} - l_{S1}(\beta)), \\
F_{c,S2} &= c_{S2} \cdot (l_{0,S2} - l_{S2}(\beta)), \\
F_{c,d} &= c_d \cdot (\alpha_{l0,d} \cdot l_{0,d} - l_d(\beta))
\end{aligned} \tag{5.19}$$

mit l_{S1}, l_{S2} und $l_{0,d}$ als Längen der Federn in Abhängigkeit des Öffnungswinkels β. Die Temperaturabhängigkeit der Gasfeder wird durch den Koeffizienten $\alpha_{l0,d}$ berücksichtigt. Weiterhin gilt für die Dämpfungskraft $F_{d,d}$

$$F_{d,d} = d_{d,aus} \cdot \dot{z}(\beta) \quad \text{für } \dot{z}(\beta) > 0 \tag{5.20}$$

$$F_{d,d} = 0 \quad \text{für } \dot{z}(\beta) < 0 \tag{5.21}$$

	Zielfahrzeug 1 Kleinwagen-Segment		Zielfahrzeug 2 Mittelklasse-Segment		Zielfahrzeug 3 SUV-Segment		
	$d_{F1,min}$	$d_{F1,max}$	$d_{F2,min}$	$d_{F2,max}$	$d_{F3,min}$	$d_{F3,max}$	Parameter
Keine Adaption	25	25	27	27	38	38	m [kg]
	2.2	2.2	3.1	3.1	3.9	3.9	J [kgm²]
	300	300	320	320	340	340	S_X [mm]
	-200	-200	-340	-340	-350	-350	S_Z [mm]
	90	90	100	100	82	82	β_{max} [°]
	150	150	250	250	200	200	$M_{max,D}$ [Nm]
	85	85	70	70	90	90	c_D [rad⁻¹]
	1.0	1.0	1.5	1.5	1.5	1.5	$M_{R,A}$ [Nm]
Adaption	300	190	310	175	130	110	R_X [mm]
	670	620	620	570	580	575	R_Y [mm]
	-450	-310	-350	-210	-125	-65	R_Z [mm]
	0	5	0	10	0	10	r_Z [mm]
	120	40	125	50	390	310	K_X [mm]
	590	560	550	500	640	640	K_Y [mm]
	-205	-95	-165	-75	-525	-345	K_Z [mm]
	0	15	0	20	0	20	r_K [mm]

$\mathbf{D_F} =$ (Matrix der oben stehenden Werte)

Abbildung 5.8: Freiheitsgrade für Zielfahrzeuge des Fahrzeugmoduls ARWT

Der Dämpfungskoeffizient $d_{d,aus}$ beschreibt die für Gasdruckfedern charakteristische Strömungsdämpfung, die nur in Ausschubsrichtung wirkt.

Für die freie Bewegung wird die Antriebsstrangreibung $F_{R,A}$ definiert durch

$$F_{R,A} = F_{a,frei} + F_{Bremse} = \frac{2 \cdot \dfrac{i_{Getriebe} \cdot M_{R,Motor}}{\eta_{Getriebe}}}{d_2 \cdot \tan(\arctan \dfrac{P}{\pi \cdot d_2} - \arctan \mu_G)} + F_{Bremse} \tag{5.22}$$

Der Anteil $F_{a,frei}$ wird im Automatikbetrieb durch das erforderliche Motormoment berücksichtigt, so dass die Antriebsstrangreibung $F^*_{R,A}$ im Automatikbetrieb wie folgt formuliert werden kann:

$$F^*_{R,A} = F_{Bremse} \tag{5.23}$$

Weiterhin gilt für das erforderliche Motormoment im Automatikbetrieb bekanntermaßen

$$M^*_{erf} = \frac{F_{erf} \cdot d_2 \cdot \tan(\arctan\dfrac{P}{\pi \cdot d_2} + \arctan \mu_G)}{2 \cdot \eta_{Getriebe} \cdot i_{Getriebe}} + (J_{Rotor} + J_{Getriebe} + \frac{\dfrac{\pi}{32} \cdot d_2^4 \cdot z(\beta_{max}) \cdot \rho_{Spindel}}{i_{Getriebe}}) \cdot \dot{n} \quad (5.24)$$

mit dem Rotorträgheitsmoment J_{Rotor} und dem Getriebeträgheitsmoment $J_{Getriebe}$. Die Temperaturabhängigkeit der nominellen Spindelreibung $\mu_{G,nom}$ wird durch den Koeffizienten $\alpha_{\mu G}$ berücksichtigt:

$$\mu_G = \alpha_{\mu G} \cdot \mu_{G,nom} \quad (5.25)$$

Um Stückzahleffekte zu generieren, wird an dieser Stelle vereinbart, dass die Triebstrangeinheit für alle Zielfahrzeuge identisch sein soll. Somit gehen neben dem Bremselement F_{Bremse} die Parameter zur Motor- und Getriebefestlegung sowie die Spindeleigenschaften in die Auslegungsmatrix $\mathbf{D_{M,A}}$ ein. Dies gilt zusätzlich für die Federreibungen $F_{R,c}$ und $F_{R,d}$, die näherungsweise unabhängig von der Federauslegung seien.
Die Adaption von Gas- oder Stahlfedern hingegen stellt in der Regel einen vertretbaren Aufwand für die jeweiligen Zielfahrzeuge dar. Daher werden die Parameter dieser Komponenten in die Adaptionsmatrix $\mathbf{D_{M,var}}$ übergeführt, vgl. Abbildung 5.9.

Die Motorparameter M_H, I_H, I_0 und n_0 resultieren ebenso wie J_{Rotor} aus dem konstruktiven Aufbau des Motors und umfangreichen Erprobungen beim Motorlieferanten. Aus diesem Grund ist es für die Robustheitsoptimierung in FORM nicht zielführend, die Parameter eines fiktiven, optimalen Motors zu finden. Vielmehr werden für den Anwendungsfall 1 zwei existierende Motoren ausgewählt, die für das Modulkonzept „Einseitiger Spindelantrieb" hinsichtlich der Bauraumanforderungen geeignet sind.

Dabei sei der Motor auf der Seite von $\mathbf{d_{M,A,min}}$ aufgrund eines einfacheren Aufbaus die ökonomisch deutlich günstigere Alternative zum Motor auf der Seite von $\mathbf{d_{M,A,max}}$. Demgegenüber stellt der Motor auf der rechten Seite signifikant bessere Werte der Motorparameter zur Verfügung. Bezüglich der Freiheitsgrade des Moduldesigns muss der Optimierungsalgorithmus in Methodikstufe 4 von FORM dahingehend konfiguriert werden, dass entweder nur die linke Seite oder nur die rechte Seite von $\mathbf{D_{M,A}}$ für die Motorparameter gewählt werden kann.

$$\mathbf{D_{M,A}} =$$

$d_{M,A,min}$	$d_{M,A,max}$	Parameter
410	531	M_H [mNm]
24	29	I_H [A]
0.8	0.26	I_0 [A]
6800	5700	n_0 [U/min]
3.8	4.2	J_{Rotor} [kgmm^2]
10	30	$i_{Getriebe}$ [-]
0.8	0.8	$\eta_{Getriebe}$ [-]
7.5	7.5	$J_{Getriebe}$ [kgmm^2]
0.05	0.5	$\mu_{G,nom}$ [-]
1.0	3.2	P [mm/rad]
10	14	d_2 [mm]
0	400	$F_{R,Bremse}$ [N]
30	30	$F_{R,c}$ [N]
20	20	$F_{R,d}$ [N]

$$\mathbf{D_{M,var}} =$$

$d_{M,var,min}$	$d_{M,var,max}$	Parameter
0.5	2.0	c_{S1} [N/mm]
0.5	2.0	c_{S2} [N/mm]
0.1	1.5	c_d [N/mm]
800	2000	$l_{0,S1}$ [mm]
800	2000	$l_{0,S2}$ [mm]
900	3000	$l_{0,d}$ [mm]
3000	6000	$d_{d,aus}$ [Ns/m]

Abbildung 5.9: Freiheitsgrade für Modulkonzept „Einseitiger Spindelantrieb"

Anmerkung 5.2 *Die durch die Koeffizienten α_D, $\alpha_{\mu G}$ und $\alpha_{l0,d}$ ausgedrückten Temperaturabhängigkeiten von Nominalparametern sind üblicherweise Systemeigenschaften, die weder durch die Auslegung noch durch die in Methodikstufe 3 beschriebenen Unsicherheiten oder Toleranzen durch Parameterstreuungen beeinflusst werden. Daher werden diese Koeffizienten nicht in $\mathbf{D_M}$ behandelt. Zudem werden Temperaturabhängigkeiten von Nominalwerten in der Praxis von Lieferanten oftmals als eigenes Know-how betrachtet, weshalb insbesondere analytische Beschreibungen der Temperaturkoeffizienten nicht zugänglich sind.*

5.3.4 Robustheitsfaktoren

Ausgehend von den statistisch signifikanten Systemparametern in $\mathbf{D}^*_{M,A}$, $\mathbf{D}^*_{M,var}$ und $\mathbf{D}^*_F$ werden die Abweichungen dieser Parameter im Unsicherheitsraum $\mathbf{R}^*_{M,A}$, $\mathbf{R}^*_{M,var}$ und $\mathbf{R}^*_F$ beschrieben. Darüber hinaus können die Parameter ohne Freiheitsgrade $\mathbf{D}'_{M,A}$ und $\mathbf{D}'_F$ ebenfalls mit Unsicherheiten oder Toleranzen behaftet sein. Diese Abweichungen werden durch $\mathbf{R}'_{M,A}$ und $\mathbf{R}'_F$ erfasst.

Im Sinne der Anschaulichkeit werden die genannten Unsicherheitsräume im Folgenden durch die Matrizen $\mathbf{R}_F$ für die Zielfahrzeuge sowie $\mathbf{R}_{M,A}$ und $\mathbf{R}_{M,var}$ für das Modulkonzept zusammengefasst.

Unsicherheiten und Toleranzen der Zielfahrzeuge

Basierend auf Analysen abgeschlossener Fahrzeugprojekte und Expertise können für die betrachteten Zielfahrzeuge die in Abbildung 5.10 dargestellten Parameterabweichungen bestimmt werden.

$$\mathbf{R_F} =$$

Zielfahrzeug 1 vor Start Fahrzeug *Kleinwagen-Segment*			Zielfahrzeug 2 Konzeptentwicklung *Mittelklasse-Segment*			Zielfahrzeug 3 Serienentwicklung *SUV-Segment*			Parameter
Typ	g_U-μ	g_O+μ	**Typ**	g_U-μ	g_O+μ	**Typ**	g_U-μ	g_O+μ	**Parameter**
I+To	-2-0.2	2+0.2	Tr max+To	-0.1-0.2	1+0.2	D+To	-0.5-0.2	0.5+0.2	m [kg]
I+To	-0.5-0.1	0.5+0.1	I+To	-0.05-0.1	+0.05+0.1	D+To	-0.2-0.1	0.2+0.1	J [kgm^2]
Tr max+To	-5-5	70+5	I+To	-10-5	10+5	D+To	-5-5	5+5	S_X [mm]
I+To	-10-5	10+5	I+To	-10-5	10+5	D+To	-5-5	5+5	S_Z [mm]
Tr min	-1	+5	I	-2	+2	-	-	-	β_{max} [°]
Tr max+To	-5-20	50+20	I+To	-20-20	20+20	To	-20	20	$M_{max,D}$ [Nm]
I+To	-5-2.5	5+2.5	I+To	-5-2.5	5+2.5	To	-2.5	2.5	c_D [rad^{-1}]
To	-0.5	0.5	To	-0.5	0.5	To	-0.5	0.5	$M_{R,A}$ [Nm]
Tr max+To	-2-2	20+2	I+To	-10-2	10+2	To	-2	2	R_X [mm]
I+To	-10-2	10+2	I+To	-10-2	10+2	To	-2	2	R_Y [mm]
Tr max+To	-2-2	40+2	I+To	-10-2	10+2	To	-2	2	R_Z [mm]
-	-	-	-	-	-	-	-	-	r_Z [mm]
Tr max+To	-2-2	60+2	I+To	-10-2	10+2	To	-2	2	K_X [mm]
I+To	-10-2	10+2	I+To	-10-2	10+2	To	-2	2	K_Y [mm]
Tr max+To	-2-2	60+2	I+To	-10-2	10+2	To	-2	2	K_Z [mm]
-	-	-	-	-	-	-	-	-	r_K [mm]

Tr max/min - Trend zu größerem/kleinerem Wert
I   - Informationsmangel
D   - Datenunschärfe
U   - Unwissen
To   - Toleranzen

Abbildung 5.10: Unsicherheiten und Toleranzen für Zielfahrzeuge des Fahrzeugmoduls ARWT

Für **Zielfahrzeug 1** existiere bisher lediglich ein kürzlich in den Markt eingeführtes Fahrzeug als Aufsetzpunkt, darüber hinaus bestehen für das Zielfahrzeug selbst noch keine Entwicklungsaktivitäten. Hierdurch resultieren die Unsicherheitstypen Trend und Informationsmangel.

So herrscht beispielsweise Informationsmangel für die Rückwandtürmasse m. Einerseits kann das Gewicht der Rückwandtür durch den Einsatz von

Leichtbautechnologien abnehmen, andererseits würde die Integration weiterer Bauteile, wie beispielsweise Warndreiecke, eine Gewichtszunahme bedingen.

Der Unsicherheitstyp Trend ist typischerweise getrieben von globalen Designentwicklungen. Für Steilheckfahrzeuge sei ein solcher Trend in stetig flacher werdenden Klappen auszumachen. Somit ist für das Zielfahrzeug 1 damit zu rechnen, dass die Neigung der Rückwandtür, verglichen mit dem Maßkonzept des kürzlich in den Markt eingeführten Referenzfahrzeugs, deutlich abnehmen wird. Dies resultiert in sehr großen Unsicherheiten für die horizontale Schwerpunktslage S_x. Da sich dadurch zusätzlich die Zylinder für den Bauraum des Modulkonzepts verändern, sind hier ebenfalls große Trendunsicherheiten anzugeben.

Methodikstufe 3 von FORM entsprechend, werden zusätzlich alle Parameter des Zielfahrzeugs 1, die während der Produktion Streuungen unterworfen sind, mit Toleranzen additiv beaufschlagt.

Das Fahrzeugprojekt für **Zielfahrzeug 2** sei bereits gestartet, wobei zum Einsatzzeitpunkt von FORM mehrere unterschiedliche Designmodelle des Fahrzeugs im Rahmen der Konzeptentwicklungsphase existieren. Aus diesen Designmodellen wird für FORM in Stufe 2 ein Referenzmaßkonzept gebildet, welches globale und unternehmensspezifische Designtrends bereits abbildet.

Die Abweichungen von diesem Referenzmaßkonzept sind deshalb vom Unsicherheitstyp Informationsmangel dominiert, da während der Fahrzeug-konzeptentwicklung typischerweise konträre Designausprägungen ausgestaltet werden. Die Parameterstreuungen aufgrund von Informationsmangel sind in der Regel deutlich größer als die zusätzlich berücksichtigten Produktionstoleranzen.

Charakteristisch für die Konzeptentwicklungsphase ist weiterhin die Möglichkeit, dass neue Technologien, wie beispielsweise Kamerasysteme, in die Heckklappe integriert werden können. Da diese aber oftmals noch nicht serienreif abgesichert sind, wird dieses grundsätzliche Risiko mit dem Trend zu schwerer werdenden Rückwandtüren erfasst.

Mit der Integration des Modulkonzepts in **Zielfahrzeug 3** wird im Rahmen der Implementierung von FORM ein Fahrzeug berücksichtigt, welches zum Zeitpunkt der digitalen Erprobung verifiziert werden soll. Diese digitale Erprobung habe das Ziel, die physische Erprobung des Fahrzeugs während der Serienentwicklungsphase zu ersetzen. Da die Parameter der Rückwandtür m, J, S_X, S_Z lediglich durch CAD-Prozesse zur Verfügung stehen, entstehen hierfür

Unsicherheiten des Typs Datenunschärfe. Darüber hinaus werden die Streuungen aller Parameter mit Produktionstoleranzen superponiert.

Unsicherheiten und Toleranzen des Modulkonzepts

Im Gegensatz zu Streuungen der Fahrzeugparameter ist die Ausprägung der Unsicherheiten und Toleranzen des Modulkonzepts unabhängig von der Fahrzeugentwicklungsphase. Dies liegt darin begründet, dass die systematische Trennung zwischen Fahrzeug- und Modulparametern in Stufe 2 von FORM auf Methodikstufe 3 konsequent übertragen wird.
Die Parameterstreuungen des Modulkonzepts „Einseitiger Spindelantrieb" können Abbildung 5.11 entnommen werden. Hierbei wird die Annahme getätigt, dass das Simulationsmodell durch einen prototypischen Aufbau auf Konzeptebene validiert werden konnte.

Vereinbarungsgemäß weisen die Motorparameter im Unsicherheitsraum $\mathbf{R_{M,A}}$ der **Modulauslegung** keine Streuungen auf, da diese bereits durch den Toleranzfaktor τ in der Simulation berücksichtigt werden. Weiterhin ist die Getriebeübersetzung eine exklusive Optimierungsgröße, die auch während der Fertigung keine signifikanten Abweichungen erfährt.

Darüber hinaus herrscht aufgrund der Simulationsmodellvalidierung auf Konzeptebene die Unsicherheitsart Unwissen, die im untersuchten Modulkonzept den Getriebewirkungsgrad $\eta_{Getriebe}$, die nominelle Spindelreibung $\mu_{G,nom}$ sowie die Reibungskraft der Bremse F_{Bremse} betrifft. Ferner sind die genannten Parameter sowie alle weiteren signifikanten Auslegungsparameter mit Produktionstoleranzen behaftet.

Auf Seiten der **Moduladaption** können die Parameterabweichungen aufgrund von Produktionstoleranzen durch eine Komponentenanalyse gewonnen werden. Für Stahlfedern der Fertigungsgüte 1 sind die zulässigen Streuungen in DIN EN 15800 [DIN-15800] normiert, darüber hinaus sind die Produktionstoleranzen von Gasfedern aufgrund der breiten Anwendung im Automobilbereich [Stab-11] bekannt.

Anmerkung 5.3 *Es hat sich weiterhin gezeigt, dass Abweichungen für Fahrzeug- und Modulparameter nicht mit identischen Verfahren im Sinne von relativer oder absoluter Formulierung beschrieben werden können.*
Unsicherheiten und Toleranzen der Modulparameter beziehen sich typischerweise auf Funktionsdaten, die global zu formulieren sind. Daher handelt es sich hierbei um relative Abweichungen.

Unsicherheiten und Toleranzen der Fahrzeugparameter behandeln Abweichungen von lokalen Geometrie- oder Funktionsdaten, die nicht vom absoluten Wert des Parameters abhängen (z.B. Produktionstoleranzen der Gelenkpunkte). Deshalb sind dies <u>absolute</u> Abweichungen.

$R_{M,A} =$

Typ	g_U/μ	g_O/μ	Parameter
-	-	-	M_H [mNm]
-	-	-	I_H [A]
-	-	-	I_0 [A]
-	-	-	n_0 [U/min]
-	-	-	J_{Rotor} [kgmm²]
-	-	-	$i_{Getriebe}$ [-]
U	0.8	1.2	$\eta_{Getriebe}$ [-]
To	0.9	1.1	$\eta_{Getriebe}$ [-]
To	0.8	1.2	$J_{Getriebe}$ [kgmm²]
U	0.7	1.3	$\mu_{G,nom}$ [-]
To	0.9	1.1	$\mu_{G,nom}$ [-]
To	0.99	1.01	P [mm/rad]
To	0.97	1.03	d_2 [mm]
U	0.8	1.2	$F_{R,Bremse}$ [N]
To	0.9	1.1	$F_{R,Bremse}$ [N]
To	0.7	1.5	$F_{R,c}$ [N]
To	0.5	1.5	$F_{R,d}$ [N]

$R_{M,var} =$

Typ	g_U/μ	g_O/μ	Parameter
To	0.95	1.05	c_{S1} [N/mm]
To	0.95	1.05	c_{S2} [N/mm]
-	-	-	c_d [N/mm]
To	0.9	1.1	$l_{0,S1}$ [mm]
To	0.9	1.1	$l_{0,S2}$ [mm]
To	0.95	1.05	$l_{0,d}$ [mm]
To	0.8	1.2	$d_{d,aus}$ [Ns/m]

Tr max/min	*- Trend zu größerem/kleinerem Wert*
I	*- Informationsmangel*
D	*- Datenunschärfe*
U	*- Unwissen*
To	*- Toleranzen*

Abbildung 5.11: Unsicherheiten und Toleranzen für Modulkonzept „Einseitiger Spindelantrieb"

5.3.5 Robustheitsoptimierung

Um die Robustheit eines Modulkonzepts zu erhöhen, wird in Methodikstufe 4 von FORM der Einsatz evolutionärer Algorithmen vorgeschlagen. Die Maße c_v und p_f aller Ergebnisgrößen der funktionalen Anforderungen gehen hierbei als gewichtete Zielfunktion in den Optimierungsalgorithmus ein. Zur Gewinnung der Variationskoeffizienten c_v und Ausfallwahrscheinlichkeiten p_f stellte sich in Voruntersuchungen eine Anzahl von 25 Latin Hypercube Samples als ausreichend heraus. Weitere Konfigurationsparameter für den Optimierungsalgorithmus sind in Tabelle 5.3 zusammengefasst. Die Optimierung erfolgt mittels des kommerziell erhältlichen

Optimierungsprogramms *optiSlang* [Dyna-11], um die Implementierung der Methodik FORM nicht auf Solitärlösungen aufzubauen.

Anzahl Stichproben für Robustheitswerte	25 Latin Hypercube Samples
Startpopulationsgröße	5 Individuen
Populationsgröße	10 Individuen
Mutationstyp	Adaptiv
Selektionsranking	Exponentiell
Rekombination	Gleichverteilt

Tabelle 5.3: Konfiguration evolutionärer Algorithmus für Anwendungsfall 1

Demnach enthält die Startpopulation 5 Individuen, die zufällig vom Optimierungsalgorithmus ausgewählt werden. Daraufhin werden Nachfolgegenerationen von je 10 Individuen erzeugt. Die Selektion erfolgt hierbei exponentiell, um rasch Individuen mit sehr schlechter Fitness zu eliminieren. Darüber hinaus werden adaptive Mutationstypen eingesetzt, die Rekombination erfolgt gleichverteilt.

Damit die Implementierung der Methodik FORM in realistischen Umgebungen erfolgt, wird auf ein bestehendes Mehrkörpermodell für das Kinematikmodul „Automatische Rückwandtür" aufgesetzt. Dieses Berechnungsmodell ist ein Ergebnis eines bisher noch nicht eingereichten Dissertationsvorhabens [Suya-12], welches sich mit der generischen Modellabbildung mechatronischer Systeme in realen Entwicklungsumgebungen befasst. Darauf basierend wird das Modulkonzept „Einseitiger Spindelantrieb" modelliert. Das Simulationsmodell wird durch das Programm *SIMPACK* beschrieben, welches kommerziell erhältlich ist [Simp-11]. Eine grafische Darstellung des Simulationsmodells zeigt Abbildung 5.12.

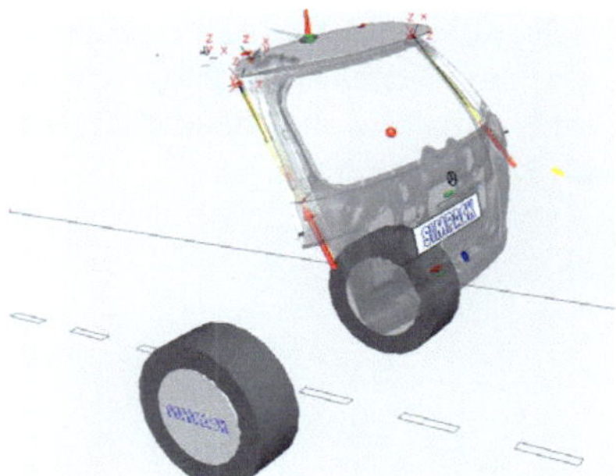

Abbildung 5.12: Grafische Darstellung des Mehrkörpermodells „Einseitiger Spindelantrieb"

Durchschnittlich benötigt das Simulationsmodell für die Berechnung der berücksichtigten 4 Lastfälle 2,5 min. Daraus ergibt sich bei 380 Nominaldesigns, nach denen der Optimierungsalgorithmus automatisch beendet wurde, eine Berechnungszeit von 395 h 51 min. Der Verlauf des Optimierungsalgorithmus wird durch Abbildung 5.13 aufgezeigt.

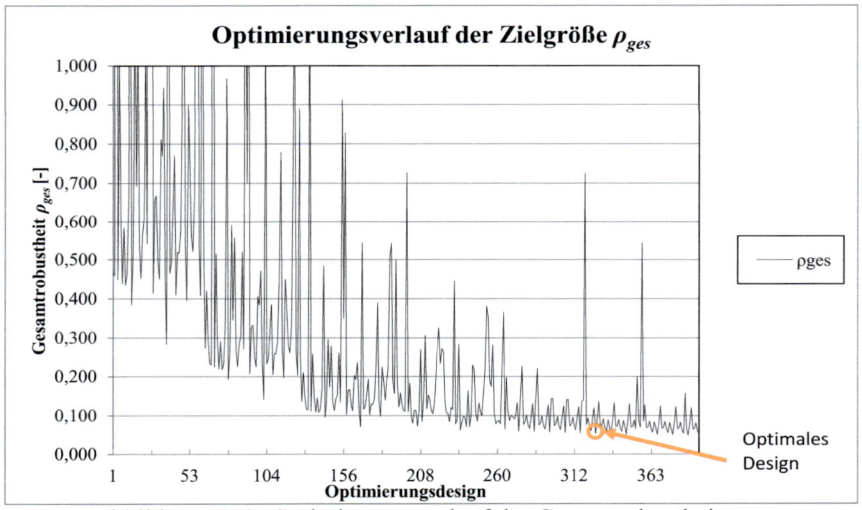

Abbildung 5.13: Optimierungsverlauf der Gesamtrobustheit ρ_{ges}

Hieraus ist zu erkennen, dass durch die zufällige Wahl der Optimierungsparameter zunächst sehr schlechte Werte >40% für die Gesamtrobustheit ρ_{ges} auftreten. Im weiteren Verlauf der Optimierung zeigt sich jedoch eine signifikante, teilweise stufenartige Verbesserung der Zielfunktion. Detaillierter lässt sich dieser Verlauf nachvollziehen, wenn die Gesamtrobustheit ρ_{ges} in die zielfahrzeugbezogenen Variationskoeffizienten $\rho_{cv,F1}$, $\rho_{cv,F2}$, $\rho_{cv,F3}$ und Ausfallwahrscheinlichkeiten $\rho_{pf,F1}$, $\rho_{pf,F2}$, $\rho_{pf,F3}$ aufgeschlüsselt wird, vgl. Abbildung 5.14.

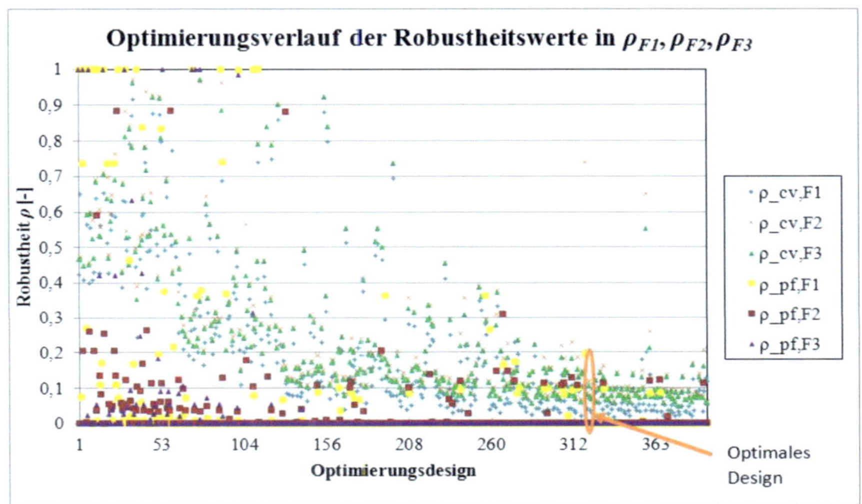

Abbildung 5.14: Optimierungsverlauf von c_v und p_f für die Zielfahrzeuge

Hieraus zeigt sich, dass zu Beginn der Optimierung sehr häufig Ausfallwahrscheinlichkeiten von $p_f=1$ zu verzeichnen sind, die einem Totalausfall der funktionalen Anforderungen gleich kommen. Zusätzlich können auffallend große Variationskoeffizienten $\gg 1$ bei sehr kleinen Mittelwerten konstatiert werden, die in Abbildung 5.14 aus Darstellungsgründen wertmäßig nicht visualisiert sind. Sowohl c_v als auch p_f für die Zielfahrzeuge sind im weiteren Verlauf durch signifikant geringere Werte gekennzeichnet. Neben typischen Spitzen für einen evolutionären Algorithmus nähern sich die Variationskoeffizienten Werten zwischen 3% und 15% an. Die Ausfallwahrscheinlichkeiten hingegen weisen kein asymptotisches Verhalten an, was auf Wahrscheinlichkeitsdichtefunktionen der Ausgabegrößen nahe der spezifizierten Grenze schließen lässt. Einzig für Zielfahrzeug 3 zeigt sich bereits zu Beginn der Optimierung eine vernachlässigbare Ausfallwahrscheinlichkeit.

Die Eigenschaften der Individuen im Optimierungsverlauf zeigt Abbildung 5.15. Hieraus wird schnell die Ursache für den stufenartigen Verlauf der Optimierung ersichtlich. Während zu Beginn der Optimierung beide Motoren in Kombination mit einer schwach dimensionierten Bremse relativ schlechte Werte für die Gesamtrobustheit ρ_{ges} hervorbringen, verbessert sich die Fitnessfunktion der Individuen signifikant, sobald der Motor auf der Seite von $\mathbf{d_{M,A,max}}$ in Verbindung mit einer erhöhten Bremskraft $F_{R,Bremse}$ gewählt wird. Dies ist dadurch zu erklären, dass die Wahl einer geringen Bremskraft zu sehr schlechten Werten für die Erfüllung der Halteforderung in den funktionalen Anforderungen f_3 und f_4 hat.

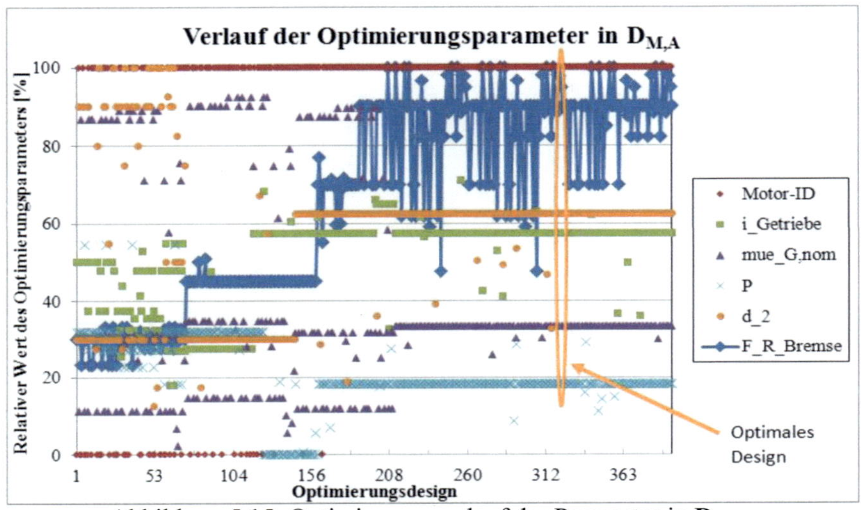

Abbildung 5.15: Optimierungsverlauf der Parameter in $D_{M,A}$

Abschließend gibt Tabelle 5.4 einen detaillierten Überblick über die Zusammensetzung der besten Gesamtrobustheit ρ_{ges} als Ergebnis der Robustheitsoptimierung.

Demnach setzt sich der optimale Wert $\rho_{ges}=5,0$ % aus unterschiedlichen Systemrobustheiten der Zielfahrzeuge ρ_1, ρ_2, ρ_3 zusammen.

Zielfahrzeug 3 zeichnet sich aufgrund des späten Stadiums im Entwicklungsprozess verbunden mit geringen Unsicherheiten durch sehr gute Werte aus. Im Speziellen können keine Ausfallwahrscheinlichkeiten nachgewiesen werden.
Für Zielfahrzeug 2 steigen die Variationskoeffizienten etwas an gegenüber Zielfahrzeug 3, während lediglich für Lastfall f_2 eine messbare, dafür jedoch relativ hohe, Ausfallwahrscheinlichkeit von 12% identifiziert wird.

Die signifikant höheren Unsicherheiten von Zielfahrzeug 1 äußern sich letztendlich neben deutlich größeren Variationskoeffizienten im Besonderen durch Ausfallwahrscheinlichkeiten im zweistelligen Prozentbereich. Dies bestätigt die Detailanalyse des Optimierungsverlaufs in Abbildung 5.14, wonach die Robustheitsoptimierung in FORM nach einem ganzheitlichen

Kompromiss für alle Zielfahrzeuge sucht. Dieser Kompromiss lässt insbesondere für Zielfahrzeuge in sehr frühen Entwicklungsphasen Werte für c_v oder p_f im zweistelligen Prozentbereich zu.

Fahrzeug	Lastfall	c_v (a=1)	p_f (b=1)	Lastfall-robustheit	Gewichtung	
					Lastfälle	Fahrzeuge
Zielfahrzeug 1	f_1	0,02	0,15	0,08	10	
	f_2	0,02	0,16	0,09	8	
	f_3	0,19	0,08	0,14	5	
	f_4	0,13	0,11	0,12	4	1
	f_5	0,12	0,05	0,09	10	
	f_6	0,08	0	0,08	8	
	f_7	0,03	0	0,03	6	
Systemrobustheit ρ_1				0,086		
Zielfahrzeug 2	f_1	0,02	0	0,02	10	
	f_2	0,03	0,12	0,08	8	
	f_3	0,06	0	0,06	5	
	f_4	0,06	0	0,06	4	1
	f_5	0,05	0	0,05	10	
	f_6	0,02	0	0,02	8	
	f_7	0,03	0	0,03	6	
Systemrobustheit ρ_2				0,043		
Zielfahrzeug 3	f_1	0	0	0	10	
	f_2	0	0	0	8	
	f_3	0,06	0	0,06	5	
	f_4	0,06	0	0,06	4	1
	f_5	0,02	0	0,02	10	
	f_6	0,02	0	0,02	8	
	f_7	0,03	0	0,03	6	
Systemrobustheit ρ_3				0,021		
Gesamtrobustheit ρ_{ges}				0,050		

Tabelle 5.4: Robustheitswerte für optimale Modulparameter

Aussage 5.1 *Die Methodik FORM kann für Anwendungsfall 1 erfolgreich implementiert werden. Dies beweist die Machbarkeit von FORM für einen typischen Anwendungsfall aus dem industriellen Umfeld.*

5.4 Anwendungsfall 2: Automatische Schiebtüren im Transporterbereich

Mit Anwendungsfall 2 soll die Praxistauglichkeit von FORM unter extremen Unsicherheiten nachgewiesen werden. Die Quellen dieser Unsicherheiten liegen dabei nicht nur innerhalb des eigenen Unternehmens, sondern resultieren ebenfalls aus unternehmensstrategischen Gesichtspunkten wie Akquisition, die geeignet für die robuste Auslegung eines Mehrkörpersystems berücksichtigt werden müssen.

5.4.1 Systembeschreibung

In der praktischen Anwendung besteht die Aufgabe des Fahrzeugmoduls „Automatische Schiebetür" (AST) darin, an einer geeigneten Stelle durch die „elektromotorische Betätigung von Kraftfahrzeug-Schiebetüren" Kräfte so einzuleiten, dass die Schiebetür entlang der Führungs- und Tragschienen ohne manuelle Unterstützung geöffnet und geschlossen wird. Vorteilhafterweise wird hierdurch der bei der manuellen Betätigung „komfortwidrig relativ hohe Kraftaufwand" obsolet [RöHi-99, HoCB-04]. Abbildung 5.17 visualisiert von Fahrzeuginnenseite betrachtet eine mögliche technische Realisierung des Fahrzeugmoduls AST durch das Modulkonzept „Drahtzug".

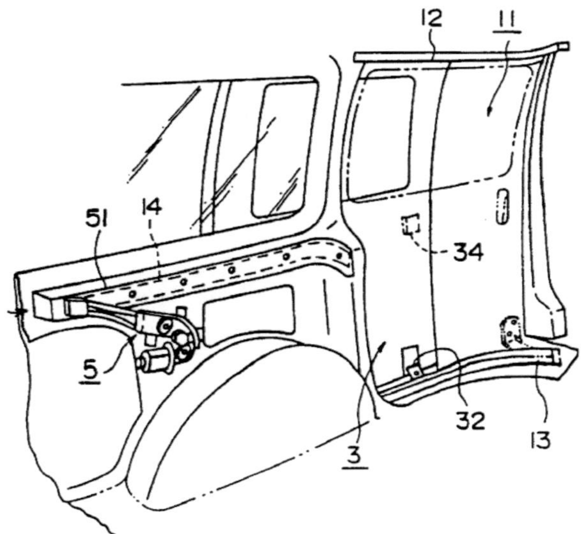

Abbildung 5.16: Veranschaulichung Automatische Schiebetür [KaSh-00]

Hierbei werden durch eine fahrzeugfeste Antriebseinheit Kräfte in die Schiebetür übertragen. Die Kraftübertragung erfolgt durch einen doppelten Drahtzug, der in der fahrzeugfesten mittleren Schiene verläuft [KaSh-00, Oxle-08].

Mehrkörpermodellierung

Um die überlagerten Schiebetür-Bewegungen habhaft zu machen, wird zu Beginn der Mehrkörpermodellierung die Topologie der Schiebetür in Abbildung 5.18 ohne Antrieb dargestellt.

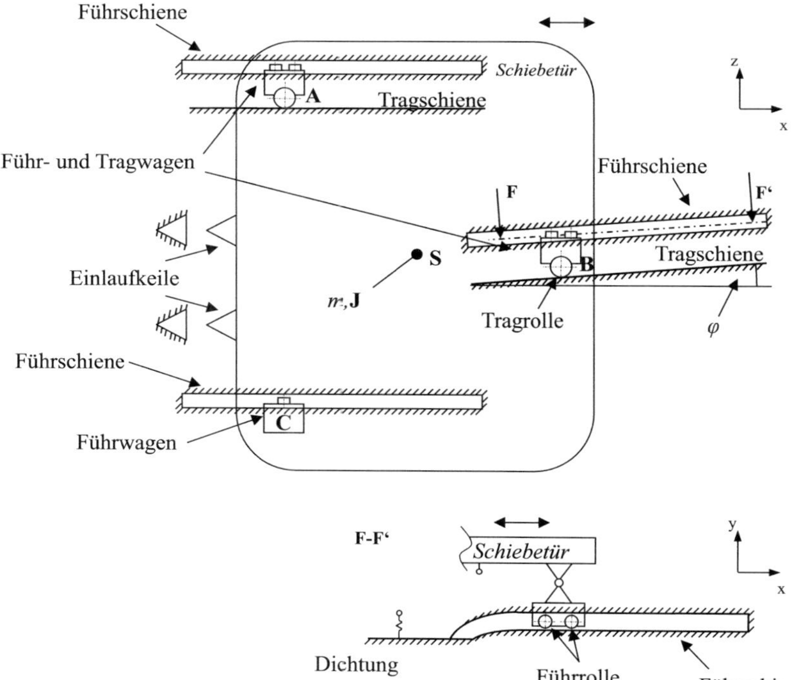

Abbildung 5.17: Topologie einer mechanischen Schiebetür

Schiebetüren weisen im Allgemeinen drei Laufwägen auf, deren Aufgabe das Führen und Tragen der Schiebetür ist. Im dargestellten Beispiel wird die Tragaufgabe durch je eine Tragrolle am oberen und mittleren Laufwagen realisiert. Um die Tür insbesondere im Einlaufbereich der Schiebetür zu führen, weisen diese Laufwägen jeweils zwei Führrollen auf, wie der Schnitt F-F' zeigt. Der untere Laufwagen ist durch eine Führrolle zur Stabilisierung der Tür charakterisiert.

Karosserieseitig wird die Schiebetürbewegung durch Trag- und Führschienen vorgegeben, hierbei kann durch den Neigungswinkel φ der mittleren Schiene ein selbstschließendes Verhalten der Schiebetür ausgeprägt werden. Der Schließbewegung entgegengesetzt wirkt die Reaktionskraft des Dichtungsprofils, weiterhin dienen Einlaufkeile der Fixierung und Ausrichtung der Tür im geschlossenen Zustand. Da die Schlösser von Schiebetüren typischerweise in der Produktion eingestellt werden, wird das Schloss in der Modellierung vernachlässigt. Aufgrund der sehr viel geringeren Masse im Vergleich zur Schiebetür wird die Trägheit der Drehbeschleunigung aller Trag- und Führrollen ebenfalls vernachlässigt.

Eine mögliche Realisierung des vielfach beschriebenen und eingesetzten Modulkonzepts „Seilzug" [KuJo-94, Menk-99] einer Automatischen Schiebetür ist in Abbildung 5.19. veranschaulicht.

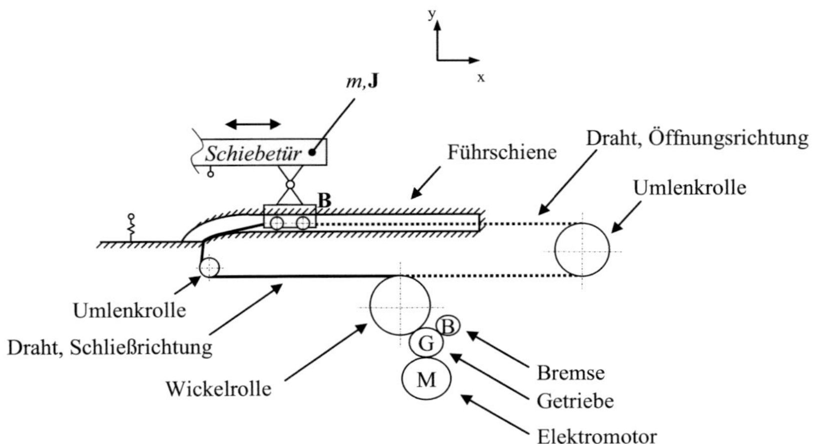

Abbildung 5.18: Mechanisches Ersatzmodell des Modulkonzepts „Seilzug"

Dabei werden zwei Seilzüge am mittleren Laufwagen fixiert und über Umlenkrollen einer Wickelrolle derart zugeführt, dass beim Aufwickeln eines Drahtes der andere Draht gleichermaßen abgewickelt wird. Das Drehmoment an dieser Wickelrolle wird durch einen Elektromotor erzeugt, dessen Drehzahl in geeigneter Weise durch ein Getriebe reduziert wird. Optional können Bremsen eingesetzt werden, um die Schiebetür in beliebigen Zwischenstellungen zu halten.

Aus verschiedenen Kraft- und Momentenbilanzierungen ergibt sich für die erforderliche Drahtseilkraft F_{Seil}

$$
\begin{aligned}
F_{Seil} ={}& \frac{m \cdot \ddot{r}}{\cos\varphi} + \frac{J_{xx} \cdot \ddot{\gamma} \cdot \sin\varphi}{l_{Bz}} + (J_{yy} + m \cdot l_{AS}^2) \cdot \ddot{\chi} \cdot \left(\frac{\sin\varphi}{l_{Bx}} - \frac{l_{By}}{l_{Bz} \cdot l_{Bx}} \cdot \sin\nu\right) \\[2ex]
&+ m \cdot g \cdot \left(\sin\nu \cdot \left(\frac{l_{Sy}}{l_{Bz}} - \frac{l_{By} \cdot l_{Sx}}{l_{Bz} \cdot l_{Bx}}\right) + \frac{l_{Sx}}{l_{Bx}} \cdot \sin\varphi\right) \\[2ex]
&+ (F_{B,R,trag} + F_{B,R,führ}) \cdot \left(1 - \frac{l_{By} \cdot \sin\nu}{l_{Bx}} \cdot \cos\varphi + \frac{l_{Bz}}{l_{Bx}} \cdot \sin\varphi\right) + \frac{F_{A,R,trag} + F_{A,R,führ}}{\cos\varphi} \\[2ex]
&+ F_{C,R,führ} \cdot \left(\frac{l_{Cz}}{l_{Bx}} \cdot \sin\varphi + \frac{1}{\cos\varphi} - \frac{l_{By} \cdot l_{Cz} \cdot \sin\nu}{l_{Bz} \cdot l_{Bx}}\right) \\[2ex]
&- M_D \cdot \left(\frac{\sin\nu}{l_{Bz}}\right) + 2F_{Ek} \cdot \left(-\frac{1}{\cos\varphi} + \frac{l_{By} \cdot \sin\nu}{l_{Bx}} - \frac{l_{Bz} \cdot \sin\varphi}{l_{Bx}}\right)
\end{aligned}
\tag{5.27}
$$

Hierin werden die Trägheitseigenschaften der Schiebetür durch die Masse m sowie die Trägheitsmomente J_{XX} und J_{YY} im körperfesten Hauptachsensystem erfasst. Die Kinematik des Systems wird durch die translatorische Beschleunigung des Punktes **A** in z-Richtung $\ddot{r}$ sowie durch die rotatorische Beschleunigung des Schwerpunktes **S** relativ zu **A** in der xz-Ebene $\ddot{\chi}$ und in der yz-Ebene $\ddot{\gamma}$ beschrieben. Ferner stellt ν die Schienenkrümmung in der xy-Ebene dar, die Hebelarme gegenüber Punkt **A** werden durch l_{Bx}, l_{By}, l_{Bz}, l_{Sx}, l_{Sy}, l_{Sz}, l_{Cz} dokumentiert. Darüber hinaus wird die Rollreibung der Tragrollen durch $F_{A,R,trag}$ und $F_{B,R,trag}$ sowie die Rollreibung der Führrollen durch $F_{A,R,führ}$, $F_{B,R,führ}$ und $F_{C,R,führ}$ erfasst. Ferner beschreibt M_D das resultierende Moment der Dichtung in der xy-Ebene. Die Gegenkraft eines Einlaufkeils an der Schiebetür wird durch F_{Ek} dargestellt.

Verhalten im stromlosen Zustand

Um analog zu Anwendungsfall 1 die Haltebedingung zu formulieren, werden aus Gleichung (5.27) alle nach der Zeit differenzierten Größen sowie die Gravitationskräfte zu Null gesetzt. Damit gilt für den Reibungsanteil der Schiebetür am mittleren Laufwagen

$$F_{R,Seil} = +(F_{B,R,trag} + F_{B,R,f\ddot{u}hr}) \cdot (1 - \frac{l_{By} \cdot \sin v}{l_{Bx}} \cdot \cos \varphi + \frac{l_{Bz}}{l_{Bx}} \cdot \sin \varphi) + \frac{F_{A,R,trag} + F_{A,R,f\ddot{u}hr}}{\cos \varphi}$$

$$+ F_{C,R,f\ddot{u}hr} \cdot (\frac{l_{Cz}}{l_{Bx}} \cdot \sin \varphi + \frac{1}{\cos \varphi} - \frac{l_{By} \cdot l_{Cz} \cdot \sin v}{l_{Bz} \cdot l_{Bx}})$$

$$+ 2F_{Ek} \cdot (-\frac{1}{\cos \varphi} + \frac{l_{By} \cdot \sin v}{l_{Bx}} - \frac{l_{Bz} \cdot \sin \varphi}{l_{Bx}}) \qquad (5.28)$$

Zusätzlich wirken am mittleren Laufwagen Reibungsgegenkräfte aus dem Antriebsstrang $F_{R,A}$:

$$F_{R,A} = \frac{M_{R,UR}}{r_{UR}} + \frac{M_{R,AS}}{r_{WR}} \qquad (5.29)$$

Diese Kräfte beinhalten zum einen das Reibmoment $M_{R,UR}$ der im Eingriff befindlichen Umlenkrolle mit dem Radius r_{UR}. Zum anderen wird die Antriebsstrangreibung durch ein an der Wickelrolle angreifendes Moment $M_{R,AS}$ mit dem Radius r_{WR} berücksichtigt. $M_{R,AS}$ lässt sich wie folgt detaillieren:

$$M_{R,AS} = M_{R,WR} + \frac{M_{R,Motor} \cdot i_{Ges}}{\eta_{Getriebe}} + M_{Bremse} \cdot i_{Bremse,WR} \qquad (5.30)$$

Hierin stellt $M_{R,WR}$ das Reibmoment der Wickelrolle selbst dar. Ferner vergrößert die Gesamtübersetzung i_{Ges} das Motorreibmoment $M_{R,Motor}$, die Getriebereibung wird über den Wirkungsgrad $\eta_{Getriebe}$ erfasst. Durch eine optional einsetzbare Bremse wird die Reibwirkung weiter durch das Bremsmoment M_{Bremse} und dessen Übersetzung zur Wickelrolle $i_{Bremse,WR}$ erhöht.

Halten ist gegeben, wenn die Reibungskräfte größer als der Differenzbetrag zwischen der Massengravitationskraft und den Entlastungskräften werden. Daraus lässt sich die Reibungsreserve $\delta_{Reibung}$ des Systems zur Vermeidung selbsttätiger Bewegungen wie folgt ableiten:

$$\delta_{\text{Reibung}} = (F_{R,Seil} + F_{R,A}) - | m \cdot g \cdot (\sin v \cdot (\frac{l_{Sy}}{l_{Bz}} - \frac{l_{By} \cdot l_{Sx}}{l_{Bz} \cdot l_{Bx}}) + \frac{l_{Sx}}{l_{Bx}} \cdot \sin \varphi) - M_D \cdot (\frac{\sin v}{l_{Bz}}) | \qquad (5.31)$$

Verhalten im Automatikbetrieb

Die Bewegungsvorgabe ergibt sich durch das zu Anwendungsfall 1 identische Drehzahlprofil des Elektromotors. Aufgrund der Einlaufschräge der Schienen entspricht der Drahthub $z(t)$ nicht dem Freiheitsgrad r, sondern der Bogenlänge L des Schienenprofils. Die Führungsschienen von Schiebetüren können in der xy-Ebene als tanh-Funktion approximiert werden. Da der Seilzug am mittleren Laufwagen angreift, gilt für die y-Koordinate des Punktes **B**

$$B_Y(r) = B_{Y,\max} \cdot \tanh(m_B \cdot r) \, . \tag{5.32}$$

Diese Funktion ist gleichbedeutend mit der Relativbewegung des mittleren Laufwagens gegenüber dem oberen Laufwagen in y. Mit dem Hub r_{max} des Freiheitsgrades r ergibt sich daraus die Bogenlänge L, welche in der Regel numerisch berechnet wird zu

$$L = \int_{r=0}^{r_{\max}} \sqrt{1 + (f'(r))^2} \, dr = \int_{r=0}^{r_{\max}} \sqrt{1 + \left(\frac{d(B_{Y,\max} \cdot \tanh(m_B \cdot r))}{dx}\right)^2} \, dr \, . \tag{5.33}$$

Die Bogenlänge L entspricht dem Drahthub $z(t)$. Damit lässt sich die Bewegungsvorgabe des Motors mit dem Motorwinkel ψ_{Motor} und dem Wickelrollenwinkel ψ_{WR} wie folgt bestimmen.

$$\psi_{Motor}(t) = z(t) \cdot \frac{i_{Ges}}{r_{WR}} \quad \text{mit } i_{Ges} = \frac{\psi_{Motor}}{\psi_{WR}} \text{ und } \psi_{WR}(t) = \frac{z(t)}{r_{WR}} \, . \tag{5.34}$$

Das erforderliche Motormoment M^*_{erf} ergibt sich daraufhin zunächst zu

$$M^*_{erf} = \frac{F_{Seil} \cdot r_{WR}}{\eta_{Getriebe} \cdot i_{Ges}} + M_{Bremse} \cdot i_{Bremse,M} + M_{R,WR} + M_{R,UR} + \left(J_{Rotor} + J_{Getriebe} + \frac{J_{WR}}{i_{Ges}}\right) \cdot \ddot{\varphi} \, . \tag{5.35}$$

Hierbei wirkt zusätzlich zur erforderlichen Verfahrkraft der Tür $F_{erf,o}$ das Bremsmoment M_{Bremse} mit der Übersetzung $i_{Bremse,M}$ zum Motor, ferner sind die Trägheitsmomente bei der Beschleunigung des Rotors J_{Rotor}, des Getriebes $J_{Getriebe}$ sowie des Wickelrades zu berücksichtigen. Zusätzlich erschweren Reibmomente des Wickelrades $M_{R,WR}$ und der im Eingriff befindlichen Umlenkrolle $M_{R,UR}$ die Bewegung der Schiebetür.

In Analogie zu Anwendungsfall 1 gilt für die Simulation des erforderlichen Motormoments M_{erf}:

$$M_{erf} = \begin{cases} M^*_{erf} \text{ für } M^*_{erf} < M_H \\ M_H \text{ für } M^*_{erf} > M_H \end{cases} \text{, für } t_{dyn} > 0 \\ M_H \cdot \left(1 - \frac{t_{dyn}}{t_V}\right) \quad \text{, für } t_{dyn} \leq 0 \tag{5.36}$$

Aus dem Betriebszustands des Elektromotors kann darüber hinaus das verfügbare Motormoment M_{verf} abgeleitet werden:

$$M_{verf} = \tau \cdot \frac{M_H}{I_H - I_0} \cdot \left(\frac{U_{verf}}{U_N} \cdot \frac{I_H}{1 + \alpha(\vartheta - 20°C)} - I_0 \right) \cdot \left(1 - \frac{n}{n_0} \cdot \frac{U_N - I_0 \cdot \frac{U_N}{I_H} \cdot (1 + \alpha(\vartheta - 20°C))}{U_{verf} - I_0 \cdot \frac{U_N}{I_H} \cdot (1 + \alpha(\vartheta - 20°C))} \right) \quad (5.37)$$

Für die Reserve des Motormoments gilt dann

$$\delta_{Motor} = M_{verf} - M_{erf} \qquad\qquad (5.38)$$

Detaillierte Herleitungen zu (5.27-38) sind in Anhang A.5 zu finden.

5.4.2 Funktionale Anforderungen

Spezifikation

In der ersten Methodikstufe von FORM werden aus dem Lastenheft für das Fahrzeugmodul AST die relevanten funktionalen Anforderungen in die bekannte Darstellung gemäß Abbildung 5.20 übergeführt. Dem Anwendungsszenario entsprechend handelt es sich um die funktionalen Anforderungen von *OEM-B*, aus dessen Sichtweise die Implementierung von FORM erfolgt. Die ausgeführten Spezifikationen dienen wiederum der Veranschaulichung.

ID	Bezeichnung	Gewichtung	Spezifikation	Temperatur [°C]	Neigung um X-Achse [%]	Neigung um Y-Achse [%]	Zusatzlasten [kg]
f_1	Norm-Automatiklauf (t_V=5s)	10	$min(\delta_{Motor})>0$	20	0	0	0
f_2	Automatiklauf Worst-case Öffnen (t_V=7s)	8	$min(\delta_{Motor})>0$	80	-20 (Tür hoch)	+20 (downhill)	+10 kg
f_3	Automatiklauf Worst-case Schließen (t_V=7s)	7	$min(\delta_{Motor})>0$	80	+20 (Tür tief)	-20 (uphill)	+10 kg
f_4	Halten in Zwischenstellung Worst-case Schließen	5	$min(\delta_{Reibung})>0$	80	-20 (Tür hoch)	+20 (downhill)	+10 kg
f_5	Halten in Zwischenstellung Worst-case Öffnen	4	$min(\delta_{Reibung})>0$	80	+20 (Tür tief)	-20 (uphill)	+10 kg

Abbildung 5.19: Funktionale Anforderungen des Fahrzeugmoduls AST für FORM

Im Sinne der Übersichtlichkeit werden (analog zu Anwendungsfall 1) die kritischsten funktionalen Anforderungen dargestellt. Dies sind zum einen der Automatiklauf unter Normbedingungen f_1 sowie unter schwierigsten Umständen für den Öffnungsvorgang f_2 sowie für den Schließvorgang f_3. Zusätzlich besteht die Forderung, dass durch das Fahrzeugmodul AST die Schiebetür unter ungünstigsten Bedingungen gegen Schließen f_4 sowie gegen Öffnen f_5 gehalten werden muss. Die spezifischen Worst-case-Bedingungen sind gekennzeichnet durch hohe Temperaturen, verschiedene Neigungen um x- und y-Achse des Fahrzeugkoordinatensystems sowie durch Zusatzlasten in der Schiebetür wie beispielsweise Getränke in den Ablagefächern.

Lastfallbasierte Simulation

Um aus den $r=5$ funktionalen Anforderungen simulationsfähige Lastfälle zu generieren, werden die funktionalen Anforderungen in Abbildung 5.21 strukturiert.

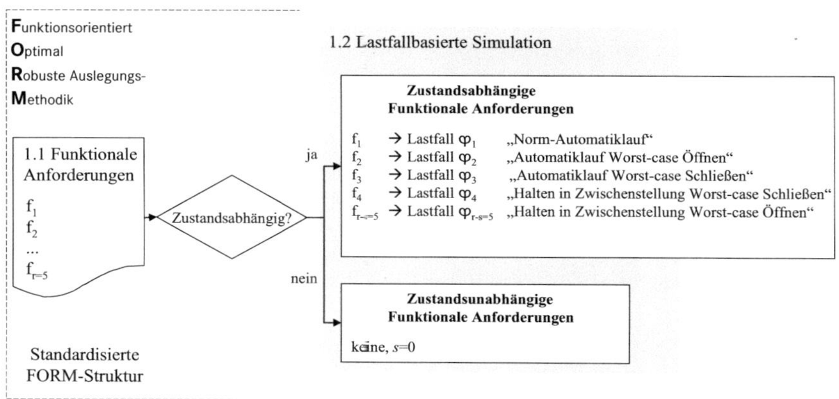

Abbildung 5.20: Strukturierung der funktionalen Anforderungen für AST

Da alle berücksichtigten funktionalen Anforderungen zustandsabhängig zu erfüllen sind, existieren für den Anwendungsfall 2 von FORM keine zustandsunabhängigen funktionalen Anforderungen.

5.4.3 Optimierungsraum

Um den Raum für die Robustheitsoptimierung aufspannen zu können, werden sämtliche Parameter des Systems analysiert und in die für Methodikstufe 2 von FORM definierte Matrizenformulierung übergeführt. Alle dargestellten Parameterräume dienen der repräsentativen Veranschaulichung.

Freiheitsgrade Fahrzeugdesign

Wie aus Abbildung 5.22 ersichtlich, handelt es sich für die Zielfahrzeuge neben Trägheitsparameter wie m, $\mathbf{S}$, J_{XX} und J_{YY} um die Geometriekoordinaten $\mathbf{B}$ und $\mathbf{C}$ zur Beschreibung der Türabmessungen. Darüber hinaus wird die Schiene durch φ, $B_{Y,max}$ und m_B hinreichend erfasst. Die Rollreibung wird über Rollwiderstandskoeffizienten $c_{R,t}$ für die Tragrollen und $c_{R,f}$ für die Führrollen erfasst und errechnet sich beispielsweise für die Tragrolle im Punkt $\mathbf{B}$ mit der Normalkraft $F_{B,N}$ zu

$$F_{B,R,trag} = c_{R,t} \cdot F_{B,N} . \tag{5.39}$$

Weiterhin liegt nominal keine Verspannung $F_{C,R,führ}$ der Führungsrollen vor, die Dichtungsgegenkraft wird analog zu Anwendungsfall 1 durch die Parameter $M_{max,D}$ und c_D eindeutig beschrieben. Der translatorische Hub der Schiebetür wird durch r_{max} erfasst.

Der Vergleich zwischen Zielfahrzeug 1 und Zielfahrzeug 2 ist durch große Unterschiede in den Abmessungen und damit in den Trägheitsdaten gekennzeichnet. Weiterhin weist die Schiene von Zielfahrzeug 2 keine Schienenneigung und geringere Dichtungsgegenkräfte auf. Dies ist durch die vorwiegend industrielle Käuferschicht eines Großtransporters bedingt. Zum einen soll bei kurzen Be- und Entladevorgängen die Tür nicht selbstständig zufallen. Zum anderen sind die Akustikanforderungen bei Großtransportern durch die Trennung zwischen Fahrer- und Laderaum bedeutend geringer, wodurch das Dichtungsprofil eines Großtransporters typischerweise geringere Steifigkeiten aufweist.

Weiterhin weisen die Parameter in $\mathbf{D_F}$ keinen Optimierungsraum auf. Dies zeigt die besondere Herausforderung für das Fahrzeugmodul AST, in dem die gesamte Adaption an die verschiedenen Zielfahrzeuge durch das Modul selbst erfolgen muss.

Freiheitsgrade Moduldesign

Im Sinne der Wirtschaftlichkeit soll sich die Wahl des Elektromotors analog zu Anwendungsfall 1 auf zwei existierende Motoren fokussieren, die in großen Stückzahlen hergestellt werden können. Wie Abbildung 5.23 veranschaulicht, ist der Motor auf der Seite von $\mathbf{d_{M,A,max}}$ identisch zum gewählten Motor aus der Robustheitsoptimierung von Anwendungsfall 1. Aufgrund noch höherer Stückzahlen wird für den Elektromotor auf der Seite von $\mathbf{d_{M,A,min}}$ ein Fensterhebermotor gewählt, der durch deutlich geringere Drehzahlen bei höheren Momenten gekennzeichnet ist. Darüber hinaus lässt das Modulkonzept

„Seilzug" sehr große Freiheitsgrade bezüglich der Übersetzungen i_{Ges}, $i_{Bremse,WR}$ sowie $i_{Bremse,M}$ zu. Da der Wirkungsgrad $\eta_{Getriebe}$ und das Massenträgheitsmoment $J_{Getriebe}$ von der gewählten Getriebeübersetzung i_{Ges} abhängen, sind diese Parameter nicht in den Freiheitsgraden der Modulauslegung $\mathbf{D}_{M,A}$ enthalten.

Im Modulkonzept „Seilzug" sind keine Entlastungs- oder Dämpfungselemente vorgesehen, deshalb sind die Freiheitsgrade der Adaption $\mathbf{D}_{M,var}$ ausschließlich durch geometrische Variationen der Wickelrolle r_{WR} sowie der Umlenkrollen für Öffnen $r_{UR,o}$ und Schließen $r_{UR,c}$ gekennzeichnet.

Zielfahrzeug 1 *Kleintransporter*		Zielfahrzeug 2 *Großtransporter*		
$d_{F1,min}$	$d_{F1,max}$	$d_{F2,min}$	$d_{F2,max}$	**Parameter**
55	55	90	90	m [kg]
6	6	9	9	J_{XX} [kgm^2]
50	50	75	75	J_{YY} [kgm^2]
550	550	750	750	S_X [mm]
40	40	50	50	S_Y [mm]
-850	-850	-1050	-1050	S_Z [mm]
1100	1100	1500	1500	B_X [mm]
50	50	50	50	B_Y [mm]
-750	-750	-1050	-1050	B_Z [mm]
-1400	-1400	2100	2100	C_Z [mm]
2	2	0	0	φ [°]
50	50	70	70	$B_{Y,max}$ [mm]
0.02	0.02	0.03	0.03	m_B [m^{-1}]
0.01	0.01	0.01	0.01	$c_{R,t}$ [-]
0.006	0.006	0.006	0.006	$c_{R,f}$ [-]
0	0	0	0	$F_{C,R,führ}$ [-]
1100	1100	1500	1500	r_{max} [mm]
1000	1000	750	750	$M_{max,D}$ [Nm]
0.04	0.04	0.04	0.04	c_D [rad^{-1}]
10	10	25	25	F_{Ek} [N]

Die Matrix $\mathbf{D}_F$ gilt für *Keine Adaption*.

Abbildung 5.21: Freiheitsgrade für Zielfahrzeuge des Fahrzeugmoduls AST

$$\mathbf{D_{M,A}} = \begin{array}{|c|c|l|} \hline \mathbf{d_{M,A,min}} & \mathbf{d_{M,A,max}} & \textbf{Parameter} \\ \hline 8000 & 410 & M_H \text{ [mNm]} \\ 25 & 24 & I_H \text{ [A]} \\ 2.5 & 0.8 & I_0 \text{ [A]} \\ 90 & 6800 & n_0 \text{ [U/min]} \\ 6.8 & 3.8 & J_{Rotor} \text{ [kgmm}^2\text{]} \\ 0.1 & 500 & i_{Ges} \text{ [-]} \\ 0 & 800 & M_{Bremse} \text{ [mNm]} \\ 3 & 20 & i_{Bremse,WR} \text{ [-]} \\ 3 & 40 & i_{Bremse,M} \text{ [-]} \\ \hline \end{array}$$

$\mathbf{d_{M,A,min}}$	$\mathbf{d_{M,A,max}}$	**Parameter**
8000	410	M_H [mNm]
25	24	I_H [A]
2.5	0.8	I_0 [A]
90	6800	n_0 [U/min]
6.8	3.8	J_{Rotor} [kgmm^2]
0.1	500	i_{Ges} [-]
0	800	M_{Bremse} [mNm]
3	20	$i_{Bremse,WR}$ [-]
3	40	$i_{Bremse,M}$ [-]

$\mathbf{D_{M,var}} =$

$\mathbf{d_{M,var,min}}$	$\mathbf{d_{M,var,max}}$	**Parameter**
5	25	$r_{UR,o}$ [mm]
5	25	$r_{UR,c}$ [mm]
5	30	r_{WR} [mm]

Abbildung 5.22: Freiheitsgrade für Modulkonzept „Seilzug"

Signifikante Systemparameter

Abbildung 5.24 zeigt das Regressionsmodell und zugehörige Bestimmtheitsmaße zwischen der beispielhaften Ausgabegröße für f_2 und den Optimierungsparametern. Aus den Optimierungsparametern wurden hierfür mit Gleichverteilungen LHS-Stichproben (k=250) generiert.

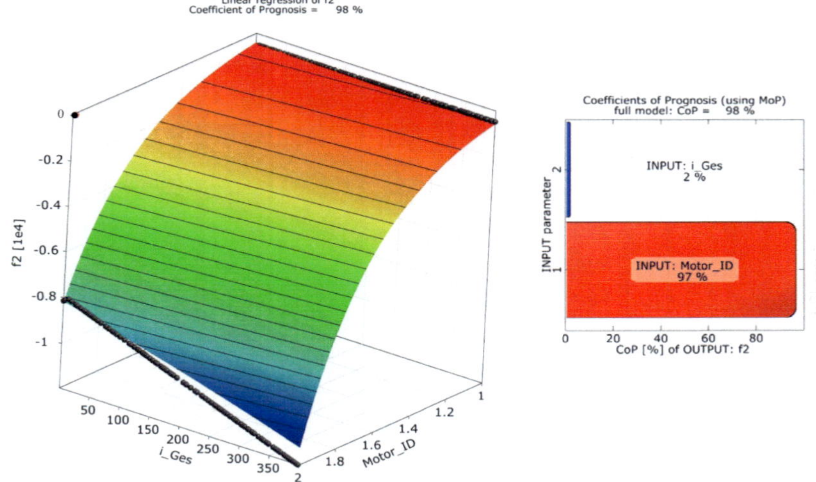

Abbildung 5.23: Regressionsmodell für f_2 und Optimierungsparameter,
Modulkonzept „Seilzug"

Hieraus sind die Konsequenzen des weiten Spektrums in $\mathbf{D_{M,A}}$ und der diskreten Größe der Motorwahl für die Bestimmung signifikanter Systemparameter zu erkennen. Einerseits kann mit den eingesetzten Regressionsmethoden eine hohe Prognosegüte erzielt werden. Andererseits ließen die Bestimmtheitsmaße die Schlussfolgerung zu, dass lediglich die Größen „Motor-ID" und i_{Ges} einen Einfluss auf das Systemverhalten haben. Weitergehende Untersuchungen mit konstanter Motorwahl und geringen Abweichungen in i_{Ges} zeigten jedoch statistische Signifikanz der übrigen Optimierungsparameter. Für Anwendungsfall 2 erfolgt daher aufgrund des großen und diskreten Optimierungsraumes keine Reduktion der Optimierungsparameter.

5.4.4 Robustheitsfaktoren

Unsicherheiten und Toleranzen der Zielfahrzeuge

Abbildung 5.25 zeigt die Unsicherheiten und Toleranzen für die Zielfahrzeuge Kleintransporter und Großtransporter.

Zielfahrzeug 1 befinde sich bei *OEM-B* in der Konzeptentwicklungsphase, die neben Produktionstoleranzen für die meisten Parameter Unsicherheiten der Art Informationsmangel hervorruft. Die Wertebefüllung dieser Unsicherheiten wird auf Basis von Expertise und der Analyse abgeschlossener Entwicklungsprojekte durchgeführt.

Für **Zielfahrzeug 2** hingegen existiert aus Sicht von *OEM-B* lediglich ein aktuell im Markt befindlicher Großtransporter von *OEM-C*, darüber hinaus seien keine Informationen über eine neue Generation dieses Großtransporters zugänglich. Wie eingangs zu Anwendungsfall 2 formuliert, besteht die größte Herausforderung darin, extreme Unsicherheiten abbilden und handhaben zu können. Diese bestehen hier in einer möglichen Kooperation oder Aquisition von *OEM-C* durch *OEM-B*.

Zur Handhabung dieser großen Unsicherheiten werden die in Methodikstufe 3 von FORM vorgeschlagenen Klassifikationsmethoden konsequent angewandt:

- Gemäß der Definition der 4 Unsicherheitsarten werden unternehmensstrategische Unsicherheiten der Art Informationsmangel zugeordnet. Dies äußert sich in einer ähnlichen Formulierung zu Zielfahrzeug 1, jedoch sind die Grenzen dieser Unsicherheiten deutlich weiter gefasst.

- Während für die Fahrzeugparameter selbst keine eindeutigen Designtrends erkennbar sind, besteht das Risiko einer konzeptionellen Entscheidung zu stärker geneigten Schienen und somit zu selbstschließenden Schiebetüren. Diesem Sachverhalt wird durch die Trendformulierung der Schienenneigung φ Rechnung getragen.

- Zusätzlich zu den Unsicherheiten dürfen Produktionstoleranzen nicht vernachlässigt werden. Aufgrund der größeren Abmessungen der Schiebetür und der industriell geprägten Käuferschicht eines Großtransporters werden die Schiebetür-Toleranzen konservativ als doppelt so groß im Vergleich zum Kleintransporter abgeschätzt.

$$\mathbf{R_F} =$$

Zielfahrzeug 1 Konzeptentwicklung *Kleintransporter*			Zielfahrzeug 2 vor Start Fahrzeug *Großtransporter*			
Typ	g_U-μ	g_O +μ	**Typ**	g_U-μ	$g_{O+}\mu$	**Parameter**
I+To	-2-0.5	2+0.5	I+To	-15-1	15+1	m [kg]
I+To	-0.5-0.1	0.5+0.1	I+To	-1.5-0.1	1.5+0.1	J_{XX} [kgm^2]
I+To	-1.5-0.1	1.5+0.1	I+To	-5-0.2	5+0.2	J_{YY} [kgm^2]
I+To	-10-2.5	10+2.5	I+To	-20-10	20+10	S_X [mm]
I+To	-5-2.5	5+2.5	I+To	-10-10	10+10	S_Y [mm]
I+To	-10-2.5	10+2.5	I+To	-20-10	20+10	S_Z [mm]
I+To	-5-2.5	5+2.5	I+To	-20-5	20+5	B_X [mm]
I+To	-2.5-2.5	2.5+2.5	I+To	-5-5	5+5	B_Y [mm]
I+To	-5-2.5	5+2.5	I+To	-20-5	20+5	B_Z [mm]
I+To	-10-2.5	10+2.5	I+To	-10-5	10+5	C_Z [mm]
To	-0.1	0.1	Tr max+To	-0-0.2	2+0.2	φ [ ]
I+To	-5-2.5	5+2.5	I+To	-20-5	20+5	r_{max} [mm]
-	-	-	-	-	-	$B_{Y,max}$ [mm]
-	-	-	-	-	-	m_B [m^{-1}]
To	-0.001	+0.001	To	-0.001	+0.001	$c_{R,t}$ [-]
To	-0.0001	+0.0001	To	-0.0001	+0.0001	$c_{R,f}$ [-]
To	-0	+50	To	-0	+50	$F_{C,R,führ}$ [N]

Tr max/min - Trend zu größerem/ kleinerem Wert
I - Informationsmangel
D - Datenunschärfe
U - Unwissen
To - Toleranzen

Abbildung 5.24: Unsicherheiten und Toleranzen für Zielfahrzeuge des Fahrzeugmoduls AST

Unsicherheiten und Toleranzen des Modulkonzepts

Auf Seiten des Modulkonzepts werden die durch Abbildung 5.26 visualisierten Unsicherheiten und Toleranzen berücksichtigt.

$$R_{M,A} = $$

Typ	g_U/μ	g_O/μ	Parameter
-	-	-	M_H [mNm]
-	-	-	I_H [A]
-	-	-	I_0 [A]
-	-	-	n_0 [U/min]
-	-	-	J_{Rotor} [kgmm^2]
-	-	-	i_{Ges} [-]
U	0.8	1.2	$\eta_{Getriebe}$ [-]
To	0.9	1.1	$\eta_{Getriebe}$ [-]
To	0.8	1.2	$J_{Getriebe}$ [kgmm^2]
U	0.8	1.2	M_{Bremse} [Nm]
To	0.9	1.1	M_{Bremse} [Nm]
-	-	-	$i_{Bremse,Wk}$ [-]
-	-	-	$i_{Bremse,M}$ [-]

$$R_{M,var} = $$

Typ	g_U/μ	g_O/μ	Parameter
To	0.97	1.03	$r_{UR,o}$ [mm]
To	0.97	1.03	$r_{UR,c}$ [mm]
To	0.97	1.03	r_{WR} [mm]

Tr max/min	*- Trend zu größerem/kleinerem Wert*
I	*- Informationsmangel*
D	*- Datenunschärfe*
U	*- Unwissen*
To	*- Toleranzen*

Abbildung 5.25: Unsicherheiten und Toleranzen des Modulkonzepts „Seilzug"

Die Parameterabweichungen der **Modulauslegung $R_{M,A}$** sind in Analogie zu Anwendungsfall 1 in erster Linie gekennzeichnet durch Unsicherheiten der Art Unwissen aufgrund der Systemmodellvalidierung. Dies gilt für den Getriebewirkungsgrad $\eta_{Getriebe}$ und das Bremsmoment M_{Bremse}. Weiterhin sind diese Parameter zusätzlich Produktionstoleranzen unterworfen. Für sämtliche Motorparameter ist bereits durch den Toleranzfaktor τ der Einfluss von Fertigungstoleranzen berücksichtigt, ferner können sämtliche Übersetzungen als konstant während der Produktion betrachtet werden.

Da sich die **Moduladaption** des Modulkonzepts „Seilzug" auf geometrische Größen im Sinne von Rollendimensionierungen beschränkt, sind Abweichungen hierzu folglich ausschließlich als Produktionstoleranzen zu identifizieren.

5.4.5 Robustheitsoptimierung

Um im großen und diskreten Optimierungsraum von Anwendungsfall 2 zu einer akzeptablen Startpopulation zu gelangen, erfolgt zunächst auf Basis der bereits gerechneten 250 Stichproben eine Auswahl besonders geeigneter Parameterkombinationen. Hierfür werden die Ergebnisgrößen aller berücksichtigten funktionalen Anforderungen zusammengezählt. Damit können auf Basis einer Moving-Least-Square-Approximation qualitativ die 5 besten

Parameterkombinationen als Startpopulation ausgewählt werden, wie Abbildung 5.27 visualisiert.

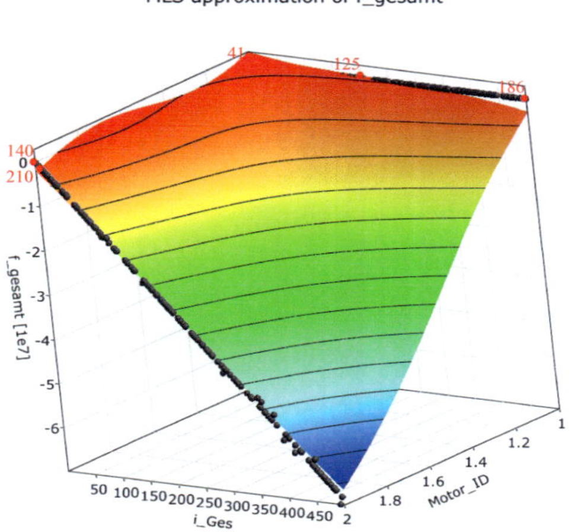

Abbildung 5.26: Startpopulation für die Robustheitsoptimierung in Anwendungsfall 2

Da alle Individuen der Startpopulation entweder grenzwertige oder negative Erwartungswerte μ der funktionalen Anforderungen aufweisen, wird zusätzlich zur Fitnessfunktion f_{fit} folgende Nebenbedingung formuliert:

$$\forall \mu \geq 0 \tag{5.40}$$

Somit wird sichergestellt, dass der Optimierungsalgorithmus stets zur Erfüllung funktionaler Anforderungen gezwungen wird. Die Konfiguration des evolutionären Algorithmus für die Robustheitsoptimierung ist in Tabelle 5.5 dargelegt. Ein wesentlicher Unterschied zu Anwendungsfall 1 besteht im exponentiellen Ranking der Individuen einer Population. Hiermit soll der Selektionsdruck erhöht werden, um den Rechenaufwand im großen Optimierungsraum von Anwendungsfall 2 zu minimieren. Zudem soll die große Unstetigkeit des diskreten Optimierungsraums nicht dazu führen, dass durch sehr unterschiedliche Elternpaare keine eindeutige Optimierungsrichtung eingeschlagen werden kann. Daher enthält der Optimierungsalgorithmus keine Rekombinationsanteile.

Anzahl Stichproben für Robustheitswerte	25 Latin Hypercube Samples
Startpopulationsgröße	10 Individuen
Populationsgröße	10 Individuen
Mutationstyp	Adaptiv
Selektionsranking	Exponentiell
Rekombination	keine

Tabelle 5.5: Konfiguration evolutionärer Algorithmus für Anwendungsfall 2

Die Simulation der verschiedenen Parameterkombinationen erfolgt im Gegensatz zu Anwendungsfall 2 durch den Einsatz des Programms *MATLAB*, um die Unabhängigkeit der Methodik FORM von einem Simulationsprogramm zu demonstrieren. Darüber hinaus erfolgt die Umsetzung der Optimierungsstrategie durch das Programm *optiSLang*.

Nach einer Gesamtrechenzeit von 25 h 53 min auf einem gewöhnlichen PC stellt sich der Verlauf der Gesamtrobustheit ρ_{ges} als Zielgröße des Optimierungsalgorithmus wie in Abbildung 5.28 gezeigt dar.

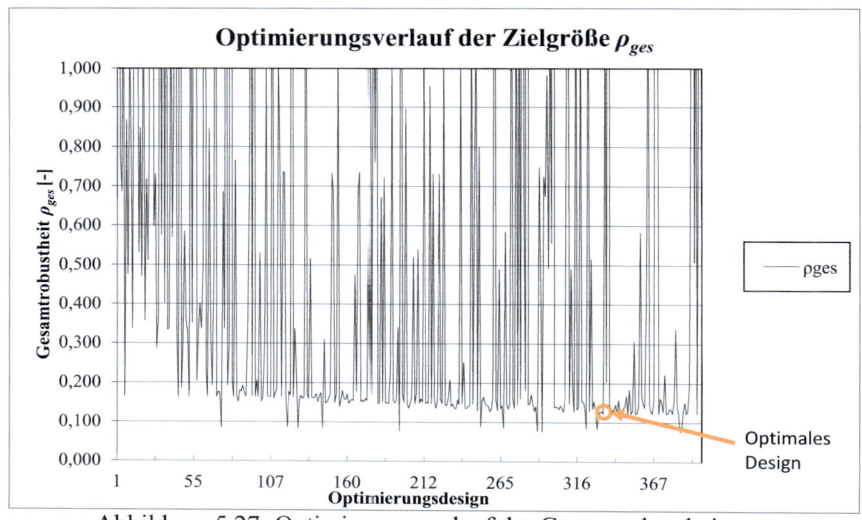

Abbildung 5.27: Optimierungsverlauf der Gesamtrobustheit ρ_{ges}

Es zeigt sich, dass die anfänglich hohen Werte für die Gesamtrobustheit ρ_{ges} im Optimierungsverlauf signifikant reduziert werden konnten. So zeichnet sich das optimale Design durch einen Gesamtrobustheitswert von ρ_{ges}=12,1% aus. Darüber hinaus werden die großen Unsicherheiten dieses Anwendungsfalls durch sehr hohe Ausschläge der Zielfunktion deutlich sichtbar. Das heißt, dass Mutationen von Individuen der einzelnen Populationen zu wesentlich ungünstigeren Robustheitswerten führen können. Dies kann einerseits durch hohe Ausfallwahrscheinlichkeiten p_f, insbesondere bei negativen Erwartungswerten, oder durch hohe Variationskoeffizienten für sehr kleine Erwartungswerte hervorgerufen werden. Dieser Sachverhalt wird in Abbildung 5.29 veranschaulicht, welche die gemittelten, gewichteten Variationskoeffizienten und Ausfallwahrscheinlichkeiten beider Zielfahrzeuge enthält. Hierbei wird die Darstellung zur besseren Veranschaulichung auf Robustheitswerte <1 beschränkt.

Die Analyse der **Ausfallwahrscheinlichkeiten** p_f beider Zielfahrzeuge zeigt, dass die großen Unsicherheiten anfangs bei einem hohen Anteil der Individuen einer Population einen Totalausfall (d.h. $p_f{=}1$) hervorrufen. Dieser Anteil kann im Optimierungsverlauf drastisch reduziert werden, so dass die Ausfallwahrscheinlichkeit für eine Mehrzahl der Individuen einer Population als nicht vorhanden (d.h. $p_f{=}0$) bewertet wird.

Für die **Variationskoeffizienten** c_v ist analog eine signifikante Reduktion im Verlauf der Optimierung festzustellen. Im Gegensatz zu den Ausfallwahrscheinlichkeiten der Zielfahrzeuge bewegen sich die Werte jedoch stets im zweistelligen Prozentbereich. Dieser Sachverhalt ist den extremen Unsicherheiten geschuldet. In Konsequenz sind die Variationskoeffizienten $c_{v,F2}$ für Zielfahrzeug 2 dadurch größer als für Zielfahrzeug 1 ($c_{v,F1}$).

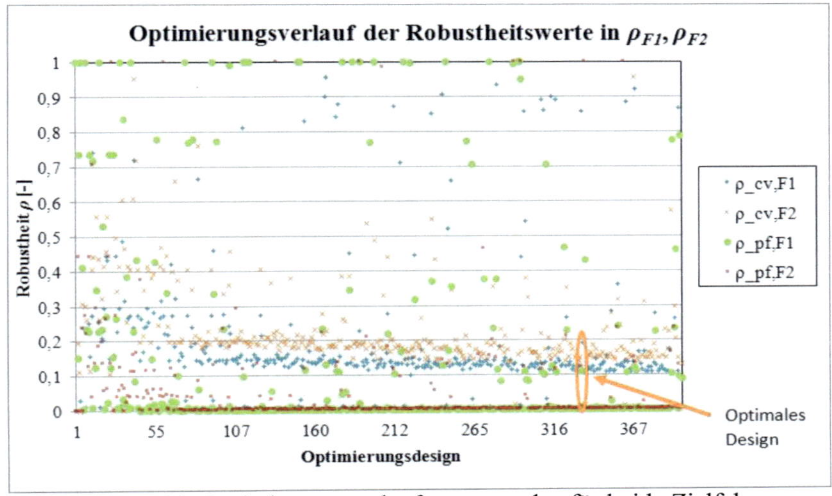

Abbildung 5.28: Optimierungsverlauf von c_v und p_f für beide Zielfahrzeuge

Neben der Zielfunktion werden im Optimierungsalgorithmus Nebenbedingungen berücksichtigt, durch die positive Erwartungswerte aller Ausgabegrößen erzwungen werden sollen. Der detaillierte Verlauf dieser Nebenbedingungen wird in Abbildung 5.30 gezeigt.

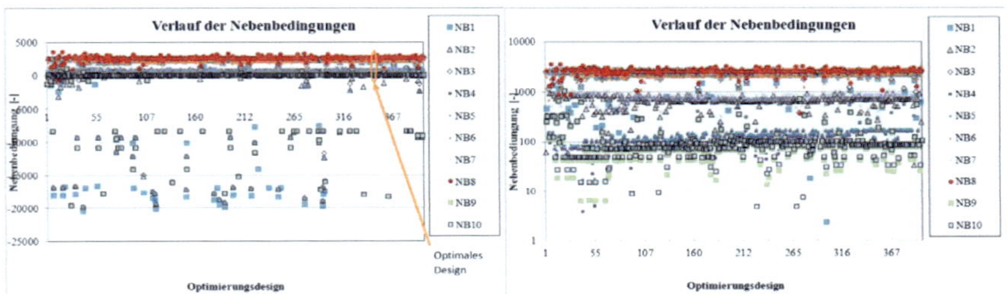

Abbildung 5.29: Optimierungsverlauf der Nebenbedingungen

Auf der linken Seite ist zunächst zu sehen, dass insbesondere die
Ausgabegrößen der funktionalen Anforderung f_1, f_2, f_3 und f_{10} zu teils
gravierenden Verletzungen der Nebenbedingungen führen. Dieser Sachverhalt
nimmt im weiteren Optimierungsverlauf ab, bleibt jedoch auf einem gewissen
Niveau erhalten.

Die Grafik auf der rechten Seite zeigt weiterhin in logarithmischer Darstellung
die Funktionswerte für erfüllte Nebenbedingungen. Da diese Werte
gleichbedeutend mit den Erwartungswerten μ der funktionalen Anforderungen
sind, wird schnell ersichtlich, wie nah ein Teil der Ausgabegrößen an der
spezifizierten Grenze liegt.

Der auf evolutionären Algorithmen basierende Fortschritt der
Optimierungsparameter für die Modulauslegung $\mathbf{D_{M,A}}$ wird durch Abbildung
5.31 veranschaulicht.

Hierbei sind die Parameter analog zu Anwendungsfall 1 relativ zu ihren
Optimierungsgrenzen dargestellt. Aufgrund der wesentlich größeren Fitness der
Individuen mit Fensterhebermotor werden Parameterkombinationen mit
ARWT-Motor sehr zügig aus der Population eliminiert. Darüber hinaus zeigt
sich, wie die Bremswirkung M_{Bremse} auf einem verhältnismäßig geringen Niveau
verbleibt und die Optimierung deren Wirkung vom Algorithmus über die
Übersetzungen $i_{Bremse,M}$ respektive $i_{Bremse,WR}$ realisiert wird. Um den
Bewegungsvorgaben bestmöglich zu genügen, kann weiterhin die Annäherung
der Gesamtübersetzung i_{Ges} an den optimalen Wert aus Abbildung 5.31 identifiziert werden.

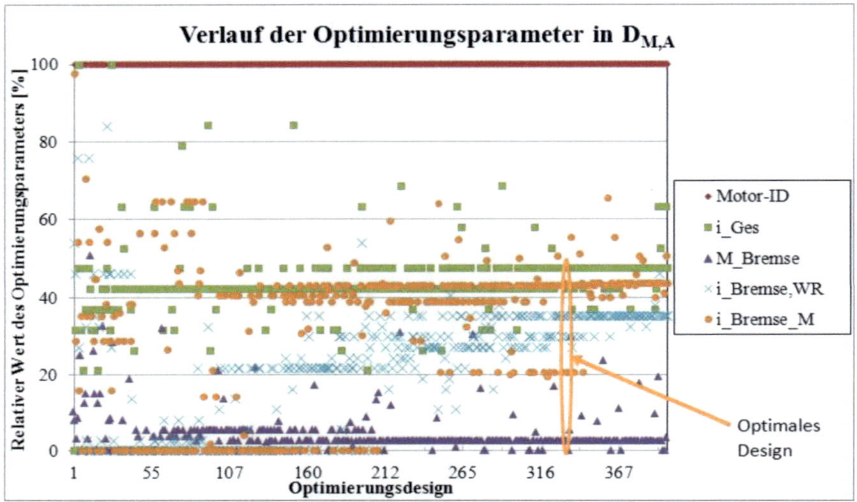

Abbildung 5.30: Optimierungsverlauf der Parameter in $\mathbf{D_{M,A}}$

Weiterhin zeigt Abbildung 5.32 die Ausprägung der fahrzeugspezifischen Modulparameter aus $\mathbf{D_{M,var}}$.

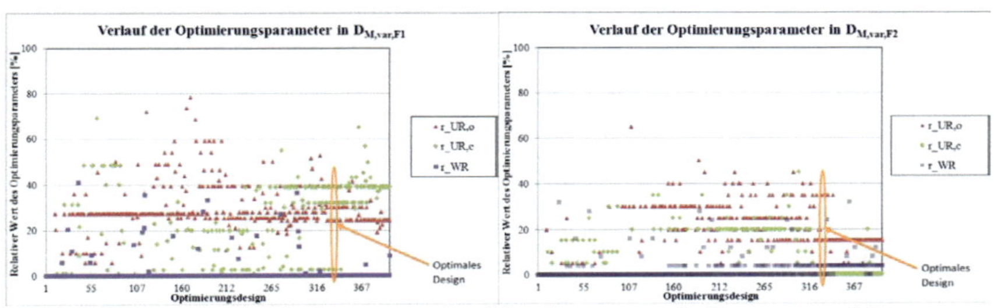

Abbildung 5.31: Optimierungsverlauf der Parameter in $\mathbf{D_{M,var,F1}}$ und $\mathbf{D_{M,var,F2}}$

Hierbei zeigt sich, dass die Radien der Wickelrollen r_{WR} bei beiden Zielfahrzeugen zu sehr geringen Werten tendieren. Ähnlich verhält es sich für die Radien der Umlenkrollen $r_{UR,o}$ und $r_{UR,c}$, für die sich eine optimale Fitness im unteren Drittel der Optimierungsbandbreite einstellt.

Abschließend zeigt Tabelle 5.6 detailliert die Ausfallwahrscheinlichkeiten und Variationskoeffizienten des besten Designs und zeigt transparent die Berechnung der Gesamtrobustheit ρ_{ges} auf.

Fahrzeug	Lastfall	c_v (a=1)	p_f (b=1)	Lastfall-robustheit	Gewichtung	
					Lastfälle	Fahrzeuge
Zielfahrzeug 1	f_1	0.023	0	0.023	10	
	f_2	0.200	0	0.200	8	
	f_3	0.050	0	0.050	7	2
	f_4	0.172	0	0.172	5	
	f_5	0.158	0	0.158	4	
Systemrobustheit ρ_1				0.108		
Zielfahrzeug 2	f_1	0.039	0	0.039	10	
	f_2	0.198	0	0.198	8	
	f_3	0.061	0	0.061	7	1
	f_4	0.338	0	0.338	5	
	f_5	0.247	0	0.247	4	
Systemrobustheit ρ_2				0.149		
Gesamtrobustheit ρ_{ges}				**0.121**		

Tabelle 5.6: Robustheitswerte für optimale Modulparameter

Es fällt auf, dass der Optimierungsalgorithmus trotz größter Unsicherheiten ein optimales Design gefunden hat, bei welchen sämtliche Ausfallwahrscheinlichkeiten als statistisch nicht nachweisbar bewertet werden können. Darüber hinaus weisen die Variationskoeffizienten unterschiedliche Größenordnungen bis in den zweistelligen Prozentbereich auf.

Zusammenfassend bedeutet eine Systemrobustheit von 12,1% unter dem Einfluss der benannten, extremen Unsicherheiten eine hohe Robustheit für die Integration des Modulkonzepts Seilzug in beide Zielfahrzeuge. Die um 38% bessere Systemrobustheit von Zielfahrzeug 1 gegenüber Zielfahrzeug 2 ist durch die unterschiedliche Gewichtung beider Zielfahrzeuge als akzeptabel zu bewerten.

Aussage 5.2 *Die Methodik FORM kann für Anwendungsfall 2 unter extremen technischen und strategischen Unsicherheiten erfolgreich implementiert werden.*

5.5 Kapitelzusammenfassung

Um die Anwendbarkeit der Methodik FORM zu demonstrieren, erfolgt anhand zweier Anwendungsfälle aus der Modulklasse der Kinematikmodule eine systematische Implementierung.

Anwendungsfall 1 stellt den typischen Fall für die früheste Phase der Modulentwicklung dar. Zur Realisierung des Fahrzeugmoduls „Automatische Rückwandtür" soll das Modulkonzept „Einseitiger Spindelantrieb" für einen beispielhaften Fahrzeughersteller *OEM-A* optimal robust ausgelegt werden. Hierfür werden methodikkonform funktionale Anforderungen und Lastfälle aus dem Lastenheft für das betrachtete Fahrzeugmodul generiert. Durch konsequente Anwendung der Methodikstufen von FORM können ferner die Optimierungsräume und Robustheitsfaktoren des Modulkonzepts und dreier Zielfahrzeuge in unterschiedlichen Entwicklungsstadien erarbeitet werden. Die Implementierung der Optimierungsstrategie in das Umfeld kommerzieller Optimierungs- und Simulationsprogramme beweist in der letzten Methodikstufe die Praxistauglichkeit von FORM.

Während Anwendungsfall 1 die typischen, vorzugsweise technischen Unsicherheiten im Rahmen eines modulbasierten Entwicklungsprozesses abbildet, dient **Anwendungsfall 2** dem Nachweis, dass FORM auch unter extremen und strategisch bedingten Unsicherheiten erfolgreich implementiert werden kann. Zu diesem Zweck erfolgt die Anwendung der Methodik für das Modulkonzept „Seilzug" als Realisierung des Fahrzeugmoduls „Automatische Schiebetür". Das Anwendungsszenario unterstellt dabei eine mögliche Aquisition des Unternehmens *OEM-C* durch das Unternehmen *OEM-B*, wobei beide Unternehmen im Transportersektor angesiedelt sind. Durch die methodikkonforme Implementierung wird gezeigt, dass strategische Unsicherheiten erfolgreich gehandhabt werden können. Weiterhin kann bewiesen werden, dass für das betrachtete Modulkonzept selbst unter größten Unsicherheiten eine optimal robuste Auslegung gefunden wird.

Aussage 5.2 *Die erfolgreiche Implementierung in unterschiedlichen Anwendungsfällen und -szenarien zeigt, dass die Methodik FORM zielführend für industrielle Aufgabenstellungen eingesetzt werden kann. Ergo kann hierdurch der Nachweis des in Abschnitt 4.5.1 postulierten* **wissenschaftlichen Nutzens** *erbracht werden.*

6 Validierung

6.1 Einleitung

6.1.1 Zielsetzung

Während die Implementierung von FORM vordergründig den technischen Nachweis erbringt, dass die neue Methodik in verschiedenen Anwendungsfällen erfolgreich angewandt werden kann, wird der Faktor Mensch nicht in die Betrachtung einbezogen. Da dies jedoch entscheidend bei der Frage ist, ob eine Methodik in der praktischen Anwendung auch tatsächlich eingesetzt wird, adressiert dieses Kapitel die Transformation der Methodik FORM in ein anwendernahes PC-Tool. Durch die Validierung dieses so genannten FORM-Tools soll eruiert werden, inwiefern die Methodik FORM in der praktischen Umsetzung den Anforderungen von Menschen genügt.

6.1.2 Validierungskonzept

Das Vorgehen in diesem Kapitel erfolgt durch ein Validierungskonzept, welches in Abbildung 6.1 illustriert ist.

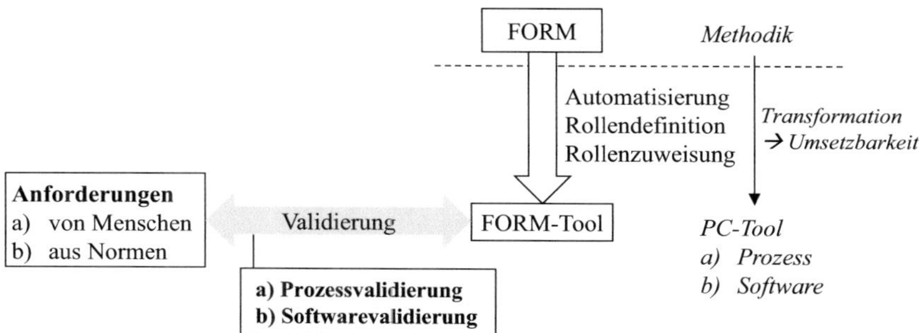

Abbildung 6.1: Validierungskonzept für Methodik FORM

Der Ausgangspunkt wird von der Methodik FORM gebildet, deren erfolgreiche Implementierung im vorangegangenen Kapitel mittels Expertise aller enthaltenen Aspekte, wie beispielsweise Kenntnis über Kinematikmodule, Unsicherheitsformulierung oder stochastische Optimierung, gezeigt wird. Unter realen Bedingungen in der industriellen Praxis ist diese Expertise typischerweise nicht in einer Person gebündelt. Aus diesem Grund erfolgt die Transformation der Methodik FORM in das so genannte FORM-Tool. Hierfür wird der Ablauf der Methodikstufen automatisiert, ferner werden Rollen für die Anwendung des FORM-Tools definiert und zugewiesen. Abschließend zeigt ein

Prozessmodell die Abhängigkeiten und Verantwortungen für die Umsetzung der Methodik FORM.

Das so entstandene PC-Tool kann aus zwei Blickwinkeln betrachtet werden. Zum einen handelt es sich um einen Prozess, durch den eindeutig Abläufe der beteiligten Rollen definiert werden. Zum anderen beinhaltet das FORM-Tool eine Software zur Benutzerführung. Aus diesen verschiedenen Blickwinkeln erfolgt die Validierung. Da der Begriff Validierung in vielen Quellen sehr unterschiedlich verstanden wird, wird nachfolgend ausschließlich folgende Definition aus dem Bereich der Softwareentwicklung verwendet:

Definition 6.1 *„Validierung ist der Prozess zur Beurteilung eines Systems oder einer Komponente während oder am Ende des Entwicklungsprozesses, mit dem Ziel, festzustellen, ob die spezifizierten Anforderungen erfüllt sind.“ [IEEE 610.12]*

Die *„spezifizierten Anforderungen“* werden dabei aus den zwei Blickwinkeln für das FORM-Tool abgeleitet:

a) Anforderungen von Menschen an einen Prozess
b) Anforderungen aus Normen an eine Software

Die Beurteilung des FORM-Tools gemäß obiger Definition erfolgt getrennt anhand der beschriebenen Blickwinkel:

a) Prozessvalidierung
b) Softwarevalidierung

6.2 FORM-Tool

6.2.1 Automatisierung

Die Automatisierung der Methodik FORM kann durch 3 Ebenen beschrieben werden, die miteinander verknüpft sind:
1. Benutzerebene
2. Optimierungsebene
3. Simulationsebene

Das darauf basierende 3-Ebenen-Modell des FORM-Tools ist in Abbildung 6.2 dargestellt.

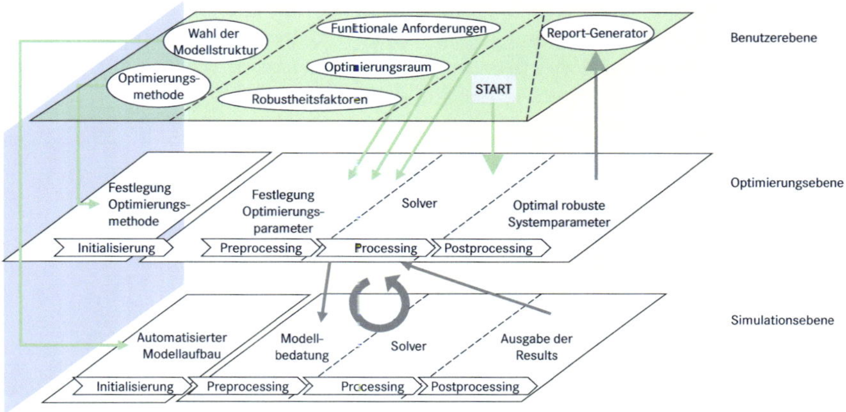

Abbildung 6.2: 3-Ebenen-Modell des FORM-Tools

Die **Benutzerebene** stellt die Software-Schnittstelle als sichtbaren Teil des FORM-Tools für den Anwender dar. Dies bedeutet, dass die Anwender des Tools lediglich Einfluss auf die Elemente der Benutzerebene ausüben kann. Im Detail dürfen Benutzer einen beschränkten Teil der Optimierungsparameter (z.B. Startpopulationsgröße) und die Modellstruktur des Simulationsmodells anpassen. Weiterhin ist es Aufgabe der Benutzer, die Eingangsgrößen für die Robustheitsoptimierung in FORM mit Werten zu belegen. Dies sind bekanntermaßen funktionale Anforderungen, Optimierungsraum sowie Robust-heitsfaktoren. Hierbei sieht das FORM-Tool zur konsequenten Benutzerführung eine sequentielle Eingabe der Eingangsgrößen vor, wie Abbildung 6.3 zeigt.

Letztendlich wird in der Benutzerebene eine Start-Funktion betätigt, wodurch der Algorithmus zur Robustheitsoptimierung einsetzt. Am Ende erhält der Anwender des FORM-Tools einen nicht-editierbaren Report, der neben einer Zusammenfassung auf Management-Qualität umfangreiche Details zum Verlauf der Optimierungsparameter und funktionalen Anforderungen enthält.

Unterhalb der Benutzerebene steuert die **Optimierungsebene** den vordefinierten Optimierungsalgorithmus. Hierbei dient die generische Formu-lierung von Eingangsgrößen der stabilen Kopplung von Benutzer- und Opti-mierungsebene.

Im Laufe der Robustheitsoptimierung greift der Algorithmus zu jedem Optimierungsschritt mit einer definierten Anzahl auf das Simulationsmodell zurück, um die Gesamtrobustheit ρ_{ges} zu bestimmen. Daher stellt das Modell auf der unterhalb angeordneten **Simulationsebene** für die Optimierungsebene schreibbare Daten im Pre- und lesbare Daten Postprocessing zur Verfügung. Weiterhin resultiert aus der Anforderung der Editierbarkeit von Modelldaten die Eigenschaft eines vollparametrierten Simulationsmodells.

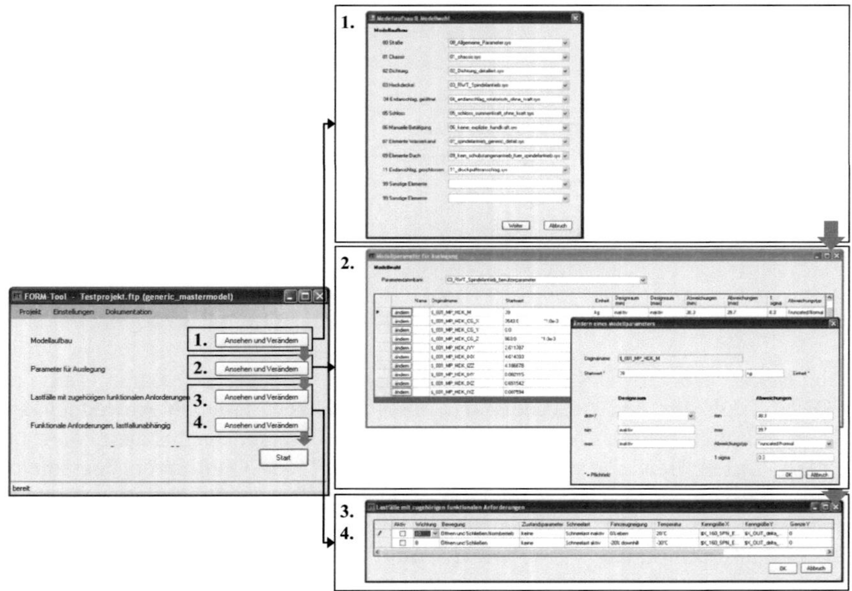

Abbildung 6.3: Benutzerführung und Dialoggestaltung des FORM-Tools

6.2.2 Rollendefinition

Um die spezifische Komplexität für die betroffenen Anwender eines Tools in geeigneter Weise zu reduzieren, werden üblicherweise Rollen definiert, die durch unterschiedliche Berechtigungen und Aufgaben gekennzeichnet sind [MaSO-07]. Im Rahmen des 3-Ebenen-Modells des FORM-Tools können 3 verschiedene Rollen identifiziert werden:

- Administrator
- Modulverantwortlicher
- Simulationsingenieur

Im Detail stellt sich die Rollendefinition wie in Abbildung 6.4 visualisiert dar.

Administrator	**Modulverantwortlicher**	**Simulationsingenieur**
unterstützt Systemverantwortlichen bei der Anwendung des FORM-Tools	Hauptanwender des FORM-Tools	zuständig für Modellierung und Validierung von Mehrkörpersystemen
kennt Methodik FORM im Detail	kennt Methodik FORM nicht im Detail	kennt FORM / FORM-Tool nicht
erarbeitet funktionale Anforderungen gemeinsam mit Systemverantwortlichem	erarbeitet funktionale Anforderungen gemeinsam mit Administrator	kennt Schnittstellen zu Optimierungsprogramm
erarbeitet Schnittstellen zwischen Optimierungs- und Simulationsprogramm	zuständig für Eingangsdaten (Optimierungsraum, Robustheitsfaktoren)	
ist verantwortlich für den stabilen Ablauf des Optimierungsalgorithmus	zuständig für Plausibilisierung der Optimierungsergebnisse	

Abbildung 6.4: Rollendefinition für FORM-Tool

Hierbei definiert sich die Rolle **Administrator** durch die Gesamtverantwortung für die einwandfreie und stabile Funktionsweise des FORM-Tools. Dies äußert sich durch uneingeschränkte Zugriffsrechte auf allen 3 Ebenen des FORM-Tools. Weiterhin ist der Administrator verantwortlich für die Unterstützung des Modulverantwortlichen als Hauptanwender des Tools.

In der industriellen Praxis existiert für komplexe mechatronische Kinematikmodule bereits die Rolle des **Modulverantwortlichen**. Diese Rolle zeichnet sich durch die Verantwortung des Gesamtsystems während des gesamten Entwicklungsprozesses aus. Oftmals besteht diese Verantwortung auch darüber hinaus für die Produktions- und Nutzungsphase des Kinematikmoduls.

Für das FORM-Tool wird diese Rollendefinition aufgegriffen und erweitert. Typischerweise haben Modulverantwortliche keine Anwendungskenntnisse bezüglich Robustheitsanalyse oder stochastischer Optimierung. Um das FORM-Tool dennoch zielführend bedienen zu können, wird der Modulverantwortliche im Bedarfsfall vom Administrator unterstützt. Weiterhin besteht die Aufgabe des Modulverantwortlichen in der Eingabe zulässiger Eingangsdaten für die Robustheitsoptimierung und der Plausibilisierung der Optimierungsergebnisse. Für letztere Aufgabe entlastet der Report aus dem FORM-Tool den Modulverantwortlichen maßgeblich.

Als weiterer Rolle wird der **Simulationsingenieur** definiert, dessen Verantwortungsbereich sich in erster Linie auf die Modellierung und Validierung des betrachteten Kinematikmoduls reduziert. Darüber hinaus werden dem Simulationsingenieur die Schnittstellen zum Optimierungsprogramm vom Administrator mitgeteilt, durch die eine stabile Integration des Simulationsmodells in das FORM-Tool ermöglicht werden.

Aus der Rollendefinition lassen sich Fähigkeiten ableiten, die jeweils zur Erfüllung der Rolle erforderlich sind. Diese können Tabelle 6.1 entnommen werden.

	Administrator	Modulverantwortlicher	Simulationsingenieur
Methodik FORM	Multiplikator	Laie	Laie
Betrachtetes Kinematikmodul	Laie	Multiplikator	Experte
Mehrkörpersimulation	Experte	Laie	Multiplikator
Stochastische Optimierung, Robustheitsanalyse	Multiplikator	Laie	Laie

Tabelle 6.1: Fähigkeiten der Rollen für das FORM-Tool

6.2.3 Rollenzuweisung

Um die Transformation von der Methodik FORM zum FORM-Tool konsistent zu realisieren, zeigt Abbildung 6.5 die Zuweisung der Rollen im Kontext der detaillierten Struktur von FORM.

Demnach ist der Modulverantwortliche zuständig für die Befüllung der Werte in den Methodikstufen 2 (Optimierungsraum) und 3 (Robustheitsfaktoren). Weiterhin muss der Modulverantwortliche die funktionalen Anforderungen in Methodikstufe 1 gewichten.

Die Spezifikation selbst erfolgt nicht durch den Modulverantwortlichen, da die funktionalen Anforderungen in FORM aus dem Lastenheft des betrachteten Kinematikmoduls abgeleitet werden. Die Ableitung und Wartung der funktionalen Anforderungen ist Aufgabe des Administrators, wobei in Absprache mit dem Modulverantwortlichen individuelle Anpassungen vorgenommen werden können.

In Methodikstufe 1 wird weiterhin die Rolle des Simulationsingenieurs zugewiesen, der ausschließlich für die Modellierung und Validierung von Mehrkörpersystemen für die lastfallbasierte Simulation zuständig ist.

Die eigentliche Robustheitsoptimierung in Methodikstufe 4 ist ausschließlich das Verantwortungsgebiet des Administrators, da für keine andere Rolle die hierfür erforderlichen Fähigkeiten bezüglich FORM, stochastischer Optimierung und Robustheitsanalyse vorgesehen sind.

Die resultierenden optimal robusten Systemparameter müssen letztendlich vom Modulverantwortlichen plausibilisiert werden, da ausschließlich diese Rolle über ausreichende Expertise bezüglich des betrachteten Kinematikmoduls verfügt.

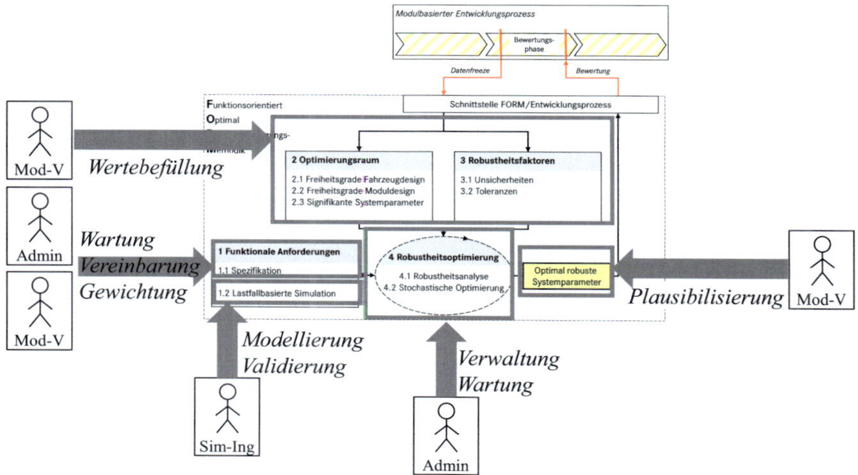

Abbildung 6.5: Rollenzuweisung im Rahmen der Methodik FORM

6.2.4 Prozessmodell

Das FORM-Tool als praxistaugliche Umsetzung der Methodik FORM erhebt den Anspruch, in den Kontext eines modulbasierten Entwicklungsprozesses eingebettet werden zu können. Um dies gewährleisten zu können, muss ein Prozessmodell klar die Verantwortungen und Abläufe für die Anwendung des FORM-Tools definieren. Dieses Prozessmodell ist in Abbildung 6.6 skizziert.

Gemäß obiger Rollenzuweisung ist der Modulverantwortliche zuständig für die Befüllung der Eingangsgrößen für die Robustheitsoptimierung (Methodikstufen

1 bis 3). Während die Gewichtung funktionaler Anforderungen aufgrund der hohen Fachkompetenz dem Modulverantwortlichen obliegt, sieht das Prozessmodell eine interdisziplinäre Abstimmung mit allen betroffenen Bereichen für die Wertebefüllung von Optimierungsraum und Robustheitsfaktoren vor.

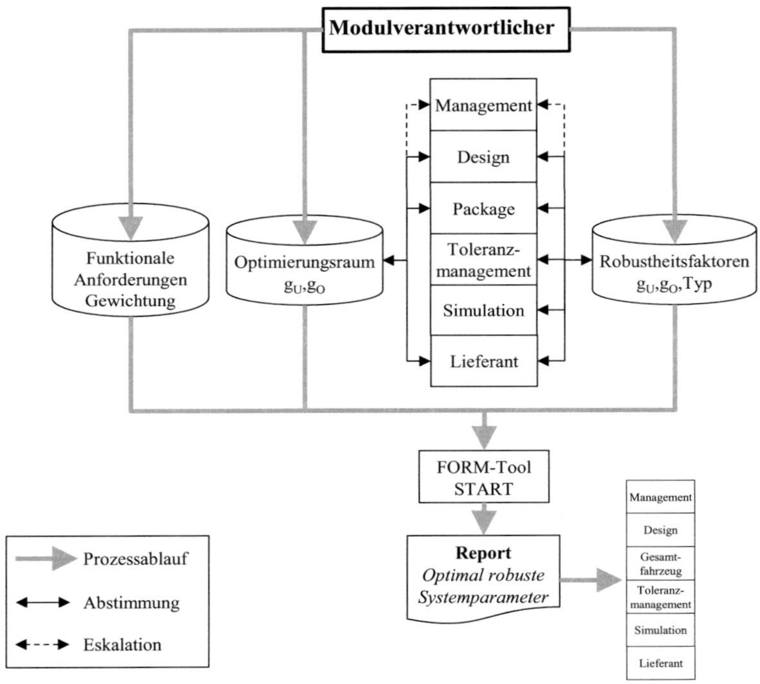

Abbildung 6.6: Prozessmodell für Anwendung des FORM-Tools

Im Detail müssen die Grenzen für jeden Optimierungsparameter in Abstimmung mit den Bereichen Design, Package und optional mit einem Lieferant für das Modulkonzept bestimmt werden. Zur Findung der Unsicherheiten und Produktionstoleranzen müssen die Robustheitsfaktoren zusätzlich zu den Bereichen Design, Package und Lieferant mit den Fraktionen Toleranzmanagement und Simulation abgestimmt werden. Da die Konsensfindung in derart interdisziplinären Zusammensetzungen unter der Verantwortung eines Modulverantwortlichen auf Sachbearbeiter-Ebene oftmals diffizil ist, kann wahlweise eine Eskalation zum Management vorgenommen werden.

Letztlich kann der Modulverantwortliche auf interdisziplinär abgestimmte Werte für die Eingabe in das FORM-Tool zurückgreifen. Im Anschluss daran startet der Modulverantwortliche das FORM-Tool und bekommt nach der erforderlichen Berechnungszeit einen Report der optimal robusten Systemparameter. Im Prozessmodell ist im Sinne der Transparenz als letzter Schritt die Verteilung des Reports an alle an der Abstimmung der Eingangsgrößen beteiligten Bereiche vorgesehen.

6.3 Anforderungen

6.3.1 Anforderungen an Prozess

Für die Betrachtungsweise des FORM-Tools als **Prozess** resultieren Anforderungen aus der zunächst diffusen Masse der Anwender, vorwiegend Entwicklungsingenieure. Die individuellen, personifizierten Anforderungen werden unter anderem als so genannte Erfolgsfaktoren im Wissenschaftsfeld des **Projektmanagement** erforscht. Um eine Konkretisierung der Anforderungen an einen Prozess vornehmen zu können, wird nachfolgend die Transformation der personellen (menschlichen) Anforderungen an ein **Projekt** in die personellen Anforderungen an einen **Prozess** dargestellt.

Ausgehend von einer großen Menge an Erfolgsfaktoren im Projektmanagement erfolgte in jüngster Vergangenheit die Identifikation so genannter **Kritischer Erfolgsfaktoren** (CSF=critical success factors). Unter Kritischen Erfolgsfaktoren werden diejenigen Erfolgsfaktoren verstanden, die den Erfolg maßgeblich beeinflussen. Arbeiten wie [TuMü-05] und [SpEu-07] beweisen die Anwendbarkeit von CSF, indem Listen mit Erfolgsfaktoren in unterschiedlichen Industriezweigen und typischen kulturellen Hintergründen konsolidiert wurden. Um die Interpedenzen zwischen den einzelnen CSF und dem Erfolg eines Projekts herzustellen, erarbeiteten weitergehende Forschungen die systemische Beschreibung zwischen den Abhängigkeiten der einzelnen Kritischen Erfolgsfaktoren [MoHo-93, FoWh-06].

Demnach kann der **Mensch als wesentlicher Teil der Erfolgsfaktorenforschung** durch seine Bedürfnisse, Interessen, Fähigkeiten und seinen Leistungswille beschrieben werden. Dieser Auffassung liegt der Gedankengang zugrunde, dass alles, was im Rahmen eines Arbeitsprozesses direkt oder indirekt hervorgebracht wird, durch menschliche Aktivitäten geleistet wird. Diese Leistung hängt unmittelbar mit dem Erfüllungsgrad menschlicher Anforderungen an ein Projekt zusammen [WuFB-11].

Hiervon ausgehend wird die Charakterisierung des menschlichen Wesens von der Projektebene auf die Prozessebene transformiert. Die für die Prozessebene gültigen **Anforderungen von Menschen** sind in Tabelle 6.2 dargestellt und strukturiert.

Cluster	Charakterisierung des Clusters auf Prozessniveau	Anforderungen von Menschen an Prozesse
C1	Plausibilität des Prozesses	- Sinnvolle Aufgabe - Transparenz - Vertrauen in den Prozess - Zielorientierung (bezüglich Zeit, Kosten, Qualität)
C2	Kompensation	- Verfolgen von Mikropolitik
C3	Leistungswille des Teams	- Kreatives Arbeiten - Innovativ sein - Spieltrieb - Benutzerfreundlichkeit von Systemen / Tools - Standardisierung
C4	Arbeitskultur	- Verbindlichkeit von Entscheidungen - Selbstverpflichtung zum Handeln - Fehlerkultur (Art und Weise der Fehlerhandhabung)

Tabelle 6.2: Anforderungen von Menschen an Prozesse [WuFB-11]

C1 Plausiblität des Prozesses

Durch den ersten Cluster wird die Logik des Prozesses aus Sicht des Menschen beurteilt. Der Anspruch nach einer sinnvollen Aufgabe ist hierbei einer der wichtigsten Erfolgsfaktoren [MüTu-07]. Dieser Erfolgsfaktor korreliert weiterhin stark mit der Transparenz des Prozesses. Diese Transparenz ist gleichbedeutend mit dem Verständnis, wie das Ziel des Prozesses erreicht werden kann. Üblicherweise identifizieren sich Entwickler mit dem Prozess umso stärker, je mehr Transparenz der Prozess aufweist. Da mit einem hohen Maß an Transparenz die Ziele und Vorgehensweise zur Erreichung der Ziele offengelegt sind, steigt das Vertrauen der Entwickler in den Prozess.

C2 Kompensation

Typischerweise wird das Ergebnis eines Prozesses umso besser, je mehr Zeit und Energie ein Entwickler in seine spezifische Projektaufgabe investiert. Dieser Aufwand des Entwicklers ist stark verbunden mit dem Verfolgen der persönlichen Arbeitsziele. Daher steigt die Zufriedenheit von Entwicklern mit dem Zielerreichungsgrad, da dieser sowohl als persönlicher wie auch als allgemeiner Erfolg wahrgenommen wird. Der Erfolg des Prozesses wird in der Regel vom Entwickler und seinem Umfeld beurteilt und geschätzt. Allerdings verursachen die persönlichen Bestrebungen des Entwicklers nach dem Erfolg die Kompensation paralleler Aufgaben. Neben Aufgaben beruflicher Natur handelt es sich hierbei zusätzlich um die persönliche Weiterentwicklung im Sinne der eigenen Karriere des Entwicklers [Hölz-08]. Als Schlussfolgerung müssen Prozesse daher dem Entwickler neben der eigentlichen Prozessaufgabe die Möglichkeit zum Verfolgen von Mikropolitik geben.

C3 Leistungswille des Teams

Der Leistungswille einer einzelnen Person oder eines Teams hängt im Wesentlichen von dessen Motivation ab [HöGe-01]. Üblicherweise wird Motivation in intrinsische und extrinsische Motivation gegliedert. Im Gegensatz zur extrinsischen Motivation kann intrinsische Motivation nicht durch einen Prozess beeinflusst werden. Folglich sollte ein Prozess ausschließlich auf die extrinsische Motivation ausgerichtet sein. Befragungen in entwicklungsnahen Bereichen eines Automobilunternehmens zeigten, dass jeder Prozess eine innovative und kreative Arbeitsweise fördern sollte. Zusätzlich besteht insbesondere in Entwicklungsbereichen ein großes Begehren, dass Prozesse einen „Spielinstinkt" zulassen. Dies kann nur dann ermöglicht werden, wenn Entwicklern im Rahmenwerk eines standardisierten Prozesses Freiräume gegeben sind und sie „spielen" können.

C4 Arbeitskultur

Eine wesentliche Erkenntnis aus Befragungen von Entwicklern ist die Volatilität und die fehlende Unterstützung von Entscheidungen des Managements während der Entwicklung [FoWh-06, TuMü-05]. Weiterhin werden aus Entwicklersicht Fehler oftmals suboptimal gehandhabt. Konkret bedeutet dies, dass Fehler vom Management nicht akzeptiert werden. Ergo werden Fehler nicht als Chancen zur Prozessverbesserung verwendet. Infolgedessen erleben Entwickler oft eine Arbeitskultur, in welcher sie versuchen, nach dem Idealbild eines fehlerfreien Angestellten zu streben [Hofs-01].

6.3.2 Anforderungen an Software

Wird das FORM-Tool als **Software** aufgefasst, so handelt es sich um eine **Mensch-Maschine-Interaktion**. Richtlinien für die Ergonomie dieser Interaktion sind detailliert in der internationalen Norm DIN EN ISO 9241 [DIN-

9241] beschrieben. Durch diese Norm sollen Benutzer Aufgaben mittels Software schnell und mit geringem Aufwand bei der Fehlerbehebung bewältigen können. Des Weiteren sieht die Norm vor, dass Gesundheit und Wohlbefinden des Benutzers nicht eingeschränkt werden und die entwickelte Software das Interesse des Benutzers fördern soll [Shne-93].

Im Detail besteht die Norm DIN EN ISO 9241 aus 28 Teilen, durch die generisch sämtliche Aspekte der Mensch-Maschine-Interaktion abgedeckt werden sollen. Die für eine Software und damit auch für das FORM-Tool relevanten Anforderungen erstrecken sich über 8 Teile der Norm, wie Tabelle 6.3 zeigt. Aus diesen Teilen der Norm können 149 Einzelanforderungen formuliert werden, nach welchen das FORM-Tool validiert wird.

DIN EN ISO 9241-12	Informationsdarstellung
DIN EN ISO 9241-13	Benutzerführung
DIN EN ISO 9241-14	Dialogführung mittels Menüs
DIN EN ISO 9241-15	Dialogführung mittels Kommandosprachen
DIN EN ISO 9241-16	Dialogführung mittels direkter Manipulation
DIN EN ISO 9241-17	Dialogführung mittels Bildschirmformularen
DIN EN ISO 9241-110	Grundsätze der Dialoggestaltung
DIN EN ISO 9241-303	Anforderungen an elektronische optische Anzeigen

Tabelle 6.3: Relevante Anforderungen an das FORM-Tool als Software

6.4 Validierungsergebnisse

6.4.1 Prozessvalidierung

Die Anforderungen von Menschen an Prozesse können gemäß [WuFB-11] in 4 verschiedene Cluster unterteilt werden:

C1 Plausibilität des Prozesses
C2 Kompensation
C3 Leistungswille des Teams
C4 Arbeitskultur

Anhand dieser Cluster wird im Folgenden die Validierung durchgeführt.

C1 Plausibilität des Prozesses

Die wesentlichen Ziele von C1 werden mit dem **Report** abgedeckt, den das FORM-Tool nach Abschluss jeder Robustheitsoptimierung erstellt. Hierdurch wird dem Modulverantwortlichen als Prozesstreiber und allen beteiligten Bereichen bei der Abstimmung das erforderliche Maß an **Transparenz** zur Verfügung gestellt. Zum einen enthält dieser Report alle Eingabegrößen, die interdisziplinär abgestimmt wurden. Darüber hinaus wird der Optimierungsverlauf, der zur Wahl der optimal robusten Systemparameter führt, offen dargestellt. Weiterhin werden für die optimal robusten Systemparameter die Mittelwerte, Ausfallwahrscheinlichkeiten und Variationskoeffizienten für sämtliche funktionalen Anforderungen visualisiert. Dies ermöglicht zusätzlich im Rahmen der Plausibilisierung bei Bedarf die Verifikation durch physische Versuche.

C2 Kompensation

Das Prozessmodell für die Anwendung des FORM-Tools gewährleistet ein hohes Maß an **Standardisierung**. Dadurch werden dem Entwickler immer wiederkehrende Berechnungen abgenommen. Beispielsweise ersetzt das systematische Bestimmen von Ausfallwahrscheinlichkeiten die manuelle Berechnung über worst-case-Annahmen (z.B. Sicherheitsbeiwerte). Hierdurch kann sich der Modulverantwortliche als hauptsächlicher Anwender des FORM-Tools mehr auf **konzeptionelle Arbeiten** konzentrieren, die im Optimalfall in der Anmeldung von Patenten resultieren. Somit wird dem Anwender durch die Anwendung des FORM-Tools ermöglicht, mehr an persönlichen Zielen wie der Anerkennung durch das Management oder monetärer Kompensation zu arbeiten.

C3 Leistungswille des Teams

Das methodische Rahmenwerk von FORM erlaubt durch die grundsätzlich generische Ausrichtung die **Untersuchung beliebiger Modulkonzepte** im Rahmen der Modulentwicklung. Durch die standardisierte Anwendung des FORM-Tools kann der Modulverantwortliche beliebige und damit auch erfinderische Modulkonzepte verfolgen und bewerten. Die im Prozessmodell beschriebene systematische Vorgehensweise genügt weiterhin den Anforderungen hinsichtlich Standardisierung von Prozessen. Die Validierung von C2 brachte bereits hervor, dass der Entwickler durch das FORM-Tool mehr Zeit für konzeptionelle Arbeiten aufwenden kann. Dies geht einher mit einer größeren Anzahl an Freiheitsgraden, wodurch typischerweise die **Kreativität** gefördert wird.

C4 Arbeitskultur

Im Prozessmodell für die Anwendung des FORM-Tools ist als obligatorischer Schritt die interdisziplinäre Abstimmung von Optimierungsraum und Robustheitsfaktoren enthalten. Dieser Schritt bringt als Resultat eine **gemeinsame Verpflichtung** der Eingangsgrößen für die Robustheitsoptimierung im FORM-Tool hervor. Bezogen auf die Robustheitsfaktoren erzwingt das Prozessmodell die frühzeitige Auseinandersetzung mit möglichen Fehlern im Sinne von Unsicherheiten im Entwicklungsprozess. Folglich ist jeder, der an der Abstimmung der Eingabegrößen beteiligt war, indirekt verantwortlich für die Ergebnisse der Robustheitsoptimierung. Dadurch ändert sich gleichzeitig die Rolle des Modulverantwortlichen, indem die **Verantwortung verteilt** wird. Im Speziellen muss der Modulverantwortliche nicht allein über die Unsicherheiten oder Optimierungsräume von Zielfahrzeugen oder Modulkonzepten entscheiden, da hierüber ein gemeinsamer Konsens im Rahmen der Abstimmung erzeugt wird. Hiervon unberührt ist der Modulverantwortliche stets für die Plausibilitätsüberprüfung der Ergebnisse zuständig.

Des Weiteren ermöglicht die Untersuchung verschiedener Modulkonzepte die Untersuchung **innovativer oder erfinderischer Konzepte**. Diese werden ohne den Einsatz von FORM aufgrund von externem Druck (z.B. Zeitrestriktionen, Kollegen, Management) von der Betrachtung im Rahmen der Modulentwicklung ausgeschlossen. Durch die indirekte Förderung von Innovation hat FORM das Potenzial, die Einstellung von Entwicklungsabteilungen unter Zeitdruck gegenüber sehr unkonventionellen Ideen zum Positiven zu ändern [Wu-FB-11].

Aussage 6.1 *Zusammenfassend genügt das Prozessmodell für die Anwendung des FORM-Tools den Anforderungen, die Menschen in entwicklungsnahen Bereichen an Prozesse stellen. Insbesondere durch das **Erzwingen interdisziplinärer Abstimmungen** kann das FORM-Tool einen signifikanten Beitrag zur bewussten Auseinandersetzung mit Fehlern liefern. Dies verbessert in letzter Konsequenz die Arbeits- und Fehlerkultur im Entwicklungsumfeld.*

6.4.2 Softwarevalidierung

Die Software-Anforderungen an das FORM-Tool werden in einer 2-stufigen Validierung wie folgt überprüft:

1. Generische Validierung durch Inspektion
2. Spezifische Validierung durch Befragung

In der ersten Validierungsstufe erfolgt zunächst die Inspektion des FORM-Tools anhand aller relevanten Anforderungen aus DIN EN ISO 9241. Während die erste Validierungsstufe keinen spezifischen Anwendungsfall adressiert, soll durch die zweite Validierungsstufe die Expertise einer repräsentativen Zielgruppe mit berücksichtigt werden. Hierzu dient ein Fragebogen, der aus den software-ergonomischen Kriterien der DIN EN ISO 9241 abgeleitet ist [PrAn-93]. Da die Mensch-Maschine-Interaktion im Wesentlichen durch Teil 110 beschrieben wird, konzentriert sich der Fragebogen inhaltlich auf diesen Teil.

Generische Validierung durch Inspektion

Die Inspektion aller Anforderungen an eine Software aus DIN EN ISO 9241 ergibt die durch Abbildung 6.7 visualisierten Ergebnisse. Die dargestellten Ergebnisse wurden mit Hilfe von Basis-Anwendungsfällen und der jeweiligen Inspektion der berücksichtigten Anforderungen erzielt.

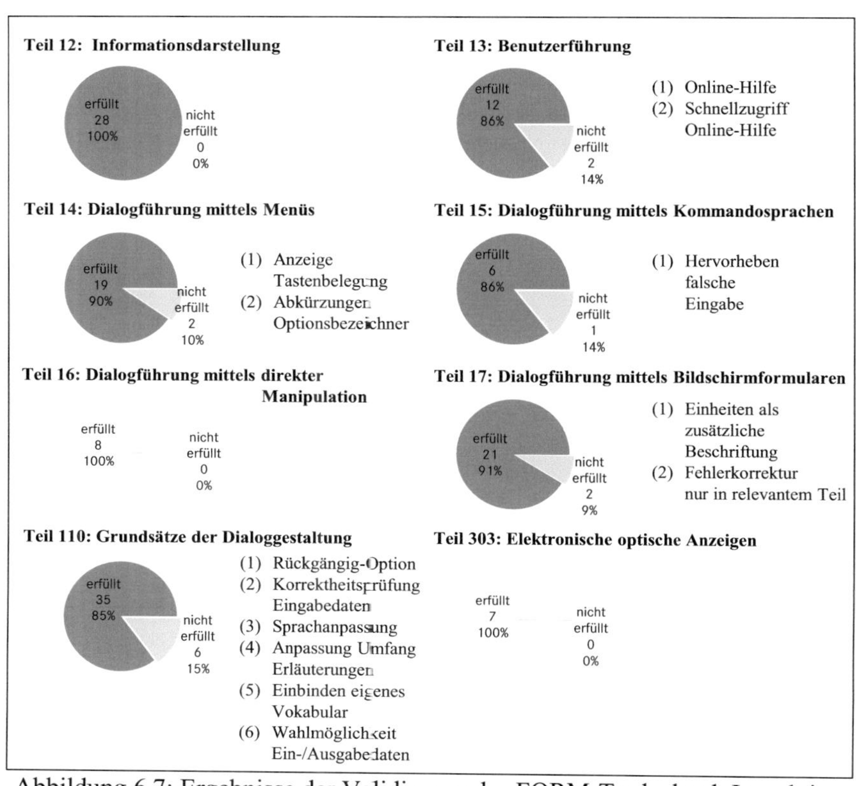

Abbildung 6.7: Ergebnisse der Validierung des FORM-Tools durch Inspektion

Es zeigt sich, dass in Summe 13 Anforderungen als „nicht erfüllt" beurteilt werden. Hierbei handelt es sich jedoch oftmals um sekundäre Anforderungen für die Ziele des FORM-Tools. Im Detail betrifft dies die Forderungen nach einer Online-Hilfe (Teil 13), der Tastenbelegung und Abkürzung von Handlungsoptionen (Teil 14), dem Umgang mit Kommandosprachen (Teil 15) sowie der Anpassbarkeit von Sprache, Vokabular und Umfang des FORM-Tools (Teil 110: (3-5)). Weiterhin erzwingt das FORM-Tool die strikte, sequentielle Einhaltung der Methodikstufen von FORM, wodurch die Beanstandung (6) für Teil 110 resultiert.

Relevante Anforderungen beziehen sich zum einen aus Teil 17 auf die Darstellung von Einheiten (1) und der Handhabung von Fehlern (2), indem nur die für den jeweiligen Fehler relevanten Teile angezeigt werden. Des Weiteren bestehen aus Teil 110 Forderungen nach einer Rückgängig-Option (1) und der Korrektheitsprüfung von Eingabedaten (2).

Aussage 6.2 *Mit einem **Gesamterfüllungsgrad von 91%** genügt das FORM-Tool den Anforderungen aus DIN EN ISO 9241. Die nicht erfüllten Anforderungen sind entweder für das FORM-Tool irrelevant oder können mit geringem Aufwand realisiert werden.*

Spezifische Validierung durch Befragung

Um für die spezifische Validierung ein möglichst breites Spektrum an Fähigkeiten und Fertigkeiten der Befragten zu gewährleisten, sollen alle Modulverantwortliche für ein ausgewähltes Kinematikmodul herangezogen werden. Hierfür wird das Kinematikmodul „Automatische Rückwandtür" ausgewählt, da im Befragungszeitraum das Spektrum zusätzlich zu den Modulverantwortlichen durch einige Studenten mit geringer Erfahrung abgerundet werden konnte. Konkret setzt sich die Zielgruppe der Befragung gemäß Abbildung 6.8 zusammen.

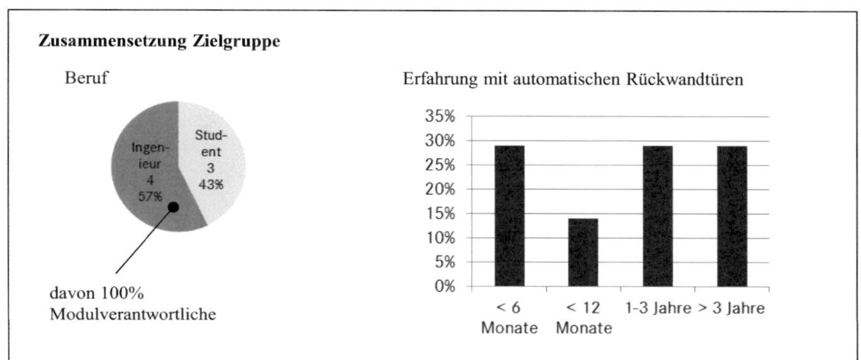

Abbildung 6.8:Zusammensetzung der Zielgruppe für die spezifische
Validierung

Die Funktionsweise des FORM-Tools kann durch die Benutzer-, Optimierungs-
und Simulationsebene beschrieben werden. Daher wurden die Befragten um
Angaben zu ihrer Erfahrung mit dem FORM-Tool, Optimierung und
Mehrkörpersimulation gebeten, vgl. Abbildung 6.9.

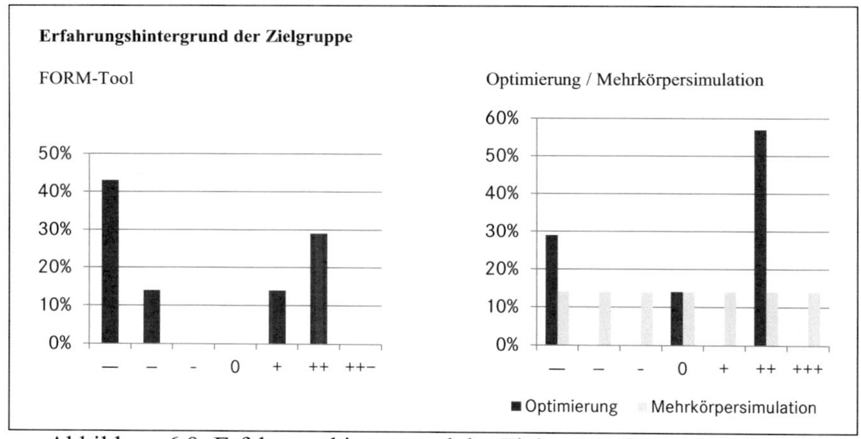

Abbildung 6.9: Erfahrungshintergrund der Zielgruppe für die spezifische
Validierung

Hieraus ist zu erkennen, dass die Erfahrungen der Zielgruppe bezüglich des
FORM-Tools und Optimierung sehr unterschiedlich und extrem ausgeprägt
sind. So hat beispielsweise fast die Hälfte der Befragten überhaupt keine
Erfahrung mit dem FORM-Tool, während mehr als die Hälfte über einen
großen Erfahrungsschatz zu Optimierung verfügt. Hinsichtlich

Mehrkörpersimulation ist die Erfahrung bei den Befragten sehr ausgeglichen über das gesamte Spektrum verteilt.

Zusammenfassend weist die Gesamtheit der Befragten keine einseitige Tendenz bezüglich der relevanten Erfahrungen und Fähigkeiten für die spezifische Validierung des FORM-Tools auf. Somit kann festgestellt werden, dass es sich um eine repräsentative Zielgruppe handelt.

Während die Validierung durch Inspektion binär erfolgte, soll für die Befragung der repräsentativen Zielgruppe ein detaillierteres Bild über mögliche Verbesserungspotenziale hervorgebracht werden. Aus diesem Grund können die Befragten ihre Meinung zur Erfüllung einer Anforderung von sehr schlecht (- - -) über neutral (0) bis sehr gut (+ + +) kundtun.

Das Vorgehen bei der Befragung sieht vor, dass die Befragten einzeln eine vorgegebene, realitätsnahe Problemstellung mit Hilfe des FORM-Tools bewältigen sollen. Im Anschluss daran erfolgt die Ausfüllung des aus DIN EN ISO 9241, Teil 110, abgeleiteten Fragebogens [PrAn-93]. Um konkret Verbesserungspotenziale aus dem Antwortspektrum ableiten zu können, erfolgt die Analyse des Fragebogens anhand der Lage des 33%-Quantils, wie Abbildung 6.10 zeigt.

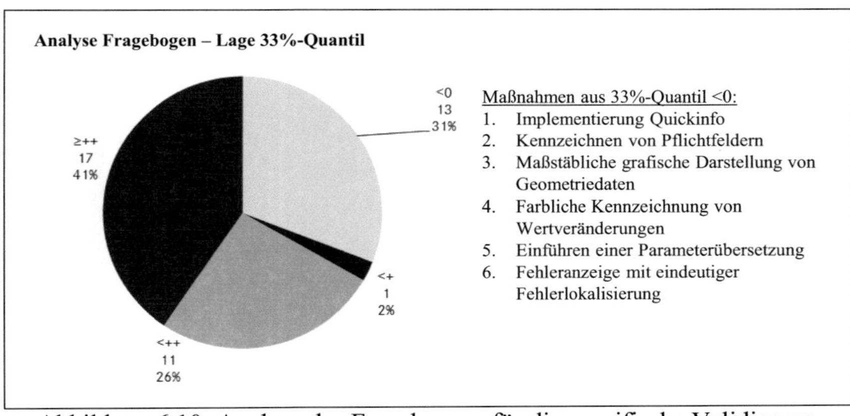

Abbildung 6.10: Analyse des Fragebogens für die spezifische Validierung

Demnach liegt bei 31% der Fragen der Sachverhalt vor, dass mindestens 33% der Antworten schlechter als neutral (0) beantwortet wurden. Zur Behebung dieser Beanstandungen lassen sich konkret 6 Maßnahmen ableiten, deren Umsetzung nachfolgend beschrieben wird. Zunächst zeigt Abbildung 6.11 die Realisierung der ersten drei Maßnahmen.

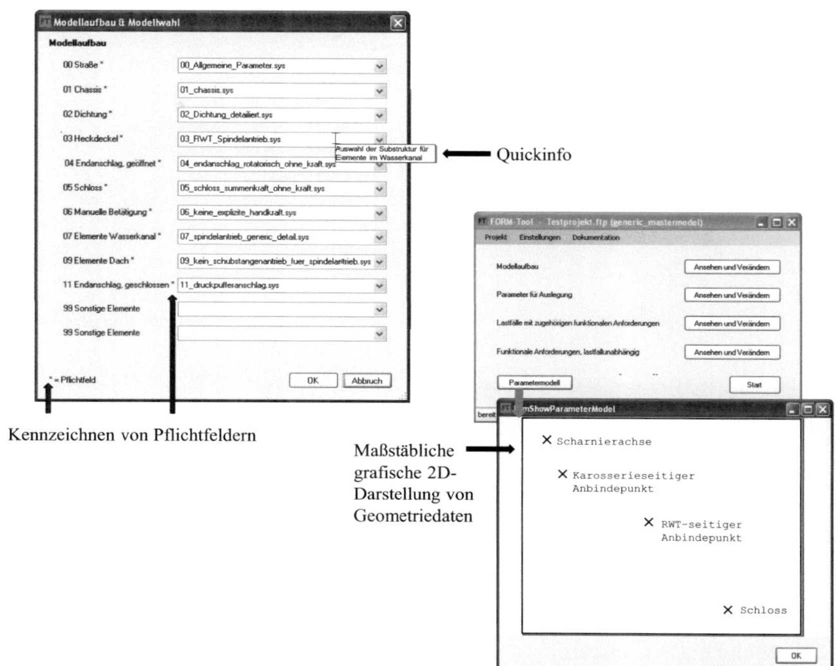

Abbildung 6.11: Umsetzung der Maßnahmen 1,2,3 aus spezifischer Validierung

Zum einen wird durch die Implementierung einer Quickinfo zu jedem Auswahlfeld die Beanstandung behoben, dass nicht immer sofort klar ist, was der Benutzer des FORM-Tools mit dem jeweiligen Auswahlfeld bewirkt. Zum anderen zeigt die Kennzeichnung von Pflichtfeldern dem Benutzer eindeutig auf, welche Felder obligatorisch und welche Felder optional zu befüllen sind. Darüber hinaus brachte ein Teil der Befragten den Wunsch hervor, die Eingaben vor Beginn der Robustheitsoptimierung plausibilisieren zu können. Daher wird vom FORM-Tool nach der Wertebelegung der Parameter ein maßstäbliches Bild erzeugt, durch das Einheitenfehler oder Datenverwechslungen visualisiert und korrigiert werden können. Weitere Maßnahmen aus der spezifischen Validierung sind in Abbildung 6.12 dargestellt.

Abbildung 6.12: Umsetzung der Maßnahmen 4,5,6 aus spezifischer Validierung

Diese Maßnahmen sollen Benutzer bei der korrekten und transparenten Bedatung unterstützen. So wechselt die Farbe einer Parameterzeile, sobald der Benutzer eine Parametermodifikation mit „Ok" bestätigt. Weiterhin können durch die Rolle des Administrators Parameterübersetzungen eingeführt werden, durch die jeder Parameter eindeutig identifiziert werden kann. Um den Benutzer bei der umfangreichen, manuellen Dateneingabe weiter zu unterstützen, können durch den Adminstrator sukzessive Plausibilisierungsüberprüfungen implementiert werden, wie in Abbildung 6.12 angedeutet ist. Der Implementierungsumfang dieser Maßnahme ist jedoch immer bezüglich des Aufwand-Nutzen-Verhältnisses abzuwiegen, da ein Großteil der Parameter-Plausibilisierungen (z.B. Angabe realistischer Parametergrenzen) direkt vom Kinematikmodul, den Zielfahrzeugen sowie von den berücksichtigten Modulkonzepten abhängt.

Die dargestellten Maßnahmen decken zugleich die Forderungen aus der generischen Validierung ab. So werden die Anforderungen hinsichtlich der Fehlerkorrektur in relevanten Teilen (Teil 17) und der Korrektheitsprüfung von Eingabedaten (Teil 110) durch Maßnahme 6 adressiert. Zudem kann der

Anspruch auf eine Rückgängig-Option (Teil 110) indirekt durch Maßnahme 5 realisiert werden, da dem Benutzer Parametermodifikationen zum letzten gespeicherten Stand visuell zugänglich sind. Durch den Aufruf des letzten gespeicherten Standes werden die getätigten Änderungen rückgängig gemacht.

Aussage 6.3 *Das positive Ergebnis der Befragung einer repräsentativen Zielgruppe zeigt, dass das* **FORM-Tool erfolgreich als Software validiert** *ist. Die Umfänge, bei der mehr als ein Drittel der Befragten eine negative Aussage tätigten, können durch die beschriebenen Maßnahmen im FORM-Tool umgesetzt werden.*

6.5 Kapitelzusammenfassung

Während durch die Implementierung der Methodik in Kapitel 5 der Nachweis des wissenschaftlichen Nutzens erbracht wird, ist die Zielsetzung von Kapitel 5 der Nachweis des industriellen Nutzens. Hierfür muss die Methodik FORM zunächst in das Rahmenwerk realer Entwicklungsprozesse übergeführt werden. Konkret entsteht daraus das so genannte FORM-Tool, welches sich als **Software** und als **Prozess** charakterisieren lässt.

Die Software als operatives Mittel zur Anwendung von FORM ist in einem 3-Ebenen-Modell beschrieben, welches die Wechselwirkungen zwischen Benutzer-, Optimierungs- und Simulationsebene aufzeigt. In diesem Kontext werden 3 Rollen für die praktische Umsetzung definiert:

1. Modulverantwortlicher
2. Administrator
3. Simulationsingenieur

Die wichtigste Funktion für die Anwendung übernimmt hierbei der Modulverantwortliche, der zeitgleich Treiber bei der organisatorischen Umsetzung des FORM-Tools ist. Um die organisatorischen Herausforderungen bei der Anwendung zu bewältigen, wird ein Prozessmodell erarbeitet, welches transparent die Abstimmung mit den für das FORM-Tool relevanten Unternehmensbereichen und mögliche Eskalationsstufen im Management aufzeigt.
Um eine konsequente Validierung zu gewährleisten, werden die Anforderungen an das FORM-Tool sowohl aus Prozess- als auch aus Softwaresicht formuliert.

Die Anforderungen aus **Prozesssicht** werden dabei zunächst abgeleitet aus den Anforderungen von Menschen an Projekte. Anschließend erfolgt die

Transformation der so genannten kritischen Erfolgsfaktoren aus dem Projekt- in das Prozessmanagement, die sich wie folgt strukturieren lassen:

C1 Plausibilität des Prozesses
C2 Kompensation
C3 Leistungswille des Teams
C4 Arbeitskultur

Aus **Softwaresicht** können Anforderungen aus der internationalen Norm DIN EN ISO 9241 abgeleitet werden, welche generisch die Interaktion zwischen Mensch und Maschine beschreibt.

Aussage 6.4 *Die Validierung der menschlichen Anforderungen an Prozesse zeigt, dass das FORM-Tool den Bedürfnissen und Wünschen von Menschen in entwicklungsnahen Bereichen entspricht. Dabei trägt das hohe Maß an* **Standardisierung** *zu einer signifikanten* **Qualitätssteigerung** *des Endprodukts bei. Weiterhin kann durch die systematische Konsolidierung vieler verschiedener Konzepte ein optimal robustes Modulkonzept gefunden werden, welches in hohen Stückzahlen verbaut werden kann und damit* **Kostenvorteile** *einbringt. Die ganzheitliche Verlagerung der Modulauslegung von einer manuellen Tätigkeit in ein computergestütztes, methodisches Rahmenwerk hilft zudem, für die Modulentwicklung eine erhebliche* **Zeitreduktion** *zu erzielen.*
Durch die weitergehende Validierung der Software-Anforderungen kann letztendlich sichergestellt werden, dass die direkte Interaktion des FORM-Tools mit dem Anwender gemäß der Vorgaben aus Normen erfolgt. Diese Feststellung wurde mit Hilfe der Befragung einer **repräsentativen Zielgruppe verifiziert.**
Zusammenfassend bestätigt die Validierung den in Abschnitt 4.5.2 aufgestellten **industriellen Nutzen** *der Methodik FORM.*

7 Zusammenfassung und Ausblick

Ziel dieses Kapitels ist die Zusammenfassung der wesentlichen Forschungsergebnisse und die Eruierung möglicher Weiterentwicklungen und Erweiterungen von FORM. In **Abschnitt 7.1** werden hierfür die Ziele aus dem einleitenden Kapitel 1 dieser Arbeit herangezogen, um anhand dieser Vorteile und Nutzen von FORM herauszuarbeiten. Abschließend erfolgt in **Abschnitt 7.2** die Adressierung verschiedener Erweiterungsmöglichkeiten der Methodik FORM.

7.1 Zusammenfassung

Die neue Methodik FORM als zentrales Konzept dieser Dissertation zeigt einen Weg auf, wie Unsicherheiten in einem modulbasierten Entwicklungsprozess beschrieben und deren Auswirkungen durch eine systematische Auslegung von Fahrzeugmodulen minimiert werden können. Konsistent zu den Zielen 1.1 bis 1.4 zeigen sich die Ergebnisse dieser Arbeit zusammenfassend wie folgt:

Ergebnis 7.1 *Die Methodik FORM stellt durch die transparente und vollständige Beschreibung der Robustheitsoptimierung einen ganzheitlichen Ansatz zur Auslegung von Fahrzeugmodulen dar. Die erfolgreiche Implementierung in Kapitel 5 anhand realitätsnaher und repräsentativer Aufgabenstellungen für Kinematikmodule ermöglicht den Nachweis, dass FORM als Methodik zielführend für die Grundproblematik dieser Arbeit ist. Durch die Transformation der theoretischen Methodik FORM in einen PC-Tool-gestützten Prozess kann zudem eine Beurteilung hinsichtlich der praktischen Anwendbarkeit in Kapitel 6 erfolgen. So beweist die positiv bewertete Validierung des FORM-Tools, dass in realen, industriellen Entwicklungsumgebungen die von Menschen gestellten Anforderungen durch FORM berücksichtigt werden.*

Die in Abbildung 4.2 visualisierte Struktur der Methodik FORM beschreibt ganzheitlich die drei wesentlichen Aspekte dieser Arbeit:

- In Methodikstufe 1 wird beschrieben, wie systematisch die Transformation von komponentenorientierter Systementwicklung und -auslegung hin zur **Funktionsorientierung** für Fahrzeugmodule durch konsequente Einbindung von Anforderungsmanagement in FORM erfolgt.
- Methodikstufe 2 beinhaltet eine Vorgehensweise, wie in modulbasierten Entwicklungsprozessen durch die konsequente Separierung von Modul- und Fahrzeugfreiheitsgrade der **Optimierungsraum** identifiziert wird.

- In Methodikstufe 3 werden neu erarbeitete Methoden eingeführt, um Unsicherheiten als **Robustheitsfaktoren** aufgrund der zeitlichen Entkopplung von Modul- und Fahrzeugentwicklungsprozess erfassen zu können.
- Methodikstufe 4 adressiert die systematische Verknüpfung der Methodikstufen 1-3, um die robuste Auslegung von Fahrzeugmodulen operativ möglich zu machen.

Ergebnis 7.2 *Im Rahmen von Methodikstufe 1 von FORM werden zur Gewährleistung der Funktionsorientierung Schnittstellen beschrieben, um die umfangreichen Informationen aus Lastenheften für die betrachteten Fahrzeugmodule in funktionale Anforderungen überzuführen. Da sowohl die Analyse als auch die Optimierung der Robustheit auf funktionalen Anforderungen basiert, bildet sich Funktionsorientierung als zentrale Eigenschaft von FORM aus.*

Die Formulierung funktionaler Anforderungen ist in FORM durch die Trennung in zustandsabhängige und zustandsunabhängige funktionale Anforderungen gekennzeichnet. Hierdurch kann für die Simulation des betrachteten Modulkonzepts für ein Fahrzeugmodul gewährleistet werden, dass Lastfälle systematisch und vollständig abgebildet werden. Aufgrund der Einbindung von funktionalen Anforderungen in die Zielfunktion der Robustheitsoptimierung wird die Schnittstelle zu Lastenheften des jeweiligen OEM's notwendige Bedingung, um FORM überhaupt anwenden zu können.

Ergebnis 7.3 *Für die Robustheitsoptimierung in Methodikstufe 4 von FORM werden Evolutionäre Algorithmen eingesetzt. Diese sind durch eine hohe Robustheit gegenüber numerischem Rauschen der Ergebnisgrößen charakterisiert. Weiterhin zeigt die erfolgreiche Implementierung von FORM anhand zweier Anwendungsfälle mit teilweise erheblichen Unsicherheiten, dass zuverlässig das Optimum aus den Optimierungsparametern in Methodikstufe 2 für die Robustheit von Kinematikmodulen gefunden wird.*

Weiterhin zeichnen sich Evolutionäre Algorithmen im Kontext von FORM durch die universelle Einsetzbarkeit für die Robustheitsoptimierung von Modulkonzepten für Fahrzeugmodule aus. Insbesondere im Rahmen der Validierung von FORM hat es sich als großer Vorteil erwiesen, dass die Konfiguration des Optimierungsprozesses und die Beurteilung von Konvergenzkriterien nicht Aufgabe des Modulverantwortlichen bzw. Anwenders ist. Vielmehr lässt sich die Optimierung durch die geschickte Einbindung in die Methodik FORM als automatisierter Prozess realisieren. Die hiermit einhergehenden Vorteile für den Anwender und seine menschlichen

Anforderungen (z.B. Mikropolitik, Spieltrieb) ermöglichen eine hohe Praxisdurchdringung von FORM.

Ergebnis 7.4 *Als wesentlicher wissenschaftlicher Beitrag wird in den Methodikstufen 3 und 4 beschrieben, wie Unsicherheiten modulbasierter Entwicklungsprozesse erfasst und deren Auswirkungen beschrieben werden können. Die subjektiven Unsicherheiten, wie beispielsweise Designtrends unterschiedlicher Zielfahrzeuge für das Fahrzeugmodul, werden in FORM durch probabilistische Formulierungen beschrieben, wodurch transparent der Effekt dieser Unsicherheiten auf die funktionalen Anforderungen identifiziert werden kann.*

Hierfür erfolgt eine Einteilung der Unsicherheiten in 4 Arten, die jeweils probabilistisch formuliert werden. Auf Basis stochastischer Simulationen werden zunächst Variationskoeffizient und Ausfallwahrscheinlichkeit aller funktionalen Anforderungen bestimmt. Der gewichtete Durchschnitt dieser Größen ergibt daraufhin die Robustheit eines Modulkonzepts für eine beliebige Kombination der Optimierungsparameter. Diese systematische Vorgehensweise ermöglicht auf der einen Seite eine vollständige Robustheitsanalyse. Auf der anderen Seite gewährleistet die Definition von Robustheit auf Basis habhafter Größen eine hohe Transparenz für den Anwender von FORM, da die Robustheitsanalyse und -optimierung stets auf der Beurteilung der funktionalen Anforderungen basiert.

7.2 Ausblick

Die Struktur und Ausprägung der Methodik FORM beruht auf der konsequenten Ausrichtung der formulierten Ziele in Abschnitt 4.1. Diese Ziele stellen eine Anpassung der Ziele aus Abschnitt 1.2 an die Lücke zwischen den Verbesserungsbedarfen der Automobilindustrie und des Stands der Technik dar. Abweichungen von Zielen und daraus abgeleiteter Prämissen bieten darüber hinaus Möglichkeiten zur Erweiterung oder Adaption von FORM, die im Folgenden kurz ausgeführt werden.
Die Hauptmotivation von FORM ist die frühzeitige Robustheitsoptimierung von Fahrzeugmodulen. Darüber hinaus hat sich gezeigt, dass Einsatzpotenziale für FORM auch in späteren Entwicklungsphasen bestehen. So könnte FORM zur Fahrzeug-Serienfreigabe als **Funktionsnachweis** für ein Fahrzeugmodul dienen. Hierfür müssten die Optimierungsfreiheitsgrade vollständig eliminiert werden, so dass lediglich eine Kombination der Optimierungsparameter einbezogen wird. Da in dieser späten Phase lediglich Produktionstoleranzen in FORM zu berücksichtigen sind, können spezielle **Zuverlässigkeitsverfahren** (z.B. Direktionales Sampling) für alle funktionalen Anforderungen die

Ausfallwahrscheinlichkeit identifizieren, um somit den Anspruch nach Six Sigma-Qualität eines Unternehmens zu erfüllen. Für diese späten Betrachtungen bietet der generische Ansatz von FORM zudem die Möglichkeit, die bewegten Körper des Fahrzeugmoduls detaillierter über **FEM-Berechnungen** abzubilden, um beispielsweise Strukturschwingungen oder Verformungen zu berücksichtigen.

Ein nicht adressierter Aspekt in dieser Arbeit ist die Integration des FORM-Tools in die **Simulationsdatenmanagement-Systeme** (SDM-Systeme) des jeweiligen OEM's, da für diese Thematik im industriellen Umfeld kein eindeutiger Konsens für die operative Umsetzung besteht. Da SDM-Systeme aufgrund der stetig zunehmenden Anzahl verschiedener Simulationen bei Automobilherstellern mittelfristig standardisiert eingesetzt werden dürften, könnten sich weiterführende Betrachtungen mit Schnittstellen von FORM zu SDM-Systemen beschäftigen. Hierzu verwandte Arbeiten wie [Panz-08] untersuchten bereits, wie mittels neutraler Referenzmodelle interdisziplinär Informationen ausgetauscht werden können. Weiterhin existieren Forschungsansätze zu zeitlichen Abhängigkeiten verschiedener Simulations-disziplinen [SySu-10]. Da durch den Einsatz von SDM-Systemen eine durchgehende und nachvollziehbare Dokumentation ermöglicht wird, könnte neben dem Toleranzmanagement ein **Unsicherheitsmanagement** in Unternehmen etabliert werden. Dadurch wäre es beispielhaft möglich, die interdisziplinär getätigten Vereinbarungen über Unsicherheiten und Toleranzen im Rahmen des FORM-Tools auch in späten Phasen als verpflichtendes Dokument zu betrachten.

Eine weiterführende Überlegung zur Einbettung des FORM-Tools in SDM-Systeme ist die generische Integration von FORM in das **Informationsumfeld** der OEM's. Hierfür sind Überlegungen anzustellen, wie die Methodik oder der daraus ableitbare Prozess von FORM in den Kontext existierender **Product-Lifecycle-Management-Systeme (PLM-Systeme)** integriert werden können. Diese Überlegungen münden auf Informationsebene in der Erarbeitung einer Ontologie, durch die die Wechselwirkungen zwischen FORM und dem Kontext der Produktentwicklung beschrieben werden können. Basis hierfür sollte eine Konkretisierung der Schnittstellen zwischen FORM und PLM-Systemen sein. Dabei ist im Spannungsfeld zwischen generischem Anspruch und realistischer Anwendbarkeit sorgfältig zu prüfen, inwiefern repräsentative Beispiele sowohl für eine Konkretisierung von FORM als auch für etablierte PLM-Systeme gefunden und herangezogen werden können. Zu genannter Fragestellung existieren verwandte Arbeiten, auf die im Folgenden kurz eingegangen wird. Platt [Plat-09] erarbeitet in seiner Dissertation auf Basis eines Informationsmodells eine Systemarchitektur, um Umweltaspekte von Produkten entwicklungsbegleitend im Kontext eines PLM-Systems beurteilen und dokumentieren zu können. Derselbe Ansatz könnte anstelle von Umweltaspekten auf Robustheitsaspekte eines Produkts angewandt werden. Ein weiterer, interessanter Aspekt wird von Lauer [Laue-10] beleuchtet. Seine Dissertation beschäftigt sich mit der Frage, wie durch Parameter in Dokumenten ein semiautomatischer Zusammenhang zwischen diesen Dokumenten und dem jeweiligen Prozessschritt in einer technischen Produktentwicklung geschaffen werden kann. Ungeachtet der derzeit noch bestehenden Herausforderungen durch dynamische Entwicklungsprozesse ermöglicht die entwickelte Methode zur integrativen Dokumenten- und Prozessbeschreibung weitere Betrachtungen des FORM-Reports, der das standardisierte Ergebnis des FORM-Prozesses darstellt. Der Report besitzt eine standardisierte Struktur, jedoch abhängig vom Fortschritt des Entwicklungsprozesses unterschiedliche Ausprägungen hinsichtlich der Anzahl betrachteter Modulkonzepte sowie bezüglich der Größenordnungen von Unsicherheiten. Eine interessante Forschungsarbeit könnte die Untersuchung der Wechselwirkungen zwischen den Ausprägungen des Reports und der semi- oder vollautomatischen Verknüpfung im Entwicklungsprozess respektive PLM-Systems sein.

Die Wahl des Optimierungsverfahrens in FORM ist stark beeinflusst von der Automatisierbarkeit des Optimierungsprozesses. Da die Rolle des Modulverantwortlichen als Hauptanwender von FORM typischerweise keine Kenntnisse über Optimierungsverfahren beinhaltet, kristallisieren sich Evolutionäre Algorithmen aufgrund universeller Einsetzbarkeit und vollständiger Automatisierbarkeit als überlegenes Optimierungsverfahren für die Ziele von FORM heraus. Die Implementierung in Kapitel 5 hat darüber hinaus gezeigt, dass für Mehrkörpersysteme unter vertretbarem Rechenaufwand gute Ergebnisse erzielt werden können. Insbesondere wenn in späten Entwicklungsphasen die Simulationsmodelle für FORM jedoch FEM-Berechnungen beinhalten, steigt der erforderliche Rechenaufwand für den Einsatz von FORM drastisch an. An dieser Stelle können Evolutionäre Algorithmen durch **alternative Optimierungsverfahren** ersetzt werden. Beispielsweise könnten bei sehr großen, diskreten Optimierungsräumen Sensitivitätsanalysen der Optimierung vorgeschaltet werden, um mit Hilfe von **Entscheidungspfaden** die Suche der Optima auf einen deutlich reduzierten Optimierungsraum einzuschränken. Auf dieser Basis könnten mehrere sequentielle Evolutionäre Algorithmen die Optima in den jeweiligen Entscheidungspfaden suchen. Für eingeschränkte Optimierungsräume kommen auch **Adaptive Antwortflächenverfahren** in Frage, die oftmals eine raschere Konvergenz ermöglichen. Gelänge es zudem, die Anzahl der Optimierungs- und Unsicherheitsparameter in den Entscheidungspfaden signifikant zu reduzieren, können auch **Hybride Parameterräume** zum Einsatz kommen. Da hierauf basierend gradientenbasierte Optimierungsverfahren eingesetzt werden, müsste jedoch gleichzeitig gewährleistet sein, dass die Simulationsergebnisse extrem rauscharm sind. Zusammenfassend kann konkludiert werden, dass geringere numerische Aufwände für die Robustheitsoptimierung durch Einbußen hinsichtlich der Automatisierbarkeit erkauft werden. Bezüglich alternativer Optimierungsverfahren bleibt somit festzustellen, dass stets eine Abwägung zwischen dem numerischen Aufwand und den erforderlichen Anwender-kenntnissen getroffen werden muss.

Folgt die Anwendung von FORM dem Anspruch vollständiger Automatisierbarkeit, so gestaltet sich das übliche Vorgehen für die Optimierung wie folgt. Nach vollständiger Bedatung des Optimierungsproblems durch den Modulverantwortlichen startet dieser das FORM-Tool. Im Anschluss daran läuft die Optimierung unsichtbar im Hintergrund, bis das Abbruchkriterium des Algorithmus erfüllt ist. Erst zu diesem Zeitpunkt kann der Anwender die Ergebnisse betrachten. Da die Gesamtdauer der Optimierung anwendungsbezogen meherere Tage oder Wochen in Anspruch nehmen kann, könnte eine mögliche Weiterentwicklung des FORM-Tools die **Visualisierung von Iterationsschritten** sein. Zusätzlich könnte durch Einbezug von 3D-Darstellungen im Kontext von **Virtual Reality** die Habhaftigkeit von Simulationsergebnissen gestärkt werden [ScSc-11]. Die Nutzung realistischer Ergebnisdarstellungen könnte somit einen interessanten Mehrwert für die Visualisierung von Simulationen für Kinematikmodule bieten. Dies könnte im Besonderen den Einfluss von Unsicherheiten auf das tatsächliche Verhalten von Kinematikmodulen greifbar machen, indem unterschiedliche Unsicherheits-diskretisierungen durch 3D-Videodarstellungen erlebbar werden. Am Beispiel von Automatischen Rückwandtüren könnten dies Darstellungen des Öffnungsverhaltens für verschiedene Kombinationen von Unsicherheiten sein. Dadurch könnten bereits in frühesten Entwicklungsphasen die Auswirkungen von Designänderungen immersiv verdeutlicht werden.

8 Literatur

[AbEV-96]   Abspoel, S.; Etman, L.; Vervoort, J.; van Roos, R.; Schoofs, A; Rooda, J: *Simulation based optimization of stochastic systems with integer design variables by sequential multipoint linear approximation.* In Structural and Multidisciplinary Optimization, Vol. 22, S. 125-138, 1996

[Alts-84]   Altshuller, G. S.: *Creativity as an exact science: the theory of the solution of inventive problems.* In Studies in cybernetics, Gordon and Breach, 1984

[ArGr-08]   Arvidsson, M., Gremyr, I.: *Principles of robust design methodology.* Quality and Reliability Engineering International, Vol. 24, Issue 1, S. 23-35 John Wiley & Sons, DOI: 10.1002/qre.864, 2008

[ArYI-99]   Arakawa, M.; Yamakawa, H.; Ishikawa, H.: *Robust design using fuzzy numbers with intermediate variables.* In 3rd World Congress of Structural and Multidisciplinary Optimization, 1999.

[AtDT-07]   Atkinson, A., Donev, A., Tobias, R.: *Optimum experimental designs, with SAS.* Oxford University Press, 2007

[Auto-09]   Automobilwoche: *Daimler-Forschungschef: "Wir haben unser Versprechen gehalten".* Interview mit Dr. Thomas Weber, Vorstand für Forschung und Entwicklung der Daimler AG, 2009. Erhältlich unter http://www.automobilwoche.de/article/20090907/HEFTARCHIV/ 63536864/1276&ExpNodes=1263

[BaCl-06]   Baldwin, C.; Clark, K.: *Modularity in the Design of Complex Engineering Systems.* In Complex Engineered Systems: Science Meets Technology, Hrsg: Minai, A.; Brah, D.; Bar Yam, Y., New England Complex Systems Institute Series on Complexity, Springer, New York, 2006

[BaHS-97]   Bäck, T.; Hammel, U.; Schwefel, H.-P.: *Evolutionary computation: comments on the history and current state.* In IEEE Transactions on Evolutionary Computing, Vol. 1, No. 1, S. 3-17, 1997

[Bala-08]   Balasubramanian, B.: *Entwicklungsprozesse für Kraftfahrzeuge unter den Einflüssen von Globalisierung und Lokalisierung.* In Schindler, V.; Sievers, I. (Hrsg.): Forschung für das Auto von morgen: Aus Tradition entsteht Zukunft, Springer, Berlin Heidelberg, 2008

[BaOS-11]   Bassler, D.; Oehmen, J.; Seering, W.; Ben-Daya, M.: *A Comparison of the Integration of Risk Management Principles in Product Development Approaches.* Proceedings of the

International Conference on Engineering Design ICED11, Kopenhagen, Dänemark, 2011

[Barn-02] Barney, M.: *Motorola's second generation*. Six Sigma Forum Magazine, Vol. 1 No. 3, S. 13-16, 2002

[Baue-03] Bauer, H.: *Kraftfahrtechnisches Taschenbuch*. Vieweg, Wiesbaden, 2003.

[BeEN-09] Ben-Tal, A., El Ghaoui, L.; Nemirovski, A.: *Robust Optimization*. In Princeton Series in Applied Mathematics, Princeton University Press, USA 2009

[BeLe-04] Bertsche, B.; Lechner, G.: *Zuverlässigkeit im Fahrzeug- und Maschinenbau*. 3. Auflage, Springer, Berlin, 2004

[BeNe-02] Ben-Tal, A.; Nemirovski, A.: *Robust optimization—methodology and applications*, Mathematical Programming, Series B, Vol. 92, No. 3, S. 453-480, Springer, DOI: 10.1007/s101070100286, 2002

[BeSe-07] Beyer, H.-G.; Sendhoff, B.: *Robust optimization – A comprehensive survey*. In Computer Methods in Applied Mechanical Engineering, Vol. 196, S. 3190-3218, Elsevier, 2007

[Boch-01] Boch, R.: *Geschichte und Zukunft der deutschen Automobilindustrie*. Franz Steiner Steiner Verlag, Stuttgart, 2001

[BoDr-87] Box, G.E.P.; Draper, N.R.: (1987): *Empirical Model-Building and Response Surfaces*, Wiley, New York, 1987

[Bohn-98] Bohn, M.: *Toleranzmanagement im Entwicklungsprozeß. Reduzierung der Auswirkungen von Toleranzen auf Zusammenbauten der Automobil-Karosserien*. Dissertation, 1998, Karlsruhe

[Box-88] Box, G.: *Signal-to-Noise-Ratios, Performance Criteria and Transformations*, Technometrics, Vol. 30, No. 1, S. 1-18, 1988

[Brei-91] Breitung, K.W.: *Probability approximations by log likelihood maximization*. In Journal of Engineering Mechanics, ASCE, Vol. 117, S. 457-477, 1991

[BrGZ-09] Breitling, T.; Grossman, T.; Zöller, A.: *Digitale Prototypen unterstützen Entwicklung*. In: Automobiltechnische Zeitschrift (ATZ) extra, S. 162-171, Wiesbaden, 2009

[Brow-01] Browning, T.: *Applying the Design Structure Matrix to System Decomposition and Integration Problems: A Review and New Directions*. In IEEE Transactions on Engineering Management, Vol. 48, No. 3, 2001

[Buch-88] Bucher, C.G.: *Adaptive Sampling – An Iterative Fast Monte Carlo Procedure*. In Structural Safety, Vol. 5, No. 2, 1988

[BuEs-02] Buckley, J.; Eslami, E.: *An Introduction to Fuzzy Logic and Fuzzy Sets*, Physica-Verlag, Springer, Heidelberg, 2002

[BuHR-00]   Bucher, C.; Hintze, D.; Roos, D.: Advanced Analysis of
             Structural Reliability Using Commercial FE-Codes. ECCOMAS
             2000, 2000

[BrSe-07/1] Braess, H.-H.; Seiffert, U.: *Handbuch Kraftfahrzeugtechnik*. 5.
             Auflage, Vieweg, Braunschweig/Wiesbaden, 2007

[BrSe-07/2] Braess, H.-H.; Seiffert, U.: *Automobildesign und Technik:
             Formgebung, Funktionalität, Technik*. Vieweg, Wiesbaden, 2007

[ChWC-09]   Chalupnik, M.J.; Wynn, D.C.; Clarkson, P.J.: *Approaches to
             Mitigrate the impact of uncertainty in development processes*,
             Proceedings of the International Conference on Engineering
             Design ICED09, Stanford, USA, 2009

[CeKa-10]   Cebi, S.; Kahraman, C.: *Extension of axiomatic design principles
             under fuzzy environment*. Expert Systems with Applications, Vol.
             37, S. 2682-2689, 2010

[Cliff-01]   Clifford, L.: *Why you can safely ignore Six Sigma*. Fortune, Vol.
             143, No. 2, 2001

[Cron-07]   Cronemyr, P.: *DMAIC and DMADV – differences, similarities
             and synergies*. International Journal of Six Sigma and
             Competitive Advantage Issue, Vol. 3, No. 3, S. 193-209, 2007

[DaGH-04]   Dannenberg, J.; Gehr, F.; Hellingrath, B.; Kleinhans, C. (Hrsg.):
             *Future Automotive Industry Structure (FAST) 2015 – die neue
             Arbeitsteilung in der Automobilindustrie. Materialien zur
             Automobilindustrie* (32). Verband der Automobilindustrie,
             Frankfurt, 2004

[DöKT-97]   Döllner, G.; Kellner, P.; Tegel, O.: *Verifizierung von
             Entwicklungsergebnissen mit rechnerunterstützten Techniken –
             Potenziale und Hemmnisse*. VDI-Berichte Nr. 1357, VDI-Verlag,
             1997

[DuCY-06]   Du, L.; Choi, K.K.; Youn, B.D.: *Inverse Possibility Analysis
             Method for Possibility-Based Design Optimization*. In AIAA
             Journal, Vol. 44, No 11, DOI: 10.2514/1.16546, 2006

[Ehrl-09]   Ehrlenspiel, K.: *Integrierte Produktentwicklung: Denkabläufe,
             Methodeneinsatz, Zusammenarbeit*, 4. Auflage, Carl Hanser
             Verlag, 2009

[EnBK-09]   Engelhardt, R.; Birkhofer, H.; Kloberdanz, H.; Mathias, J.:
             *Uncertainty-Mode- and Effects-Analysis – An Approach to
             Analyse and Estimate Uncertainty in the Product Life Cycle*.
             Proceedings of the International Conference on Engineering
             Design ICED09, Stanford, USA, 2009

[EnEM-11]   Engelhardt, R.; Eifler, T.; Mathias, J.; Kloberdanz, H.; Birkhofer,
             H.; Bohn, A.: *Linkage of Methods within the UMEA Methodology
             – An Approach to Analyse Uncertainties in the Product*

Development Process. Proceedings of the International Conference on Engineering Design ICED11, Kopenhagen, Dänemark, 2011

[EnWE-11] Engelhardt, R.; Wiebel, M.; Eifler, T.; Kloberdanz, H.; Birkhofer, H.; Bohn, A.: *UMEA – A Follow-up to Analyse Uncertainties in Technical Systems.* Proceedings of the International Conference on Engineering Design ICED11, Kopenhagen, Dänemark, 2011

[EpCh-07] Eppinger, S; Chitkara, A: *The Practice of Global Product Development.* IEEE Transactions on Engineering Management, Vol. 35, No. 1, S. 3-12. 2007

[FoEH-11] Forbes, C.; Evans, M.; Hastings, N.; Peacock, B.: *Statistical Distributions.* Wiley, New Jersey, 2011

[FüDö-07] Füst, K.; Döring, P.: *Elektrische Maschinen und Antriebe. 7.* Auflage, Vieweg, Wiesbaden, 2007

[GeKK-04] Gerdes, I.; Klawonn, F.; Kruse, R.: *Evolutionäre Algorithmen.* Vieweg, Wiesbaden, 2004

[Gene-99] General Electric Company: *General Electric Company 1999 Annual Report.* General Electric Company, Fairfield, USA, 1999

[GlHe-03] Gloger, E.; Henseler, W.: *Die Konzentration auf das Wesentliche.* In Global Supplier, 2. Quartal 2003, DaimlerChrysler AG, Stuttgart, 2003

[Göpf-98] Göpfert, J.: *Modulare Produktentwicklung: Zur gemeinsamen Gestaltung von Technik und Organisation,* Dissertation, Deutscher Universitäts-Verlag, Wiesbaden, 1998

[GuHN-04] Gu, P.; Hashemina, M.; Nee, A.Y.C.: *Adaptable Design.* In CIRP Annals – Manufacturing Technology, Vol. 53, No. 2, S. 539-557, 2004

[GuLS-04] Gu, P., Lu, B., Spiewak, S.: *A New Approach for Robust Design of Mechanical Systems,* CIRP Annals Manufacturing Technology, Vol. 53, S. 129-133, 2004

[HaHH-99] Hahn, G.J.; Hill, W.J.; Hoerl, R.W.; Zinkgraf, S.A.: *The impact of Six Sigma improvement: a glimpse into the future of statistics.* The American Statistician, Vol. 53, No. 3, S. 208-215. 1999

[HaMR-11] Hatchuel, A.; Le Masson, P.; Reich, Y.; Weil, B.: *A Systematic Approach of Design Theories Using Generativeness and Robustness.* Proceedings of the International Conference on Engineering Design ICED11, Kopenhagen, Dänemark, 2011

[HeBu-96] Helton, J.C.; Burmaster, D.E.: *Treatment of Aleatory and Epistemic Uncertainty.* Special Issue of Reliability and System Safety, Vol. 54, Nos. 2-3, 1996

[Heid-01] Heidemann, B.: *Trennende Verknüpfung: ein Prozessmodell als Quelle für Produktideen.* Dissertation, Shaker, Darmstadt, 2001

[Helt-97]   Helton, J.: *Uncertainty and sensitivity analysis in the presence of stochastic and subjective uncertainties*, In Journal of Statistical Computation and Simulation, Vol. 57, S. 3-76, DOI: 10.1080/00949659708811803, 1997

[Hofs-01]   Hofstede, G.: *Culture's Consequences – Comparing Values, Behaviors, Institutions and Organizations Across Nations*. 2. Auflage, Thousand Oaks, London, Neu Delhi, 2001

[HöGe-01]   Högel, M.; Gemünden, H.G.: *Teamwork Quality and the success of innovative Projects: A theoretical concept and empirical evidence*. Organization Science, Vol. 12, No. 4, 2001

[Hölz-08]   Hölzle, K.: *Die Projektleiterlaufbahn, Organisatorische Voraussetzungen und Instrumente für die Motivation und Bindung von Projektleitern*, Dissertation, GWV Fachverlage, Wiesbaden, 2008

[HüBa-08]   Hüttenrauch, M.; Baum, M.: *Effiziente Vielfalt: Die dritte Revolution in der Automobilindustrie*, Springer, Heidelberg, DOI 10.1007/978-3-540-72116-1, 2008

[HuKu-98]   Huang, C.C.; Kusiak, A.: *Modularity in Design of Products and Systems*. IEEE Transactions On Systems, Man and Cybernetics – Part A: Systems and Humans, Vol. 28, No. 1, 1998

[HuLy-98]   Huntington, D.E.; Lyrintzist, C.S.: *Improvements to and limitations of Latin hypercube sampling*. In Probabilistic Engineering Mechanics, Vol. 13, No. 4, S. 245-253, 1998

[KaBR-07]   Katzenbach, A.; Bergholz, W.; Rohlinger, A.: *Knowledge-Based-Design – An Integrated Approach*, 17th CIRP Design Conference, 2007

[Kack-85]   Kackar, R.; *Off-Line Quality Control, Parameter Design, and the Taguchi Method*. Journal of Quality Technology, Vol. 17, No.4, S. 176-188, 1985

[Katz-11]   Katzenbach, A.: *Strategische Entwicklung der Engineering IT Landschaft bei der Daimler AG*. Siemens PLM Connection, 2011

[Kece-03]   Kececioglu, D.: *Robust Engineering. Design-by-Reliability with Emphasis on Mechanical Componentes & Structural Reliability*. DEStech Publications, Lancaster, USA, 2003

[KhML-02]   Kharmanda, G.; Mohamed, A.; Lemaire, M.: *Efficient reliability-based design optimization using a hybrid space with application to finite element analysis*. In Structural and Multidisciplinary Optimization, Vol. 24, S. 233-245, 2002

[Kim-06]   Kim, S.-G.: *Complexity of Nanomanufacturing*. Proceedings of the International Conference on Axiomatic Design ICAD 2006, Firenze, Italien, 2006

[KlBo-92]   Klingmüller, O.; Bourgund, U.: *Sicherheit und Risiko im Konstruktiven Ingenieurbau*. In European Congress on Computational Methods in Applied Sciences and Engineering, Vieweg, Braunschweig Wiesbaden, 1992

[KlFi-98]   Klir, G.; Filger, T.: *Fuzzy Sets, Uncertainty, and Information*, Prentice-Hall, Englewood Cliffs, New Jersey, 1998

[Klir-06]   Klir, G.: *Uncertainty and information: foundations of generalized information theory*. Wiley, New Jersey, 2006

[KlEM-09]   Kloberdanz, H.; Engelhardt, R.; Mathias, J.; Birkhofer, H.: *Process Based Uncertainty Analysis – an Approach to Analyse Uncertainties using a Process Model*. Proceedings of the International Conference on Engineering Design ICED09, Stanford, USA, 2009

[Knet-04]   Knetsch T.: *Unsicherheiten in Ingenieurberechnungen*, Dissertation, Magdeburg, 2004

[Kres-10]   Kreschel, H.: *Robust Design als Design for Six Sigma Baustein bei der Robert Bosch GmbH*. Weimar Optimization and Stochastic Days 7.0, Weimar, 2010

[Krüg-08]   Krüger, M.: *Grundlagen der Kraftfahrzeugelektronik: Schaltungstechnik*, 2. Auflage, Carl Hanser Verlag, München, 2008

[LaWS-09]   Lamberti, R.; Winterstein, R.; Sappin, O.: *Characteristics of a future mechatronic product creation process in the automobile industry* ProSTEP Symposium Berlin, 2009, erhältlich unter http://www.prostep.org/fileadmin/user_upload/ProSTEPiViP/Events/Symposium-2009/Praesentationen_Tag_2/0801_Presentation_Lamberti_Daimler.pdf

[Laue-10]   *Integrative Dokumenten- und Prozessbeschreibung in dynamischen Produktentwicklungsprozessen*. Dissertation, Lehrstuhl für Produktentwicklung, Technische Universität München, 2010

[Laut-99]   Lautenschlager, U.: *Robuste Multikriterien-Strukturoptimierung mittels Verfahren der Statistischen Versuchsplanung – Anwendung auf Gestaltoptimierungsprobleme*, Dissertation, FOMAAS, Siegen, 1999

[Lipp-06]   Lippe, W.-M.: *Soft-Computing*. Springer, Berlin Heidelberg, 2006

[MaKE-09]   Mathias, J.; Kloberdanz, H.; Engelhardt, R.; Birkhofer, H.: *Integrated Product and Process Development Based on Robust Design Methodology*. Proceedings of the International Conference on Engineering Design ICED09, Stanford, USA, 2009

[MaMc-09]   Maass, E.; McNair, P.: *Applying Design for Six Sigma to Software and Hardware Systems*. Prentice Hall Press Upper Saddle River, NJ, USA, 2009

[Marc-00]   Marczyk, J.: *Stochastic multidisciplinary improvement: beyond optimization*, American Institute of Aeronautics and Astronautics, 2000.

[MaSO-07]   Mahl, A.; Semenenko, A.; Ovtcharova, J.: *Virtual Organisation in Cross Domain Engineering*. In Camarinha-Matos, L.; Afsarmanesh, H.; Novais, P.; Analide, C (Hrsg.): Establishing the Foundation of Collaborative Networks, IFIP International Federation for Information Processing, Vol. 243, S. 601-608, Springer, Boston, 2007

[MaZC-11]   Man, J.; Zhang, L.; Chen, Y.; Xue, D.; Gu, P.: *Identification of the Optimal Design Based on Evaluation of Product Configurations Considering Specific Product Adaptabilities*. Interdisciplinary Design, Proceedings of the 21th CIRP Design Conference, Daejeon, Korea, 2011

[McBC-79]   McKay, M.; Beckman, R.; Conover, W: *A comparison of three methods for selecting values of input variables in the analysis of output from a computer code*. In Technometrics, Vol. 21, S. 239-245, 1979

[MeBB-07]   Melzer, W.; Baldauf, H.; Blum, S.; Will, J.: *Erfahrungen über den serienmäßigen Einsatz der Robustheitsbewertung zur Absicherung der virtuellen Auslegung passiver Sicherheitssysteme*. Weimar Optimization and Stochastic Days 4.0, Weimar, 2007

[MoLJ-02]   Montgomery, D. C.; Loredo, E. N.; Jearkpaporn, D.; Testik, M. C.: *Experimental designs for constrained regions*. In Quality Engineering, Vol. 14, No. 4, S. 587-601, 2002

[Mont-91]   Montgomery, D.C.: *Design and Analysis of Experiments*. John Wiley & Sons, New York, 1991

[Mori-08]   Moriwaki, T., *Multi-functional Machine Tool*. In CIRP Annals – Manufacturing Technology, Vol. 57, No. 2, S. 736-749, 2008

[MüTu07]   Müller, R.; Turner, J. R.: *Project Success Criteria and Project Success by Type of Project*. European Management Journal, Vol. 25, No. 4, S. 298-308, 2007

[Nair-92]   Nair, V.N.E.: *Taguchi's Parameter Design: A Panel Discussion*. Technometrics, Vol. 34, No. 2, S. 127-161, 1992

[Obje-11]   Object Management Group: *Reqirements Interchange Format (ReqIF)*. Version 1.0.1, 2011

[OeSe-11]   Oehmen, J.; Seering, W.: *Risk-Driven Design Processes – Balancing Efficiency with Resilience in Product Design*. In

Birkhofer, H. (Hrsg.): The Future of Design Methodology, Springer, London, 2011

[PaBF-07]   Pahl, G.; Beitz, W.; Feldhusen, J.; Grothe, K.-H.: *Pahl/Beitz Konstruktionslehre – Grundlagen.* 7. Auflage, Springer, Berlin Heidelberg, 2007

[Panz-08]   Panzer, J.: *Referenzmodell für den kooperativen Simulationsdatenaustausch. Vorgehensmodell zur Erstellung des Referenzmodells.* Dissertation, Lehrstuhl für Virtuelle Produktentwicklung. In Eigner, M. (Hrsg.): Schriftenreihe VPE, Band 5, Fachbereich Maschinenbau und Verfahrenstechnik, Kaiserslautern, 2008

[Phad-89]   Phadke, M.S.: *Quality Engineering using Robust Design*, Prentice Hall, Englewood Cliffs, New Jersey, 1989

[Plat-09]   Platt, K.: *Informationsmodell für Produktlebenszyklusinformationen. Integration von Umwelteigenschaften und Kosten in der virtuellen Produktentwicklung.* Dissertation, Forschungsberichte aus dem Fachbereich Datenverarbeitung in der Konstruktion, Band 32, Diss. TU Darmstadt, Shaker-Verlag, Aachen, 2009

[Rein-97]   Reinhart, J.: *Stochastische Optimierung von Faserkunststoffverbundplatten. Adaptive stochastische Approximationsverfahren auf der Basis der Response-Surface-Methode.* Dissertation, VDI-Reihe 5, Nr. 463, VDI-Verlag, Düsseldorf, 1997

[RoAB-06/1] Roos, D.; Adam, U.: Bucher, C.: *Robust Design Optimization.* Weimar Optimization and Stochastic Days 3.0, Weimar, 2006

[RoAB-06/2] Roos, D.; Adam, U.: Bayer, V: *Design Reliability Analysis.* In International Congress on FEM Technology, 24th CAD-FEM Users' Meeting, 2006

[RoBM-03]   Robinson T.J.; Borror, C.M.; Myers, R.H.: *Robust parameter design: A review.* Quality and Reliability Engineering International, Vol. 20, S. 81-101, 2003

[Rubi-81]   Rubinstein, R.Y.: *Simulation and the Monte Carlo Method.* Wiley, New York, USA, 1981

[Schi-96]   Schindele, S.: *Entwicklungs- und Produktionsverbünde in der deutschen Automobil- und -zulieferindustrie unter Berücksichtigung des Systemgedankens.* Dissertation, Shaker, Darmstadt, 1996

[Schm-08]   Schmieder, M.: *Warum Six Sigma erfolgreich ist – Analyse aktueller Studien.* In Gundlach, C.; Jochem, R. (Hrsg.): Praxishandbuch Six Sigma: Fehler vermeiden, Prozesse verbessern, Kosten senken, Symposium Publishing GmbH, Düsseldorf, S.39-64, 2008

[Schw-03]   Schwarze, J.: *Kundenorientiertes Qualitätsmanagement in der Automobilindustrie*. Dissertation, Deutscher Universitäts-Verlag, Wiesbaden, 2003

[ScLL-08]   Schroeder, R.G.; Linderman, K.; Liedtke, C.; Choo, A.S.: *Six Sigma: Definition and underlying theory*, Journal of Operations Management, Vol. 26, S. 536-554, 2008

[ScSc-11]   Schotte, W.; Schöchlin, J.: *Möglichkeiten und Mehrwert immersiver Virtueller Realität*. 20. Internationales Kriminaltechnikseminar, Villingen-Schwenningen, 2011

[ScSK-06]   Schöneburg, R.; Schaub, N.; Kolling, S. et. al.: *Passive Sicherheit im Fahrzeug-Entwicklungsprozess*. In Kramer, F. (Hrsg): Passive Sicherheit, Vieweg Verlag, 2006

[SeFe-02]   Sentz, K.; Ferson, S.: *Combination of evidences in Dempster-Shafer theory*. Technical Report No. SAND2002-0835, Sandia National Laboratories, Washington, USA 2002

[Simo-62]   Simon, H. A.: *The Architecture of Complexity*. Proceedings of the American Philosophical Society, Vol. 106, No. 6, S. 467-482, 1962

[SiSJ-06]   Simpson, T.W.; Siddique, Z.; Jiao, J.: *Product Platform and Product Family: Design, Methods and Applications*. Springer, New York, 2006

[SmBK-02]   Smith, D.; Blakeslee, J.; Koonce, R.: *Strategic Six Sigma*. Wiley, New York, 2002

[Spea-00]   Spears, W.M.: *Evolutionary algorithms: the role of mutation and recombination*. Springer, Berlin Heidelberg, 2000

[Stam-03]   Stamatis, D.H.: *Failure mode and effect analysis: FMEA from theory to execution*. American Society for Quality, Quality Press, Milwaukee, USA, 2003

[Stei-96]   Steinberg, D.M.; Ghosh, S.; Rao C.R.: *Robust Design: Experiments for Improving Quality,* Handbook of Statistics, Vol. 13, Elsevier Science, S. 199-240, 1996

[StHi-02]   Streilein, T.; Hillmann, J.: *Stochastische Simulation und Optimierung am Beispiel VW Phaeton*. VDI-Bericht Nr. 1701, 2002

[Stor-96]   Storey, N.: *Safety-Critical Computer Systems*. Addison-Wesley Longman, New York, 1996

[Suh-90]   Suh, N.P.: *The Principles of Design*. Oxford University Press, New York, 1990

[Suh-97]   Suh, N.P.: *Design of Systems*. Annals of the CIRP, Vol. 46, No. 1, 1997

[Suh-11]   Suh, N.P.: *Design of Wireless Electric Power Transfer Technology: Shaped Magnetic Field in Resonance (SMFIR)*. Interdisciplinary Design, Proceedings of the 21th CIRP Design Conference, Daejeon, Korea, 2011

[Suya-12]   Suyam-Welakwe, N.A.: *Ein Metamodell für die Organisations- und Tool-neutrale Auslegung mechatronischer Systeme*. Noch nicht eingereichtes Dissertationsvorhaben, Darmstadt

[SySu-10]   Syal, G.; Suyam-Welakwe, N.A.: *A New Methodology to Describe a Continuous Product Validation Process Contemplating Networking of Numerous Digital Validation Methods*. . NAFEMS Nordic Conference 2010, Göteborg, Schweden, 2010

[TaCT-00]   Taguchi, G.; Chowdhurry, S.; Taguchi, S.: *Robust Engineering*. McGraw-Hill, New York, 2000

[TaFu-01]   Takeishi, A.; Fujimoto, T.: *Modularisation in the auto industry: interlinked multiple hierarchies of product, production and supplier systems*. In International Journal of Automotive Technology and Management Issue: Vol. 1, No. 4, S. 379-396, 2001

[Tagu-86]   Taguchi, G.: *Introduction to Quality Engineering – Designing Quality into Products and Processes*, Asian Productivity Organization, Tokyo, 1986

[Thor-04]   Thornton, A.C.: *Variation Risk Management—Focusing Quality Improvements in Product Development and Production*. Wiley, New Jersey, 2004

[Tsui-92]   Tsui, K.-L.: *An Overview of Taguchi Method and Newly Developed Statistical Methods for Robust Design*, IIE Transactions, Vol. 25, No. 5, S. 44-57, 1992

[TuMü05]   Turner, J.R.; Müller, R.: *The Project Manager's Leadership Style as a Success Factor on Projects: A Literature Review*. In Project Management Journal,
Vol. 36, No. 2, S. 49-61, 2005

[UnDe-91]   Unal, R., Dean, E.: *Taguchi Approach to Design Optimization for Quality and Cost: An Overview*. Presented at the 1991 Annual Conference of the International Society of Parametric Analysts, 1991

[VDA-96]   *Sicherung der Qualität vor Serieneinsatz – Produkt- und Prozess-FMEA*. 2. Auflage, VDA 4.2, Verband der Automobilindustrie VDA, Frankfurt, 1996

[WaDA-01]   Wang, G.; Dong, Z.; Aitchison, P.: *Adaptive Response Surface Method – A Global Optimization Scheme for Computation-*

intensive Design Problems. In Journal of Engineering Optimization, Vol. 33, S. 707-734, 2001

[WaFO-09] Wallentowitz, H.; Freialdenhoven, A.; Olschewski, I.: *Strategien in der Automobilindustrie: Technologietrends und Marktentwicklungen*. Vieweg+Teubner, Wiesbaden, 2009

[WaRe-11] Wallentowitz, H.; Reif, K. (Hrsg.): *Handbuch Kraftfahrzeugelektronik: Grundlagen- Komponenten- Systeme- Anwendungen*. 2. Auflage, Vieweg+Teubner, Wiesbaden, 2011

[Weid-08] Weidauer, J.: *Elektrische Antriebstechnik – Grundlagen, Auslegung, Anwendungen, Lösungen*. Siemens Aktiengesellschaft, Berlin und München (Hrsg.), Publicis Corporate Publishing, Erlangen, 2008

[Weik-07] Weiker, K.: *Evolutionäre Algorithmen*. Teubner, Wiesbaden, 2007

[WeUm-04] Wehr, G.; Umbdenstock, F.: *Stochastische Betriebsfestigkeit*. Weimar Optimization and Stochastic Days 1.0, Weimar, 2004

[WiBB-06] Will, J.; Baldauf, H.; Bucher, C.: *Robustheitsbewertungen bei der virtuellen Auslegung passiver Sicherheitssysteme und beim Strukturcrash*. Beitrag zur VDI Tagung Berechnung und Simulation im Fahrzeugbau, VDI-Berichte Nr. 1976, S. 851-873, 2006

[WiMB-04] Will, J.; Möller, J.-S.; Bauer, E.: *Robustheitsbewertungen des Fahrkomfortverhaltens an Gesamtfahrzeugmodellen mittels stochastischer Analyse*. Beitrag zur VDI Tagung Berechnung und Simulation im Fahrzeugbau, VDI-Berichte 1846, S. 505-525, 2004

[Wint-10] Winterkorn, M.: Rede im Rahmen des jährlichen Aktionärstreffens, Volkswagen AG, Deutschland. Erhältlich unter http://www.volkswagenag.com/vwag/ vwcorp/info_center/de/talks_and_presentations/2010/04/Part_III.- bin.acq/ qual-BinaryStorageItem.Single.File/ Teil%20III%20Charts%20Prof.%20Dr.%20Winterkorn.pdf

[WiSc-04] Will, J.; Schirrmacher, R.: *Bosch spricht OptiSlang*. In Simulation, 1/2004, S. 78-79, 2004

[WuBo-10] Wuttke, F.; Bohn, M.: *Optimization of Robustness as Contribution to Early Design Validation of Kinematically- Dominated Mechatronic Systems Regarding Automotive Needs*. NAFEMS Nordic Conference 2010, Göteborg, Schweden, 2010

[WuBS-11/1] Wuttke, F.; Bohn, M.; Suyam-Welakwe, N.-A.; Bohn, A.: *Robustness of Inventive Design Solutions - Transferring the*

Robust Design Focus from Production Process to Development Process. Interdisciplinary Design, Proceedings of the 21th CIRP Design Conference, Daejeon, Korea, S. 123-129, 2011

[WuBS-11/2] Wuttke, F.; Bohn, M.; Suyam-Welakwe, N.-A.: *Early robust design approach for accelerated automotive innovation processes.* In Cavallucci, D.; de Guio, R.; Cascini, G. (Hrsg.): Building Innovation Pipelines through Computer-Aided Innovation. 4th IFIP WG5.4 Working Conference, CAI 2011 – Proceedings, Straßburg, Frankreich, S. 16-28, 2011

[WuFB-11] Wuttke, F.; Feustel, F.; Bohn, M.; Csernak, S.; Bohn, A.: *Early Robustness Optimization of Automotive Modules – Regarding the Key Impact of the Human Factor.* Proceedings of the International Conference on Engineering Design ICED11, Kopenhagen, Dänemark, 2011

[XuAl-03] Xu, D.; Albin, S.: *Robust optimization of experimentally derived objective functions.* In IIE Transactions, Vol. 35, Issue 9, S. 793-802, DOI: 10.1080/07408170304408, 2003

[YaEY-09] Yang, K.; EI-Haik, B.S.; Yang, K.; El-Haik, B.: *Design for six sigma: A roadmap for product development.* McGraw-Hill, New York, 2009

[YuCW-09] Yu, H.; Chung, C.Y.; Wong, K.P.; Lee, H.W.; Zhang, J.H.: *Probabilistic Load Flow Evaluation With Hybrid Latin Hypercube Sampling and Cholesky Decomposition in Power Systems.* In IEEE Transactions on Power Systems,Vol. 24, Issue 2, S. 661 – 667, 2009

[Zade-96] Zadeh, L.A.: *Fuzzy Sets.* In Klir, G.; Yuan, B. (Hrsg.): Fuzzy sets, fuzzy logic, and fuzzy systems: selected papers, World Scientific Publishing, Singapur, 1996

Normen und Richtlinien

[ISO-9000] *Qualitätsmanagement, Produktabbildung – Qualitätsmanagementsysteme – Grundlagen und Begriffe* (ISO 9000:2005). EN ISO 9000:2005, Beuth-Verlag, Berlin, 2005

[DIN-15800] *Zylindrische Schraubenfedern aus runden Drähten – Gütevorschriften für kaltgeformte Druckfedern.* DIN EN 15800: 2009-03, Beuth-Verlag, Berlin, 2009.

[ISO-31000] *Risk management – Principles and guidelines.* ISO 31000:2009(E), Beuth-Verlag, Berlin, 2011

[DIN-13] *Metrisches ISO-Gewinde allgemeiner Anwendung.* DIN 13, Beuth-Verlag, Berlin, 1999

[DIN-60812] *Analysetechniken für die Funktionsfähigkeit von Systemen – Verfahren für die Fehlzustandsart- und -auswirkungsanalyse (FMEA)* (IEC 60812:2006). DIN EN 60812, Beuth-Verlag, Berlin, 2006

[DIN-62198] *Risikomanagement für Projekte – Anwendungsleitfaden.* DIN IEC 62198:2002-09, Beuth-Verlag, Berlin, 2002

[VDI-2206] *Entwicklungsmethodik für mechatronische Systeme*, VDI-Richtlinie 2206, Beuth-Verlag, Berlin, 2004

[VDI-2221] *Methodik zum Entwickeln und Konstruieren technischer Systeme und Produkte*, Beuth-Verlag, Berlin, 1993

[VDI-2230] *Systematische Berechnung hochbeanspruchter Schraubenverbindungen - Zylindrische Einschraubenverbindungen.* VDI-Richtlinie 2230, Beuth-Verlag, Berlin, 2003

[VDI-2247] *Qualitätsmanagement in der Produktentwicklung*, VDI-Richtlinie 2247, Beuth-Verlag, Berlin, 1994

Patente

[HoCB-04] Holt, L.; Clare, S.; Broadhead, D.G.: Automatic Sliding Door Opening and Closing System with a Releasing Mechanism for Fixably and Releasably Attaching a Vehicle Door to a Belt Drive System. US6,802,154, US-amerikanisches Patentamt, 2004

[JoDc-10] Johnen, M.; Dörnen, J.; Cordiér, G.: *Spindelantrieb für ein Verstellelement eines Kraftfahrzeugs.* EP2226453A2, Europäisches Patentamt, 2010

[KaMO-68] Katsumura, T.; Morita, S.; Ozeki, T.; Tamaoki, K.; Mori, S.: *Car Door Actuator.* US3,398,484, US-amerikanisches Patentamt, 1968

[KaSh-00] Kawanobe, O.; Shimura, R.: *Device for Automatically Controlling the Closure of a Sliding Door for a Vehicle.* US6,037,727, US-amerikanisches Patentamt, 2000

[KuDi-09] Kummer, F.; Dietmar, O.: *Antriebseinrichtung für eine Kraftfahrzeugtür.* WO 2009/034141A1, Weltorganisation für geistiges Eigentum, 2009

[KuJo-94] Kuhlman, H.W.; Joyner, J.K.: *Door Opening Cable System with Cable Slack Take-Up.* US5,323,570, US-amerikanisches Patentamt, 1994

[Menk-99] Menke, J.-T.: *Cable Drive System for Motor-Vehicle Sliding Door.* US5,992,919, US-amerikanisches Patentamt, 1999

[Oxle-08]   Oxley, P.: Compact Cable Drive Power Sliding Door Mechanism.
             US2008/0190028A1, US-amerikanisches Patentamt, 2008

[RöHi-99]   Rönitz, P.; Hinz, W.: *Elektromotorische Betätigungsvorrichtung
             für eine Schiebetür.* EP0905345B1, Europäisches Patentamt, 1999

[ScGe-10]   Schönherr, M.; Genter, J.: *Spindelantrieb für ein Verstellelement
             eines Kraftfahrzeugs.* DE102008062391A1, Deutsches Patentamt,
             2010

Internetquellen

[Merc-11] www.mercedes-benz.com
[Stab-11] www.stabilus.de
[Simp-11] www.simpack.com
[Dyna-11] www.dynardo.de

9 Anhang

9.1 Anhang A: Mehrkörpermodellierung

Im folgenden Anhang A wird die Grundlage für die Implementierung von FORM anhand von 2 Anwendungsfällen in Kapitel 5 gelegt. Hierbei wird zunächst auf die Vorgehensweise der Mehrkörpermodellierung für Kinematikmodule eingegangen. Daraufhin erfolgt detailliert die Mechanikanalyse beider Anwendungsfälle sowie die Einarbeitung der elektrischen Anteile in Form der Elektromotorcharakteristika.

9.1.1 Anhang A.1: Vorgehensweise

Für Kinematikmodule sind bei der Modellierung grundsätzlich zwei Systemzustände von Interesse:

1. Verhalten im Betrieb
2. Verhalten im stromlosen Zustand

Daher wird in der folgenden Mehrkörpermodellierung das in Abbildung A.1 skizzierte Vorgehen konsequent befolgt.

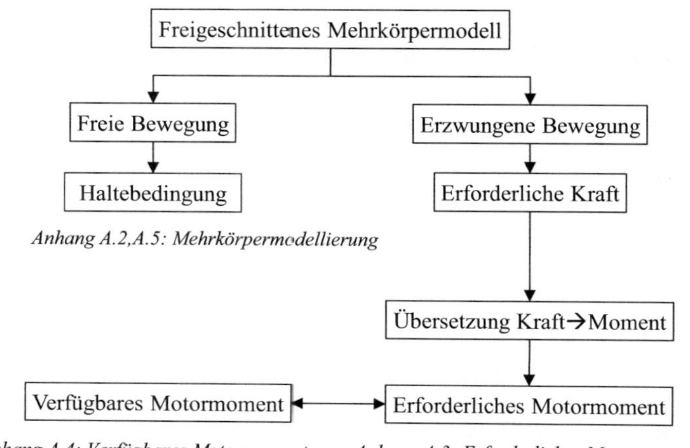

Abbildung A.1: Vorgehen für die Mehrkörpermodellierung

Ausgehend von einem freigeschnittenen Mehrkörpermodell erfolgt die Kräfte-
und Momentenbilanzierung für die freie und die erzwungene Bewegung.

Die **freie Bewegung** ist gleichbedeutend mit mindestens einem Freiheitsgrad
des Systems. Zusätzlich wird der Antriebsstrang des Kinematikmoduls stromlos
modelliert. Aus der Bilanzierung für die freie Bewegung lässt sich die
Haltebedingung formulieren, für die das System sich nicht selbsttätig bewegt.

Umgekehrt wird für die **erzwungene Bewegung** mindestens ein Freiheitsgrad
des Systems durch ein Lagestellglied ersetzt, dessen Lage sich durch eine
definierte Bewegungsvorgabe ergibt. Aus dieser Zwangsbedingung lässt sich
die erforderliche Kraft zur Realisierung der Bewegungsvorgabe ableiten. Um
überprüfen zu können, ob der Elektromotor des eingesetzten Modulkonzepts die
erforderliche Kraft aufbringen kann, wird diese Kraft durch den Antriebsstrang
hindurch in das erforderliche Motormoment übersetzt. Durch den Abgleich des
erforderlichen Motormoments mit dem verfügbaren Motormoment über
sämtliche Betriebszustände des Motors kann eine Aussage über die tatsächliche
Realisierbarkeit der Bewegungsvorgabe gegeben werden.

9.1.2 Anhang A.2: Mehrkörpermodellierung Anwendungsfall 1

Abbildung A.2 zeigt die Überführung des mechanischen Ersatzmodells für das
Modulkonzept „Einseitiger Spindelantrieb" in ein freigeschnittenes Modell in
der xz-Ebene. Zur Veranschaulichung wird die Systemdynamik auf die xz-
Ebene und damit auf ein 1-dimensionales Problem reduziert.

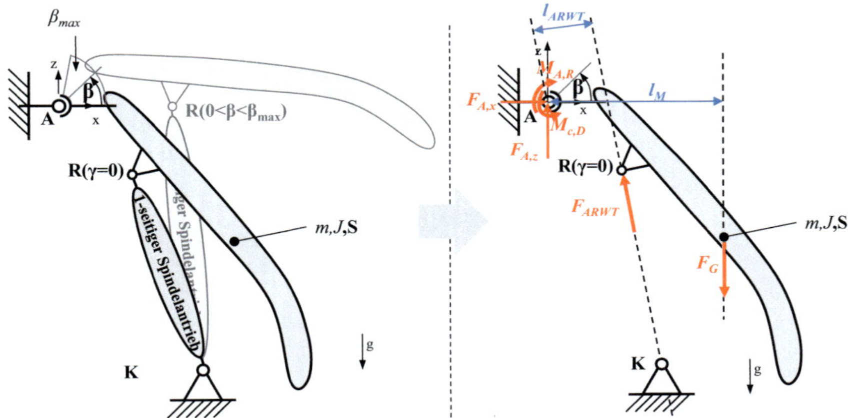

Abbildung A.2: Freigeschnittenes Mehrkörpermodell des Modulkonzepts
„Einseitiger Spindelantrieb"

Die Momentenbilanz des sich mathematisch positiv bewegenden Systems (gleichbedeutend mit Öffnungsbewegung der Klappe) um die Scharnierachse **A** ergibt

$$J^A \cdot \ddot{\beta} = -F_G \cdot l_M + F_{ARWT} \cdot l_{ARWT} - M_{R,S} + M_{c,D} \tag{A.1}$$

Der Öffnungsbewegung entgegen wirkt die Gravitationskraft der Rückwandtür F_G mit zugehörigem Hebelarm l_M und die Reibung der Scharniere $M_{R,S}$. Das an der Scharnierachse formulierte Moment der Dichtung $M_{c,D}$ wirkt in Öffnungsrichtung. Es wird angenommen, dass es sich um ein ARWT-System mit Zuziehhilfe eines einstellbaren Schlosses handelt, daher wird der Einfluss des Schlosses an dieser Stelle vernachlässigt. Weiter wird zunächst angenommen, dass die wirksamen Kräfte des ARWT-Systems F_{ARWT} unter Einbezug des Hebelarms l_{ARWT} die Öffnungsbewegung unterstützen. Die Trägheit der Klappe wird mit dem Trägheitmoment J^A an der Scharnierachse **A** erfasst. J^A ergibt sich mit der Rückwandtürmasse m und des Abstands l_{AS} zwischen Scharnierachse **A** und Massenschwerpunkt **S** durch den Satz von Steiner zu

$$J^A = J + m \cdot l_{AS}^2 . \tag{A.2}$$

Bezüglich des Systemverhaltens existieren zwei Alternativen, die im Folgenden untersucht werden. Namentlich sind dies die freie Bewegung und die erzwungene Bewegung der Rückwandtür.

Freie Bewegung

Für die freie Bewegung entfällt das Lagestellglied im freigeschnittenen mechanischen Ersatzmodell in der yz-Ebene. Unter der Annahme, dass sich die Klappe nach oben bewegt, stellen sich die wirkenden Kräfte wie in Abbildung A.3 gezeigt dar.

Die wirksame Gesamtkraft F_{ARWT} des Modulkonzepts lässt sich durch

$$F_{ARWT} = F_{Antrieb} + F_{Federbein} \tag{A.3}$$

zunächst in einen antriebs- und einen federbeinseitigen Anteil gliedern. Im Detail ergibt sich unter Berücksichtigung des Winkels ψ zur Überführung der Kräfte aus den Koppelelementen in wirksame Kräfte in der xz-Ebene

$$F_{Antrieb} = (-F_{R,A} + F_{c,S1} - F_{R,c}) \cdot \cos\psi \tag{A.4}$$

mit der antriebsseitigen Stahlfederkraft $F_{C,S1}$. Dieser entgegen wirken die Reibungskräfte der Stahlfederreibung $F_{R,S1}$ sowie des Antriebsstrangs $F_{R,A}$. $F_{R,A}$ ergibt sich unter Berücksichtigung der Spindelreibung im manuellen Betrieb $F_{a,frei}$ und der Gegenkraft eines Bremselements F_{Bremse}.

$$F_{R,A} = F_{a,frei} + F_{Bremse}$$

$$= \frac{2 \cdot M_{R,Getriebe}}{d_2 \cdot \tan(\arctan \frac{P}{\pi \cdot d_2} - \arctan \mu_G)} + F_{Bremse} = \frac{2 \cdot \frac{i_{Getriebe} \cdot M_{R,Motor}}{\eta_{Getriebe}}}{d_2 \cdot \tan(\arctan \frac{P}{\pi \cdot d_2} - \arctan \mu_G)} + F_{Bremse} \qquad (A.5)$$

Detailliertere Erläuterungen zu (A.5) können Anhang A.3 entnommen werden.

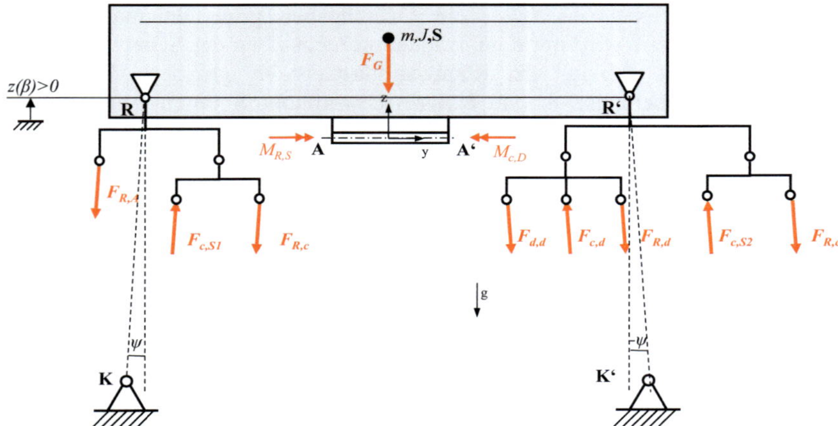

Abbildung A.3: Wirkende Kräfte bei freier Bewegung der Rückwandtür

Weiterhin gilt

$$F_{Federbein} = (-F_{d,d} + F_{c,d} - F_{R,d} + F_{c,S2} - F_{R,c}) \cdot \cos\psi \quad . \qquad (A.6)$$

Hierin enthalten sind die Kräfte der federbeinseitigen Stahlfeder $F_{c,S2}$ und der Gasfeder $F_{c,d}$. Diesen entgegen wirken die Reibungskräfte der Stahlfederreibung $F_{R,c}$ und der Gasfederreibung $F_{R,d}$. Zusätzlich wird in diesem Term die der Bewegung proportional entgegen gesetzte Dämpfungskraft $F_{d,d}$ berücksichtigt.

Für die Analyse der Rückwandtürbewegung werden die Anteile der Entlastung und der Reibung in F_{ARWT} voneinander separiert:

$$F_{ARWT} = F_{Antrieb} + F_{Federbein} = F_{ARWT,c} - F_{ARWT,R} \qquad (A.7)$$

Somit ergibt sich der Entlastungsanteil zu

$$F_{ARWT,c} = (+F_{c,S1} + F_{c,d} + F_{c,S2}) \cdot \cos\psi$$

und der Reibungsanteil zu

$$F_{ARWT,R} = (+F_{R,A} + 2 \cdot F_{R,c} + F_{d,d} + F_{R,d}) \cdot \cos\psi \; . \qquad (A.8)$$

Wenn nun die wirksame Reibung aus $F_{ARWT,R}$ und Scharnierreibung $M_{R,S}$ größer als die Momentendifferenz zwischen Entlastung und Massenmoment der Rückwandtür ist, bleibt die Rückwandtür stehen:

$$\dot\beta = 0 \quad \text{für} \left| F_{ARWT,c} \cdot l_{ARWT} + M_{c,D} - F_G \cdot l_M \right| \leq F_{ARWT,R} \cdot l_{ARWT} + M_{R,S} \qquad (A.9)$$

Andernfalls öffnet die Rückwandtür entweder selbsttätig:

$$\dot\beta > 0 \quad \text{für} \; F_{ARWT,c} \cdot l_{ARWT} + M_{c,D} - F_G \cdot l_M > F_{ARWT,R} \cdot l_{ARWT} + M_{R,S} \; ; \qquad (A.10)$$

oder sie fällt:

$$\dot\beta < 0 \quad \text{für} \; F_{ARWT,c} \cdot l_{ARWT} + M_{c,D} - F_G \cdot l_M < F_{ARWT,R} \cdot l_{ARWT} + M_{R,S} \; . \qquad (A.11)$$

Erzwungene Bewegung

Für den Automatikbetrieb des ARWT-Systems verschwindet in der Mehrkörpermodellierung der Freiheitsgrad β, da die Bewegung des Systems rheonom durch den System-Hub $z(t)$ vorgegeben wird. Die Bewegungsvorgabe resultiert aus Akustikanforderungen an ARWT-Systeme, nach welchen die Drehzahl des Motors so lange wie möglich einen konstanten Wert aufweisen soll. Um größtmögliche Effizienz des Systems zu gewährleisten, wird die Motordrehzahl bei maximalem Wirkungsgrad $n(\eta_{max})$ als konstante Drehzahl n_{max} gewählt. Dies führt zu dem in Abbildung A.4 dargestellten, qualitativen Drehzahlprofil. Dieses gilt für den Öffnungsvorgang. Für den Schließvorgang wird das Drehzahlprofil an der Zeitachse gespiegelt.

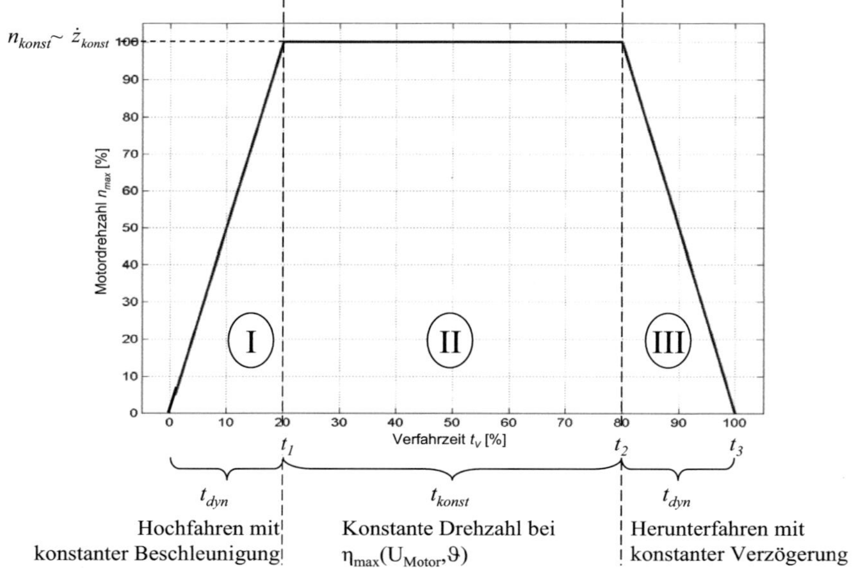

Abbildung A.4: Qualitatives Drehzahlprofil für das Öffnen von ARWT-System

Für Spindelantriebe ist die Geschwindigkeit des ARWT-Systems $\dot{z}$ proportional zur Drehgeschwindigkeit des Motors n, wie folgender Zusammenhang zeigt:

$$\dot{z} = \frac{P \cdot n}{i \cdot 60} \tag{A.12}$$

Demzufolge gilt für die maximale Verfahrgeschwindigkeit des ARWT-Systems

$$\dot{z}_{konst} = \frac{P \cdot n_{konst}}{i \cdot 60} \tag{A.13}$$

Durch Integration des Drehzahlprofils aus Abbildung A.3 kann die Lage $z(t)$ des ARWT-Systems bereichsweise erfasst werden:

Bereich I: $\dot{z}_I(t) = \dfrac{\dot{z}_{konst}}{t_{dyn}} \cdot t$ $\rightarrow$ $z(t_1) = \displaystyle\int_{t=0}^{t=t_1} \dot{z}_I(t)\,dt = \frac{1}{2}\frac{\dot{z}_{konst}}{t_{dyn}} \cdot t_{dyn}^2$ (A.14)

Bereich II: $\dot{z}_{II}(t) = \dot{z}_{konst}$ $\rightarrow$ $z(t_2) = \displaystyle\int_{t=t_1}^{t=t_2} \dot{z}_{II}(t)\,dt = \dot{z}_{konst} \cdot t_{konst} + z(t_1)$ (A.15)

Bereich III: $\dot{z}_{III}(t) = \dot{z}_{konst} - \dfrac{\dot{z}_{konst}}{t_{dyn}} \cdot t$

$$\rightarrow \ z(t_3) = \int\limits_{t=t_2}^{t=t_3} \dot{z}_{III}(t)dt = \dot{z}_{konst} \cdot t_{dyn} - \frac{1}{2}\frac{\dot{z}_{konst}}{t_{dyn}} \cdot t_{dyn}^2 + z(t_2) \tag{A.16}$$

Mit der Verfahrzeit $t_V = t_3$ für Öffnungs- bzw. Schließvorgang und dem Hub $z_{max}(\beta_{max})$ stellt sich die aus dem Drehzahlprofil gewonnene Bewegungsvorgabe $z(t)$ wie in Abbildung A.5 dar.

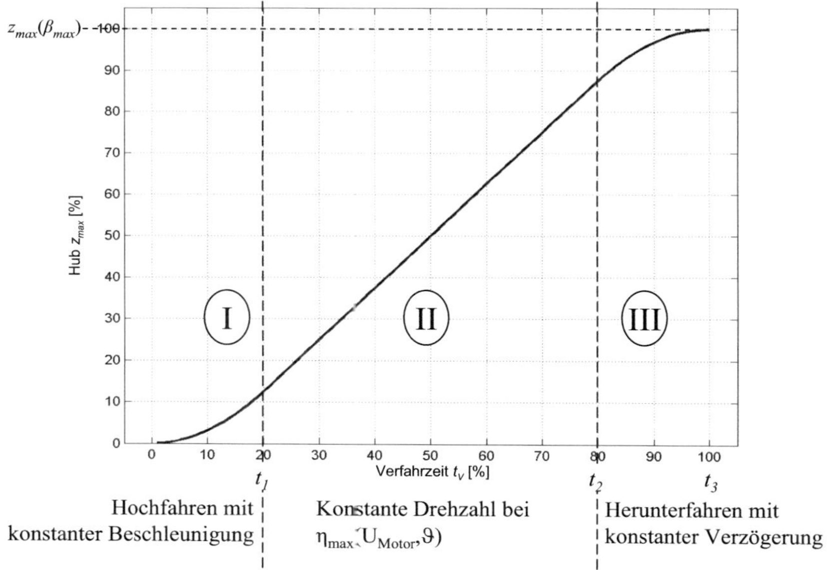

Abbildung A.5: Bewegungsvorgabe für ARWT-Systeme

Einsetzen der Gleichungen (A.14), (A.15) in (A.16):

$$z(t_3) = \dot{z}_{konst} \cdot t_{dyn} - \frac{1}{2}\frac{\dot{z}_{konst}}{t_{dyn}} \cdot t_{dyn}^{\,2} + \dot{z}_{konst} \ t_{konst} + \frac{1}{2}\dot{z}_{konst} \cdot t_{dyn} \tag{A.17}$$

Auflösen nach dem Hub z_{max}:

$$z_{max} = \dot{z}_{konst} \cdot t_{dyn} + \dot{z}_{konst} \cdot t_{konst} = \dot{z}_{konst} \cdot (t_{dyn} + t_V - 2 \cdot t_{dyn}) \tag{A.18}$$

Daraus ergibt sich die erforderliche Zeit t_{dyn} für Hoch- und Herunterfahren des Antriebsstranges gemäß

$$t_{dyn} = t_V - \frac{z_{max}}{\dot{z}_{konst}} = t_V - \frac{z_{max} \cdot 60 \cdot i}{P \cdot n_{max}} \tag{A.19}$$

Anmerkung A.1 *Es besteht das Risiko, dass abhängig von den in Gleichung (A.19) genannten Parametern die Bewegungsvorgabe für das ARWT-System nicht erfüllt werden kann. Dies äußert sich in negativen Werten für t_{dyn}. Die Handhabung dieses Sachverhalts ist in Anhang A.2 dargelegt.*

Die translatorische Bewegungsvorgabe $z(t)$ wird zur Veranschaulichung in die rotatorische Bewegungsvorgabe $\beta(z(t))$ übergeführt. Hieraus lässt sich die erforderliche Kraft $F_{erf}(\beta)$ für die Realisierung der Bewegungsvorgabe ableiten, wie Abbildung A.6 zeigt.

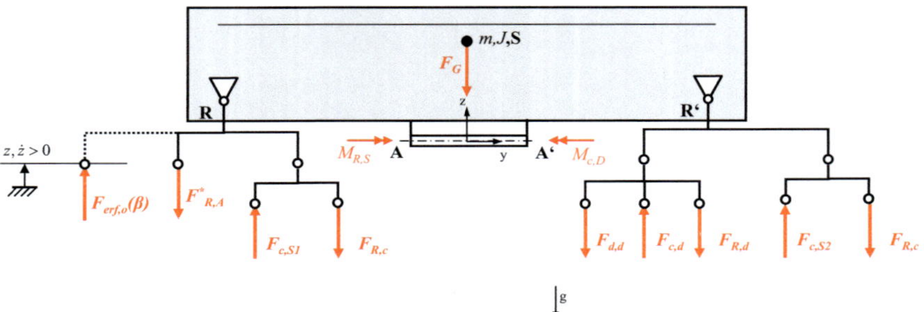

Abbildung A.6: Wirkende Kräfte bei erzwungener Bewegung der Rückwandtür

Aus den Gleichgewichtsbedingungen folgt für die erforderliche Kraft $F_{erf,o}$ des Öffnungsvorgang

$$F_{erf,o}(\beta(t)) = \frac{(J + m \cdot l_{AS}^2) \cdot \ddot{\beta} + F_G \cdot l_M + M_{R,S} - M_{c,D}}{l_{ARWT}} - F_{ARWT,c} + F_{ARWT,R}^* \;\; , \tag{A.20}$$

während sich der Kraftbedarf für den Schließvorgang folgendermaßen ergibt:

$$F_{erf,s}(\beta(t)) = \frac{(J + m \cdot l_{AS}^2) \cdot \ddot{\beta} - F_G \cdot l_M + M_{R,S} + M_{c,D}}{l_{ARWT}} + F_{ARWT,c} + F_{ARWT,R}^* \;\; . \tag{A.21}$$

Sämtliche Reibungselemente und die Massenträgheit bedeuten daher eine Mehrbedarf der erforderlichen Kraft $F_{erf,o}$ bzw. $F_{erf,s}$. Für den Automatikbetrieb wird die Reibungskraft des Systems um die Spindelreibung des manuellen Betriebs reduziert, vgl.:

$$F_{ARWT,R}^{*} = (+F_{R,A}^{*} + 2 \cdot F_{R,c} + F_{d,d} + F_{R,d}) \cdot \cos\psi,$$

(A.22)

mit

$$F_{R,A}^{*} = F_{Bremse}$$

(A.23)

Zusammenfassend vergrößert beim Öffnungsvorgang die Schwerkraft der Rückwandtür F_G den Kraftbedarf, wohingegen die Entlastungsanteile des ARWT-Systems unterstützend wirken. Dieser Sachverhalt stellt sich für den Schließvorgang invers dar.

9.1.3 Anhang A.3: Erforderliches Motormoment für Spindelantriebsmotoren

Aus der Momentenbilanzierung (vgl. Anhang A.2) des ARWT-Modulkonzepts „Einseitiger Spindelantrieb" resultiert die erforderliche Kraft F_{erf}, um die Bewegungsvorgabe des Automatikbetriebs zu erfüllen. Im Folgenden wird die Umrechnung von F_{erf} in das erforderliche Motormoment M_{erf} erarbeitet.
Das behandelte Modulkonzept „Einseitiger Spindelantrieb" weist auf der Antriebsseite typischerweise einen Elektromotor auf, dessen Drehzahl durch ein zweistufiges Planetengetriebe auf die Spindeldrehzahl am Getriebeausgangsflansch reduziert wird. Die Rotationsbewegung der Spindel wird durch eine Spindelmutter, die rotatorisch festgehalten wird, in eine Translationsbewegung umgewandelt, vgl. Abbildung A.7.

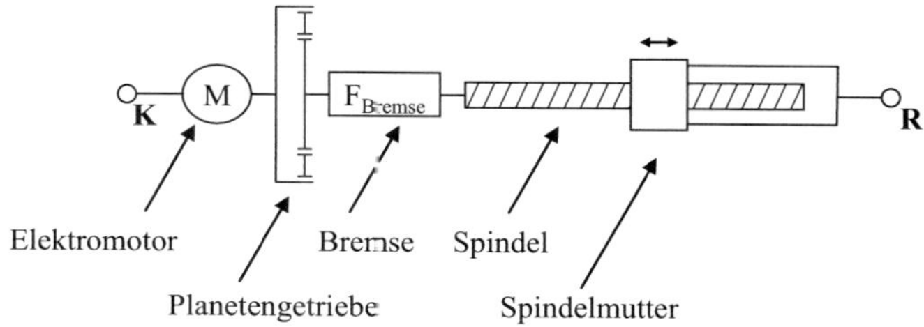

Abbildung A.7: Vereinfachte Darstellung des Antriebsstrangs für das Modulkonzept „Einseitiger Spindelantrieb"

Diese Transformation ist vergleichbar mit der Kraftübersetzung an einer Schraube. Gemäß [DIN-13, VDI-2230] kann die axiale Vorschubkraft F_a aus der Umfangskraft einer Schraube F_U beschrieben werden durch

$$F_a = \frac{F_U}{\tan(\phi \pm \rho)} \; . \tag{A.24}$$

Das positive Vorzeichen vor dem Gewindereibwinkel ρ ergibt sich für den Automatikbetrieb, während im Falle der freien Bewegung das Vorzeichen vor ρ negativ wird. Die Umfangskraft F_U ergibt sich durch das Moment am Getriebeflansch $M_{Getriebe}$ und dem Spindelwirkdurchmesser d_2:

$$F_U = \frac{2 \cdot M_{Getriebe}}{d_2} \tag{A.25}$$

Weiterhin wird durch φ der Gewindesteigungswinkel unter Berücksichtigung der Spindelsteigung P erfasst:

$$\tan \phi = \frac{P}{\pi \cdot d_2} \tag{A.26}$$

Die Reibungsverluste bei der Bewegungstransformation werden durch den Gewindereibwinkel ρ erfasst, der mit der äquivalenten Gewindereibzahl μ_G umschrieben werden kann.

$$\tan \rho = \mu_G \tag{A.27}$$

Somit ergibt sich die Reibungskraft der Spindel $F_{a,frei}$ für die **freie Bewegung** zu

$$F_{a,frei} = \frac{2 \cdot M_{R,Getriebe}}{d_2 \cdot \tan(\arctan \dfrac{P}{\pi \cdot d_2} - \arctan \mu_G)} = \frac{2 \cdot \dfrac{i_{Getriebe} \cdot M_{R,Motor}}{\eta_{Getriebe}}}{d_2 \cdot \tan(\arctan \dfrac{P}{\pi \cdot d_2} - \arctan \mu_G)} \; . \tag{A.28}$$

Das Reibmoment $M_{R,Getriebe}$ der Motor-Getriebeeinheit wird wie folgt erfasst:

$$M_{R,Getriebe} = \frac{i_{Getriebe} \cdot M_{R,Motor}}{\eta_{Getriebe}} \tag{A.29}$$

Dabei repräsentiert $M_{R,Motor}$ das Reibmoment des Motors. Die Trägheit des Antriebsstrangs wird für die freie Bewegung vernachlässigt, da hiermit stationäre Vorgänge (z.B. Halten in Zwischenstellung) in dieser Arbeit untersucht werden.

Darüber hinaus gilt für F_a im **Automatikbetrieb**:

$$F_a = \frac{2 \cdot M_{Getriebe}}{d_2 \cdot \tan(\arctan \frac{P}{\pi \cdot d_2} + \arctan \mu_G)} = \frac{2 \cdot \eta_{Getriebe} \cdot i_{Getriebe} \cdot M_{Motor}}{d_2 \cdot \tan(\arctan \frac{P}{\pi \cdot d_2} + \arctan \mu_G)} \quad (A.30)$$

mit

$$M_{Getriebe} = \eta_{Getriebe} \cdot i_{Getriebe} \cdot M_{Motor} \quad (A.31)$$

Hierbei ergibt sich das Getriebemoment $M_{Getriebe}$ durch Berücksichtigung des Getriebewirkungsgrades $\eta_{Getriebe}$, der Getriebeübersetzung $i_{Getriebe}$ sowie des Motormoments M_{Motor}.
Im stationären Betrieb entspricht das erforderliche Motormoment $M_{erf,stat}$ dem Moment M_{Motor}, ferner wird die axiale Vorschubkraft F_a mit der erforderlichen Kraft zur Realisierung der Bewegungsgleichung F_{erf} gleichgesetzt:

$$M_{erf,stat} = \frac{F_{erf} \cdot d_2 \cdot \tan(\arctan \frac{P}{\pi \cdot d_2} + \arctan \mu_G)}{2 \cdot \eta_{Getriebe} \cdot i_{Getriebe}} \quad (A.32)$$

mit

$$M_{erf,stat} = M_{Motor} \,, F_{erf} = F_a. \quad (A.33)$$

Instationäre Vorgänge beim Automatikbetrieb (Hochfahren und Herunterfahren des Motors) führen nach den Lehren der Mechanik aufgrund der Beschleunigung $\dot{n}$ der beteiligten massenträgen Komponenten zu Momenten. Dieses Moment $M_{J,Antriebsstrang}$ vergrößert den stationären Momentenbedarf $M_{erf,stat}$ zu M^*_{erf}:

$$M^*_{erf} = M_{erf,stat} + M_{J,Antriebsstrang} = \frac{F_{erf} \cdot d_2 \, \tan(\arctan \frac{P}{\pi \cdot d_2} + \arctan \mu_G)}{2 \cdot \eta_{Getriebe} \cdot i_{Getriebe}} + J_{Antriebsstrang} \cdot \dot{n}, \quad (A.34)$$

mit

$$J_{Antriebsstrang} = J_{Rotor} + J_{Getriebe} + \frac{J_{Spindel}}{i_{Getriebe}} \; . \tag{A.35}$$

Während die Rotorträgheit J_{Rotor} und die Getriebeträgheit $J_{Getriebe}$ typischerweise vom jeweiligen Lieferanten angegeben werden, kann die Trägheit der Spindel $J_{Spindel}$ in einer geometrischen Näherung als Vollzylinder wie folgt abgeschätzt werden:

$$J_{Spindel} = \frac{1}{2} \cdot m_{Spindel} \cdot \left(\frac{d_2}{2}\right)^2 = \frac{\pi}{32} \cdot d_2^4 \cdot z(\beta_{max}) \cdot \rho_{Spindel} \tag{A.36}$$

Wie bereits im vorangegangenen Abschnitt postuliert, existiert gemäß Gleichung (A.19) die Möglichkeit, dass die Bewegungsvorgabe vom ARWT-System nicht erfüllt werden kann. Damit die Simulation für den darauf basierenden Optimierungsalgorithmus dennoch interpretierbare Werte hervorbringt, wird folgende Formulierung für das erforderliche Motormoment M_{erf} vereinbart:

$$M_{erf} = \begin{cases} M_{erf}^* \;\; \text{für } M_{erf}^* < M_H \\ M_H \;\; \text{für } M_{erf}^* > M_H \end{cases} , \text{für } t_{dyn} > 0 \\ M_H \cdot (1 - \frac{t_{dyn}}{t_V}) \qquad , \text{für } t_{dyn} \leq 0 \tag{A.37}$$

Für positive Werte des dynamischen Zeitbedarfs t_{dyn} entspricht das erforderliche Motormoment entweder M_{erf}^* oder wird durch das Motorhaltemoment M_H nach oben beschränkt.

Nimmt t_{dyn} negative Werte an, so wird das erforderliche Motormoment ausgehend von M_H unter Einbezug von t_{dyn} und t_V fiktiv weiter erhöht. Somit wird das erforderliche Motormoment umso größer, je weiter die Bewegungsvorgabe von der Realisierung entfernt ist.

Zum einen gewährleistet diese Formulierung, dass die Simulation nicht aufgrund von Singularitäten im Grenzbereich sehr großer Systembeschleunigungen abbricht. Zum anderen führt die fiktive Erhöhung des erforderlichen Motormoments dazu, dass dem Optimierungsalgorithmus stets die korrekte Optimierungsrichtung vorgegeben wird.

9.1.4 Anhang A.4: Verfügbares Motormoment für Gleichstrom-Kleinstmotoren

Um untersuchen zu können, ob das erforderliche Motormoment (vgl. Anhang A.2) vom gewählten Motor für den jeweiligen Betriebspunkt zur Verfügung steht, muss das verfügbare Motormoment M_{verf} bestimmt werden. Produktionstoleranzen während der Motorenfertigung werden zunächst durch den Faktor τ berücksichtigt, der das verfügbare Moment durch die maximal zulässige Streuung des Motormoments reduziert:

$$M_{verf} = \tau \cdot M_{verf}^* \tag{A.38}$$

Gemäß [FüDö-07, Weid-08] ergibt sich für permanent erregte Gleichstrom-Kleinstmotoren das nominell verfügbare Motormoment M_{verf}^* unter Berücksichtigung des Haltemoments M_H sowie der Betriebsdrehzahl n und der Leerlaufdrehzahl n_0 wie folgt:

$$M_{verf}^* = M_H(U,\vartheta) \cdot (1 - \frac{n}{n_0(U_{verf},\vartheta)}) \, . \tag{A.39}$$

Mit

$$n_0(U,\vartheta) = \frac{U - I_0 \cdot R}{k_e} \cdot 1000$$

$$M_H(U,\vartheta) = k_M(I_H(U,\vartheta) - I_0) \tag{A.40}$$

ergibt sich

$$M_{verf}^* = k_M \cdot (I_H(U,\vartheta) - I_0) \cdot (1 - \frac{n \cdot k_e}{(U - I_c \cdot R) \cdot 1000}) \tag{A.41}$$

In Gleichung (A.41) enthalten ist die Momentenkonstante k_M, die Motorkonstante k_e, der Haltestrom I_H, der Leerlaufstrom I_0, der Vorwiderstand R sowie die angelegte Spannung U.

Unter Berücksichtigung folgender Zusammenhänge

$$I_H(U, \vartheta) = \frac{U}{R}$$

$$k_M = \frac{M_H}{I_H - I_0}$$

$$k_e = \frac{U_N - I_0 \cdot R}{n_0} \cdot 1000 \tag{A.42}$$

$$R = \frac{U_N}{I_H} \cdot (1 + \alpha \cdot (\vartheta - 20°C))$$

lässt sich das nominell verfügbare Motormoment M^*_{verf} wie folgt angeben:

$$M^*_{verf} = \frac{M_H}{I_H - I_0} \cdot \left(\frac{U_{verf}}{U_N} \cdot \frac{I_H}{1 + \alpha(\vartheta - 20°C)} - I_0 \right) \cdot \left(1 - \frac{n}{n_0} \cdot \frac{U_N - I_0 \cdot \frac{U_N}{I_H} \cdot (1 + \alpha(\vartheta - 20°C))}{U_{verf} - I_0 \cdot \frac{U_N}{I_H} \cdot (1 + \alpha(\vartheta - 20°C))} \right) \tag{A.43}$$

Somit kann das verfügbare Motormoment M_{verf} durch motorspezifische Parameter und Betriebsparameter bestimmt werden, vgl. Tabelle A.1.

	Parameter	Erläuterung	Einheit
Betriebsparameter	U_{verf}	verfügbare Motorspannung	[V]
	ϑ	Betriebstemperatur	[°C]
	n	Betriebsdrehzahl	[U/min]
Motorspezifische Parameter	n_0	Leerlaufdrehzahl	[U/min]
	I_H	Haltestrom	[A]
	I_0	Leerlaufstrom	[A]
	M_H	Haltemoment	[mNm]
	U_N	Nenn-Motorspannung	[V]
	α	Temperaturkoeffizient	[K^{-1}]
	τ	Toleranzfaktor Motorfertigung	[-]

Tabelle A.1: Parameter zur Bestimmung des verfügbaren Motormoments

9.1.5 Anhang A.5: Mehrkörpermodellierung Anwendungsfall 2

Im Folgenden wird die mechanische Analyse des Modulkonzepts „Seilzug" für das Kinematikmodul Automatische Schiebetür ausgeführt. Aufgrund der mehrdimensionalen Bewegung der Schiebetür wird das System für die mechanische Modellbildung zunächst in der yz-Ebene freigeschnitten, vgl. Abbildung A.8.

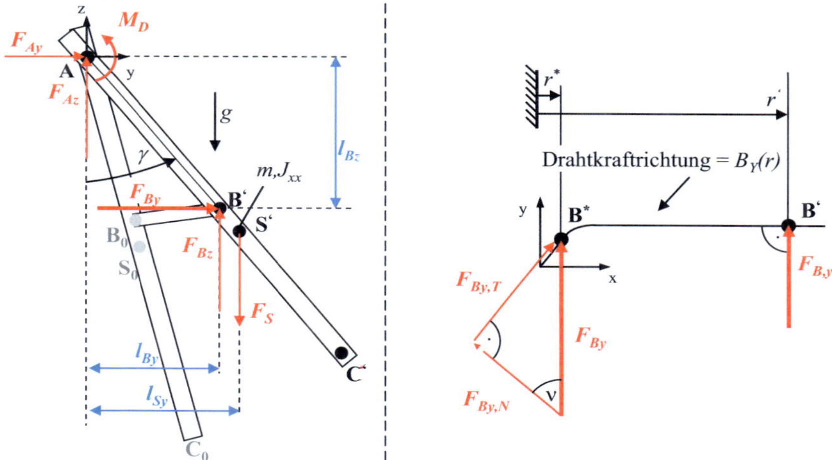

Abbildung A.8: Freigeschnittenes Mehrkörpermodell des AST-Modulkonzepts „Seilzug" in der yz-Ebene

Bedingt durch die Türfallung wirken auf die Führungsrollen bereits im geschlossenen Zustand Reaktionskräfte in y-Richtung F_{By}. Zusätzlich wird der Schwerpunkt der Türen durch eine geeignete Konstruktion der Führungsschienen zu Beginn des Verfahrweges durch eine Drehung um die x-Achse angehoben. Somit steht für den Schließvorgang mehr potentielle Energie zur Verfügung. Um die hierfür erforderliche Kraft in Richtung des Zugdrahtes zu bestimmen, werden die Momente in der yz-Ebene um den Punkt **A** bilanziert:

$$\sum M_{yz}^A = F_{By} \cdot l_{Bz} + F_{Bz} \cdot l_{By} + M_D - F_S \cdot l_{Sy} = J_{xx} \cdot \ddot{\gamma} \qquad (A.44)$$

Hierin sind l_{By}, l_{Bz} und l_{Sy} Hebelarme für die Punkte **B** und **S**. F_s beschreibt die Schwerkraft der Tür, während durch F_{Bz} die vertikale Reaktionskraft am Punkt **B** erfasst wird. Ferner beschreibt M_D die Dichtungskraft, während durch die Winkelbeschleunigung der Tür um die x-Achse $\ddot{\gamma}$ und das

Massenträgheitsmoment im körperfesten Hauptachsensystem um die x-Achse J_{xx} das Beschleunigungsmoment repräsentiert wird.
Für die Reaktionskraft in y-Richtung F_{By} ergibt sich somit

$$F_{By} = \frac{F_S \cdot l_{Sy} - F_{Bz} \cdot l_{By} - M_D + J_{xx} \cdot \ddot{\gamma}}{l_{Bz}} . \tag{A.45}$$

F_{By} wird mit der Richtungsabhängigkeit des Drahtes ν aufgeteilt in die Normalkraft auf die Führungsschiene

$$F_{By,N} = F_{By} \cdot \cos\nu , \tag{A.46}$$

sowie die Tangentialkraft bezüglich der Führungsschiene

$$F_{By,T} = F_{By} \cdot \sin\nu . \tag{A.47}$$

Für die Modellierung wird der geometrische Verlauf der Führungsschiene der Richtung der Drahtkraft gleichgesetzt, somit entspricht $F_{By,T}$ der erforderlichen Drahtkraft.
Abbildung A.9 visualisiert das frei geschnittene Mehrkörpermodell in der xz-Ebene. Dieses dient der Identifikation der erforderlichen Drahtkraft $F_{Bz,T}$ gegen die Schienenneigung φ und sämtliche Rollwiderstände.

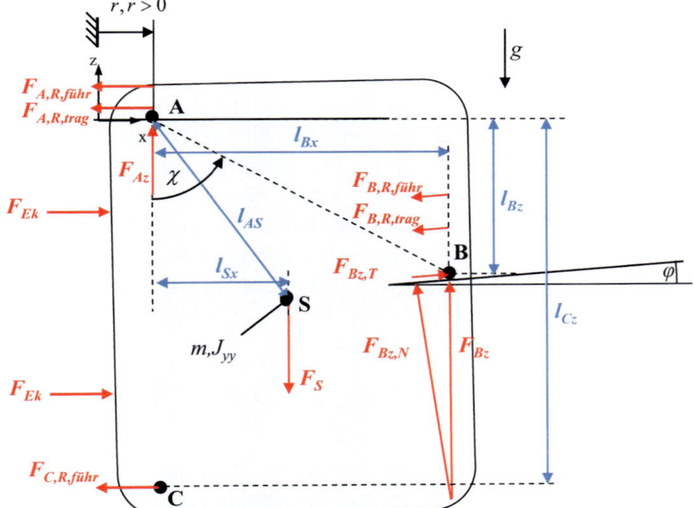

Abbildung A.9: Freigeschnittenes Mehrkörpermodell des Modulkonzepts „Schiebetür-Drahtantrieb" in der xz-Ebene

Die Kräftebilanzierung in Richtung des Freiheitsgrades r ergibt

$$\sum F_{ri} = 2 \cdot F_{Ek} + (F_{Bz,T} - F_{B,R,trag} - F_{B,R,f\ddot{u}hr}) \cdot \cos\varphi - F_{Bz,N} \cdot \sin\varphi$$
$$- (F_{A,R,f\ddot{u}hr} + F_{A,R,trag} + F_{C,R,f\ddot{u}hr}) = m \cdot \ddot{r} \tag{A.48}$$

Darin enthalten sind die Rollwiderstände der Tragrollen $F_{A,R,trag}$ und $F_{B,R,trag}$ sowie die Rollwiderstände der Führungsrollen $F_{A,R,f\ddot{u}hr}$, $F_{B,R,f\ddot{u}hr}$ und $F_{C,R,f\ddot{u}hr}$. Diese Kräfte werden zur einfacheren Handhabung in die xz-Ebene projiziert, weshalb diese in der vorangegangenen Analyse in der yz-Ebene nicht berücksichtigt wurden.

Bei Rollwiderständen handelt es sich um Reaktionskräfte. In der Starrkörpermechanik würde dies im Falle der Führungsrollen zu einem statisch überbestimmten System führen. Um den in der Realität vorkommenden Fall von Verspannungen der Führungsleisten behandeln zu können, wird die Kraft $F_{C,R,f\ddot{u}hr}$ daher im Folgenden als eingeprägte und veränderliche Kraft gehandhabt.

Die Normalkraft auf die Tragschiene wird in (A.48) durch $F_{Bz,N}$ dargestellt. Weiterhin wird die Trägheit der Schiebetür durch die Masse m beschrieben, F_{Ek} erfasst Reaktionskräfte des Einlaufkeils im Schließbereich der Tür.

Für die tangential zur Tragschiene wirkende Drahtkraft $F_{Bz,T}$ zur Bewältigung der Schienenneigung φ gilt somit

$$F_{Bz,T} = \frac{m \cdot \ddot{r} + (F_{A,R,f\ddot{u}hr} + F_{A,R,trag} + F_{C,R,f\ddot{u}hr}) - 2 \cdot F_{Ek}}{\cos\varphi} + (F_{B,R,trag} + F_{B,R,f\ddot{u}hr}) + F_{Bz,N} \cdot \tan\varphi \tag{A.49}$$

Mit $F_{Bz,N} = F_{Bz} \cdot \cos\varphi$ wird daraus

$$F_{Bz,T} = \frac{m \cdot \ddot{r} + (F_{A,R,f\ddot{u}hr} + F_{A,R,trag} + F_{C,R,f\ddot{u}hr}) - 2 \cdot F_{Ek}}{\cos\varphi} + (F_{B,R,trag} + F_{B,R,f\ddot{u}hr}) + F_{Bz} \cdot \sin\varphi \tag{A.50}$$

Aus der Momentenbilanzierung um **A**

$$\sum M_{xz}^{A} = F_{Bz} \cdot l_{Bx} - F_{S} \cdot l_{Sx} - F_{C,R,f\ddot{u}hr} \cdot l_{Cz} + (2 \cdot \vec{F}_{Ek} - (F_{B,R,f\ddot{u}hr} + F_{B,R,trag}) \cdot \cos\varphi) \cdot l_{Bz} = (J_{yy} + ml_{AS}^{2}) \cdot \ddot{\chi} \tag{A.51}$$

resultiert weiterhin für die Reaktionskraft F_{Bz}

$$F_{Bz} = \frac{F_{S} \cdot l_{Sx} + F_{C,R,f\ddot{u}hr} \cdot l_{C,z} - (2 \cdot F_{Ek} - (F_{B,R,f\ddot{u}hr} + F_{B,R,trag}) \cdot \cos\varphi) \cdot l_{Bz} + (J_{yy} + ml_{AS}^{2}) \cdot \ddot{\chi}}{l_{Bx}}. \tag{A.52}$$

Die Drehung der Schiebetür wird durch den Winkel χ erfasst. J_{YY} beschreibt das Massenträgheitsmoment um die y-Achse des körperfesten Hauptachsensystems, welches um l_{AS} vom Punkt **A** entfernt ist.

Gleichung (A.52) in (A.50) eingesetzt ergibt

$$F_{Bz,T} = \frac{m \cdot \ddot{r} + (F_{A,R,f\ddot{u}hr} + F_{A,R,trag} + F_{C,R,f\ddot{u}hr}) - 2 \cdot F_{Ek}}{\cos \varphi} + (F_{B,R,trag} + F_{B,R,f\ddot{u}hr})$$
$$+ (F_S \cdot l_{Sx} + F_{C,R,f\ddot{u}hr} \cdot l_{Cz} - (2 \cdot F_{Ek} - (F_{B,R,f\ddot{u}hr} + F_{B,R,trag}) \cdot \cos \varphi) \cdot l_{Bz} + (J_{yy} + ml_{AS}^2) \cdot \ddot{\chi}) \cdot \frac{\sin \varphi}{l_{Bx}}$$
$$\tag{A.53}$$

Erzwungene Bewegung

Die Kräfte $F_{By,T}$ und $F_{Bz,T}$ wirken jeweils in Zugrichtung des Drahtes und können daher zur Gesamtseilzugkraft F_{Seil} aufsummiert werden.

$$F_{Seil} = F_{Bz,T} + F_{By,T}$$
$$= \frac{m \cdot \ddot{r} + (F_{A,R,f\ddot{u}hr} + F_{A,R,trag} + F_{C,R,f\ddot{u}hr}) - 2 \cdot F_{Ek}}{\cos \varphi} + (F_{B,R,trag} + F_{B,R,f\ddot{u}hr})$$
$$+ (F_S \cdot l_{Sx} + F_{C,R,f\ddot{u}hr} \cdot l_{Cz} - (2 \cdot F_{Ek} - (F_{B,R,f\ddot{u}hr} + F_{B,R,trag}) \cdot \cos \varphi) \cdot l_{Bz} + (J_{yy} + ml_{AS}^2) \cdot \ddot{\chi}) \cdot \frac{\sin \varphi}{l_{Bx}}$$
$$+ \frac{F_S \cdot l_{Sy} - F_{Bz} \cdot l_{By} - M_D + J_{xx} \cdot \ddot{\gamma}}{l_{Bz}} \cdot \sin \nu$$
$$\tag{A.54}$$

gewonnen werden. Mit (A.49) ergibt dies:

$$F_{Seil} = \frac{m \cdot \ddot{r} + (F_{A,R,f\ddot{u}hr} + F_{A,R,trag} + F_{C,R,f\ddot{u}hr}) - 2 \cdot F_{Ek}}{\cos \varphi} + (F_{B,R,trag} + F_{B,R,f\ddot{u}hr})$$
$$+ (F_S \cdot l_{Sx} + F_{C,R,f\ddot{u}hr} \cdot l_{Cz} - (2 \cdot F_{Ek} - (F_{B,R,f\ddot{u}hr} + F_{B,R,trag}) \cdot \cos \varphi) \cdot l_{Bz} + (J_{yy} + ml_{AS}^2) \cdot \ddot{\chi}) \cdot \frac{\sin \varphi}{l_{Bx}}$$
$$+ \frac{F_S \cdot l_{Sy} - M_D + J_{xx} \cdot \ddot{\gamma}}{l_{Bz}} \cdot \sin \nu - \frac{F_{Bz} \cdot l_{By}}{l_{Bz}} \cdot \sin \nu$$
$$= \frac{m \cdot \ddot{r} + (F_{A,R,f\ddot{u}hr} + F_{A,R,trag} + F_{C,R,f\ddot{u}hr}) - 2 \cdot F_{Ek}}{\cos \varphi} + (F_{B,R,trag} + F_{B,R,f\ddot{u}hr})$$
$$+ (F_S \cdot l_{Sx} + F_{C,R,f\ddot{u}hr} \cdot l_{Cz} - (2 \cdot F_{Ek} - F_{B,R,f\ddot{u}hr} - F_{B,R,trag}) \cdot l_{Bz} + (J_{yy} + ml_{AS}^2) \cdot \ddot{\chi}) \cdot \frac{\sin \varphi}{l_{Bx}}$$
$$+ \frac{F_S \cdot l_{Sy} - M_D + J_{xx} \cdot \ddot{\gamma}}{l_{Bz}} \cdot \sin \nu$$
$$- \frac{l_{By}}{l_{Bz}} \cdot \sin \nu \cdot \frac{F_S \cdot l_{Sx} + F_{C,R,f\ddot{u}hr} \cdot l_{Cz} - (2 \cdot F_{Ek} - (F_{B,R,f\ddot{u}hr} + F_{B,R,trag}) \cdot \cos \varphi) \cdot l_{Bz} + (J_{yy} + ml_{AS}^2) \cdot \ddot{\chi}}{l_{Bx}}$$
$$\tag{A.55}$$

Nach den wirkenden Kräften sortiert ergibt sich somit für die dynamische Gesamtzugkraft des Drahtseiles F_{Seil}:

$$F_{Seil} = \frac{m \cdot \ddot{r}}{\cos \varphi} + \frac{J_{xx} \cdot \ddot{\gamma} \cdot \sin \varphi}{l_{Bz}} + (J_{yy} + m \cdot l_{AS}^2) \cdot \ddot{\chi} \cdot (\frac{\sin \varphi}{l_{Bx}} - \frac{l_{By}}{l_{Bz} \cdot l_{Bx}} \cdot \sin \nu)$$

$$+ F_S \cdot (\sin \nu \cdot (\frac{l_{Sy}}{l_{Bz}} - \frac{l_{By} \cdot l_{Sx}}{l_{Bz} \cdot l_{Bx}}) + \frac{l_{Sx}}{l_{Bx}} \cdot \sin \varphi)$$

$$+ (F_{B,R,trag} + F_{B,R,f\ddot{u}hr}) \cdot (1 - \frac{l_{By} \cdot \sin \nu}{l_{Bx}} \cdot \cos \varphi + \frac{l_{Bz}}{l_{Bx}} \cdot \sin \varphi) + \frac{F_{A,R,trag} + F_{A,R,f\ddot{u}hr}}{\cos \varphi} \quad \text{(A.56)}$$

$$+ F_{C,R,f\ddot{u}hr} \cdot (\frac{l_{Cz}}{l_{Bx}} \cdot \sin \varphi + \frac{1}{\cos \varphi} - \frac{l_{By} \cdot l_{Cz} \cdot \sin \nu}{l_{Bz} \cdot l_{Bx}})$$

$$- M_D \cdot (\frac{\sin \nu}{l_{Bz}}) + 2 F_{Ek} \cdot (-\frac{1}{\cos \varphi} + \frac{l_{By} \cdot \sin \nu}{l_{Bx}} - \frac{l_{Bz} \cdot \sin \varphi}{l_{Bx}})$$

Freie Bewegung

Um die Haltebedingung zu formulieren, werden aus Gleichung (A.56) alle nach der Zeit differenzierten Größen sowie die Gravitationskräfte zu Null gesetzt. Damit gilt für den Reibungsanteil der Schiebetür am mittleren Laufwagen

$$F_{R,Seil} = +(F_{B,R,trag} + F_{B,R,f\ddot{u}hr}) \cdot (1 - \frac{l_{By} \cdot \sin \nu}{l_{Bx}} \cdot \cos \varphi + \frac{l_{Bz}}{l_{Bx}} \cdot \sin \varphi) + \frac{F_{A,R,trag} + F_{A,R,f\ddot{u}hr}}{\cos \varphi}$$

$$+ F_{C,R,f\ddot{u}hr} \cdot (\frac{l_{Cz}}{l_{Bx}} \cdot \sin \varphi + \frac{1}{\cos \varphi} - \frac{l_{By} \cdot l_{Cz} \cdot \sin \nu}{l_{Bz} \cdot l_{Bx}}) \qquad \text{(A.57)}$$

$$+ 2 F_{Ek} \cdot (-\frac{1}{\cos \varphi} + \frac{l_{By} \cdot \sin \nu}{l_{Bx}} - \frac{l_{Bz} \cdot \sin \varphi}{l_{Bx}})$$

Zusätzlich wirken am mittleren Laufwagen Reibungsgegenkräfte aus dem Antriebsstrang $F_{R,A}$:

$$F_{R,A} = \frac{M_{R,UR}}{r_{UR}} + \frac{M_{R,AS}}{r_{WR}} \qquad \text{(A.58)}$$

Diese Kräfte beinhalten zum einen das Reibmoment $M_{R,UR}$ der im Eingriff befindlichen Umlenkrolle mit dem Radius r_{UR}. Zum anderen wird die Antriebsstrangreibung durch ein an der Wickelrolle angreifendes Moment $M_{R,AS}$ mit dem Radius r_{WR} berücksichtigt. $M_{R,AS}$ lässt sich wie folgt detaillieren:

$$M_{R,AS} = M_{R,WR} + \frac{M_{R,Motor} \cdot i_{Ges}}{\eta_{Getriebe}} + M_{Bremse} \cdot i_{Bremse,WR} \qquad \text{(A.59)}$$

Hierin stellt $M_{R,WR}$ das Reibmoment der Wickelrolle selbst dar. Ferner vergrößert die Gesamtübersetzung i_{Ges} das Motorreibmoment $M_{R,Motor}$, die

Getriebereibung wird über den Wirkungsgrad $\eta_{Getriebe}$ erfasst. Durch eine optional einsetzbare Bremse wird die Reibwirkung weiter durch das Bremsmoment M_{Bremse} und dessen Übersetzung zur Wickelrolle $i_{Bremse,WR}$ erhöht. Für den Fall, dass die Reibungskräfte größer als der Differenzbetrag zwischen der Massengravitationskraft und den Entlastungskräften wird, bleibt die Schiebetür stehen:

$$\dot{r} = 0 \ \text{für} \ F_{R,Seil} + F_{R,A} > | \, m \cdot g \cdot (\sin\nu \cdot (\frac{l_{Sy}}{l_{Bz}} - \frac{l_{By} \cdot l_{Sx}}{l_{Bz} \cdot l_{Bx}}) + \frac{l_{Sx}}{l_{Bx}} \cdot \sin\varphi) - M_D \cdot (\frac{\sin\nu}{l_{Bz}}) \, | \qquad (A.60)$$

Reihe Informationsmanagement im Engineering Karlsruhe
(ISSN 1860-5990)

Herausgeber
Karlsruher Institut für Technologie
Institut für Informationsmanagement im Ingenieurwesen (IMI)
o. Prof. Dr. Dr.-Ing. Dr. h.c. Jivka Ovtcharova

Band **1 – 2005**	Seidel, Michael **Methodische Produktplanung. Grundlagen, Systematik und Anwendung im Produktentstehungsprozess.** 2005 ISBN 3-937300-51-1
Band **1 – 2006**	Prieur, Michael **Functional elements and engineering template-based product development process. Application for the support of stamping tool design.** 2006 ISBN 3-86644-033-2
Band **2 – 2006**	Geis, Stefan Rafael **Integrated methodology for production related risk management of vehicle electronics (IMPROVE).** 2006 ISBN 3-86644-011-1
Band **1 – 2007**	Gloßner, Markus **Integrierte Planungsmethodik für die Presswerkneutypplanung in der Automobilindustrie.** 2007 ISBN 978-3-86644-179-8
Band **2 – 2007**	Mayer-Bachmann, Roland **Integratives Anforderungsmanagement. Konzept und Anforderungsmodell am Beispiel der Fahrzeugentwicklung.** 2008 ISBN 978-3-86644-194-1
Band **1 – 2008**	Mbang Sama, Achille **Holistic integration of product, process and resources integration in the automotive industry using the example of car body design and production. Product design, process modeling, IT implementation and potential benefits.** 2008 ISBN 978-3-86644-243-6
Band **2 – 2008**	Weigt, Markus **Systemtechnische Methodenentwicklung : Diskursive Definition heuristischer prozeduraler Prozessmodelle als Beitrag zur Bewältigung von informationeller Komplexität im Produktleben.** 2008 ISBN 978-3-86644-285-6

Die Bände sind unter www.ksp.kit.edu als PDF frei verfügbar oder als Druckausgabe bestellbar.

Reihe Informationsmanagement im Engineering Karlsruhe (ISSN 1860-5990)

Herausgeber
Karlsruher Institut für Technologie
Institut für Informationsmanagement im Ingenieurwesen (IMI)
o. Prof. Dr. Dr.-Ing. Dr. h.c. Jivka Ovtcharova

Band 1 – 2009	Krappe, Hardy **Erweiterte virtuelle Umgebungen zur interaktiven, immersiven Verwendung von Funktionsmodellen.** 2009 ISBN 978-3-86644-380-8
Band 2 – 2009	Rogalski, Sven **Entwicklung einer Methodik zur Flexibilitätsbewertung von Produktionssystemen. Messung von Mengen-, Mix- und Erweiterungsflexibilität zur Bewältigung von Planungsunsicherheiten in der Produktion.** 2009 ISBN 978-3-86644-383-9
Band 3 – 2009	Forchert, Thomas M. **Prüfplanung. Ein neues Prozessmanagement für Fahrzeugprüfungen.** 2009 ISBN 978-3-86644-385-3
Band 1 – 2011	Erkayhan, Şeref **Ein Vorgehensmodell zur automatischen Kopplung von Services am Beispiel der Integration von Standardsoftwaresystemen.** 2011 ISBN 978-3-86644-697-7
Band 2 – 2011	Meier, Gunter **Prozessintegration des Target Costings in der Fertigungsindustrie am Beispiel Sondermaschinenbau.** 2011 ISBN 978-3-86644-679-3
Band 1 – 2012	Stanev, Stilian **Methodik zur produktionsorientierten Produktanalyse für die Wiederverwendung von Produktionssystemen – 2REUSE.** 2012 ISBN 978-3-86644-932-9
Band 2 – 2012	Wuttke, Fabian **Robuste Auslegung von Mehrkörpersystemen. Frühzeitige Robustheitsoptimierung von Fahrzeugmodulen im Kontext modulbasierter Entwicklungsprozesse.** 2012 ISBN 978-3-86644-896-4

Die Bände sind unter www.ksp.kit.edu als PDF frei verfügbar oder als Druckausgabe bestellbar.